U0230857

国家出版基金项目
NATIONAL PUBLICATION FOUNDATION

"十三五"国家重点出版物出版规划项目

持久性有机污染物
POPs 研究系列专著

工业过程中持久性有机污染物排放特征

刘国瑞　郑明辉　孙轶斐　孙阳昭/著

科学出版社
北京

内 容 简 介

持久性有机污染物(POPs)所造成的环境污染已成为全球重大环境问题。在工业生产过程中会无意产生和排放二噁英、多氯萘、多氯联苯、溴代二噁英、氯代和溴代多环芳烃、六氯苯和五氯苯等 POPs,这类 POPs 被称为无意产生的 POPs(UP-POPs)。本书概述了几类典型 UP-POPs 的理化性质和毒性等,详细介绍了工业源 UP-POPs 的样品采集和分析方法,重点阐述了工业热过程中 UP-POPs 的生成机理、排放特征和排放因子,最后通过国外 UP-POPs 减排的工程应用案例介绍了几种典型工业过程UP-POPs 的控制技术。

本书可作为高等院校环境科学、环境工程及相关专业研究生教学参考书,也可供从事 POPs 相关研究及控制技术研发的人员参考,对从事废弃物焚烧、金属冶炼等相关行业的污染控制及环境管理人员也有借鉴价值。

图书在版编目(CIP)数据

工业过程中持久性有机污染物排放特征 / 刘国瑞等著. —北京:科学出版社,2018.5

(持久性有机污染物(POPs)研究系列专著)

"十三五"国家重点出版物出版规划项目

ISBN 978-7-03-057711-5

Ⅰ. ①工… Ⅱ. ①刘… Ⅲ. ①工业废物-持久性-有机污染物-排污-研究 Ⅳ. ①X7

中国版本图书馆CIP数据核字(2018)第122889号

责任编辑:朱 丽 杨新改 / 责任校对:张小霞
责任印制:肖 兴 / 封面设计:黄华斌

科 学 出 版 社 出版

北京东黄城根北街 16 号
邮政编码:100717
http://www.sciencep.com

北京通州皇家印刷厂 印刷

科学出版社发行 各地新华书店经销

*

2018 年 6 月第 一 版 开本:720×1000 1/16
2018 年 6 月第一次印刷 印张:19 1/2 插页:4
字数:372 000

定价:128.00 元

(如有印装质量问题,我社负责调换)

丛 书 序

　　持久性有机污染物(persistent organic pollutants, POPs)是指在环境中难降解(滞留时间长)、高脂溶性(水溶性很低)，可以在食物链中累积放大，能够通过蒸发-冷凝、大气和水等的输送而影响到区域和全球环境的一类半挥发性且毒性极大的污染物。POPs 所引起的污染问题是影响全球与人类健康的重大环境问题，其科学研究的难度与深度，以及污染的严重性、复杂性和长期性远远超过常规污染物。POPs 的分析方法、环境行为、生态风险、毒理与健康效应、控制与削减技术的研究是最近 20 年来环境科学领域持续关注的一个最重要的热点问题。

　　近代工业污染催生了环境科学的发展。1962 年，*Silent Spring* 的出版，引起学术界对滴滴涕(DDT)等造成的野生生物发育损伤的高度关注，POPs 研究随之成为全球关注的热点领域。1996 年，*Our Stolen Future* 的出版，再次引发国际学术界对 POPs 类环境内分泌干扰物的环境健康影响的关注，开启了环境保护研究的新历程。事实上，国际上环境保护经历了从常规大气污染物(如 SO_2、粉尘等)、水体常规污染物[如化学需氧量(COD)、生化需氧量(BOD)等]治理和重金属污染控制发展到痕量持久性有机污染物削减的循序渐进过程。针对全球范围内 POPs 污染日趋严重的现实，世界许多国家和国际环境保护组织启动了若干重大研究计划，涉及 POPs 的分析方法、生态毒理、健康危害、环境风险理论和先进控制技术。研究重点包括：①POPs 污染源解析、长距离迁移传输机制及模型研究；②POPs 的毒性机制及健康效应评价；③POPs 的迁移、转化机理以及多介质复合污染机制研究；④POPs 的污染削减技术以及高风险区域修复技术；⑤新型污染物的检测方法、环境行为及毒性机制研究。

　　20 世纪国际上发生过一系列由于 POPs 污染而引发的环境灾难事件(如意大利 Seveso 化学污染事件、美国拉布卡纳尔镇污染事件、日本和中国台湾米糠油事件等)，这些事件给我们敲响了 POPs 影响环境安全与健康的警钟。1999 年，比利时鸡饲料二噁英类污染波及全球，造成 14 亿欧元的直接损失，导致该国政局不稳。

　　国际范围内针对 POPs 的研究，主要包括经典 POPs(如二噁英、多氯联苯、含氯杀虫剂等)的分析方法、环境行为及风险评估等研究。如美国 1991~2001 年的二噁英类化合物风险再评估项目，欧盟、美国环境保护署(EPA)和日本环境厅先后启动了环境内分泌干扰物筛选计划。20 世纪 90 年代提出的蒸馏理论和蚂蚱跳效应较好地解释了工业发达地区 POPs 通过水、土壤和大气之间的界面交换而长距离迁移到南北极等极地地区的现象，而之后提出的山区冷捕集效应则更加系统地解释了高山地区随着海拔的增加其环境介质中 POPs 浓度不断增加的迁移机理，从而为 POPs 的全球传输提供了重要的依据和科学支持。

2001 年 5 月，全球 100 多个国家和地区的政府组织共同签署了《关于持久性有机污染物的斯德哥尔摩公约》（简称《斯德哥尔摩公约》）。目前已有包括我国在内的 179 个国家和地区加入了该公约。从缔约方的数量上不仅能看出公约的国际影响力，也能看出世界各国对 POPs 污染问题的重视程度，同时也标志着在世界范围内对 POPs 污染控制的行动从被动应对到主动防御的转变。

进入 21 世纪之后，随着《斯德哥尔摩公约》进一步致力于关注和讨论其他同样具 POPs 性质和环境生物行为的有机污染物的管理和控制工作，除了经典 POPs，对于一些新型 POPs 的分析方法、环境行为及界面迁移、生物富集及放大，生态风险及环境健康也越来越成为环境科学研究的热点。这些新型 POPs 的共有特点包括：目前为正在大量生产使用的化合物、环境存量较高、生态风险和健康风险的数据积累尚不能满足风险管理等。其中两类典型的化合物是以多溴二苯醚为代表的溴系阻燃剂和以全氟辛基磺酸盐（PFOS）为代表的全氟化合物，对于它们的研究论文在过去 15 年呈现指数增长趋势。如有关 PFOS 的研究在 Web of Science 上搜索结果为从 2000 年的 8 篇增加到 2013 年的 323 篇。随着这些新增 POPs 的生产和使用逐步被禁止或限制使用，其替代品的风险评估、管理和控制也越来越受到环境科学研究的关注。而对于传统的生态风险标准的进一步扩展，使得大量的商业有机化学品的安全评估体系需要重新调整。如传统的以鱼类为生物指示物的研究认为污染物在生物体中的富集能力主要受控于化合物的脂-水分配，而最近的研究证明某些低正辛醇-水分配系数、高正辛醇-空气分配系数的污染物（如 HCHs）在一些食物链特别是在陆生生物链中也表现出很高的生物放大效应，这就向如何修订污染物的生态风险标准提出了新的挑战。

作为一个开放式的公约，任何一个缔约方都可以向公约秘书处提交意在将某一化合物纳入公约受控的草案。相应的是，2013 年 5 月在瑞士日内瓦举行的缔约方大会第六次会议之后，已在原先的包括二噁英等在内的 12 类经典 POPs 基础上，新增 13 种包括多溴二苯醚、全氟辛基磺酸盐等新型 POPs 成为公约受控名单。目前正在进行公约审查的候选物质包括短链氯化石蜡（SCCPs）、多氯萘（PCNs）、六氯丁二烯（HCBD）及五氯苯酚（PCP）等化合物，而这些新型有机污染物在我国均有一定规模的生产和使用。

中国作为经济快速增长的发展中国家，目前正面临比工业发达国家更加复杂的环境问题。在前两类污染物尚未完全得到有效控制的同时，POPs 污染控制已成为我国迫切需要解决的重大环境问题。作为化工产品大国，我国新型 POPs 所引起的环境污染和健康风险问题比其他国家更为严重，也可能存在国外不受关注但在我国环境介质中广泛存在的新型污染物。对于这部分化合物所开展的研究工作不但能够为相应的化学品管理提供科学依据，同时也可为我国履行《斯德哥尔摩公约》提供重要的数据支持。另外，随着经济快速发展所产生的污染所致健康问题在我国的集中显现，新型 POPs 污染的毒性与健康危害机制已成为近年来相关研究的热点问题。

随着 2004 年 5 月《斯德哥尔摩公约》正式生效，我国在国家层面上启动了对 POPs 污染源的研究，加强了 POPs 研究的监测能力建设，建立了几十个高水平专业实验室。科研机构、环境监测部门和卫生部门都先后开展了环境和食品中 POPs 的监测和控制措施研究。特别是最近几年，在新型 POPs 的分析方法学、环境行为、生态毒理与环境风险，以及新污染物发现等方面进行了卓有成效的研究，并获得了显著的研究成果。如在电子垃圾拆解地，积累了大量有关多溴二苯醚(PBDEs)、二噁英、溴代二噁英等 POPs 的环境转化、生物富集/放大、生态风险、人体赋存、母婴传递乃至人体健康影响等重要的数据，为相应的管理部门提供了重要的科学支撑。我国科学家开辟了发现新 POPs 的研究方向，并连续在环境中发现了系列新型有机污染物。这些新 POPs 的发现标志着我国 POPs 研究已由全面跟踪国外提出的目标物，向发现并主动引领新 POPs 研究方向发展。在机理研究方面，率先在珠穆朗玛峰、南极和北极地区"三极"建立了长期采样观测系统，开展了 POPs 长距离迁移机制的深入研究。通过大量实验数据证明了 POPs 的冷捕集效应，在新的源汇关系方面也有所发现，为优化 POPs 远距离迁移模型及认识 POPs 的环境归宿做出了贡献。在污染物控制方面，系统地摸清了二噁英类污染物的排放源，获得了我国二噁英类排放因子，相关成果被联合国环境规划署《全球二噁英类污染源识别与定量技术导则》引用，以六种语言形式全球发布，为全球范围内评估二噁英类污染来源提供了重要技术参数。以上有关 POPs 的相关研究是解决我国国家环境安全问题的重大需求、履行国际公约的重要基础和我国在国际贸易中取得有利地位的重要保证。

我国 POPs 研究凝聚了一代代科学家的努力。1982 年，中国科学院生态环境研究中心发表了我国二噁英研究的第一篇中文论文。1995 年，中国科学院武汉水生生物研究所建成了我国第一个装备高分辨色谱/质谱仪的标准二噁英分析实验室。进入 21 世纪，我国 POPs 研究得到快速发展。在能力建设方面，目前已经建成数十个符合国际标准的高水平二噁英实验室。中国科学院生态环境研究中心的二噁英实验室被联合国环境规划署命名为"Pilot Laboratory"。

2001 年，我国环境内分泌干扰物研究的第一个"863"项目"环境内分泌干扰物的筛选与监控技术"正式立项启动。随后经过 10 年 4 期"863"项目的连续资助，形成了活体与离体筛选技术相结合，体外和体内测试结果相互印证的分析内分泌干扰物研究方法体系，建立了有中国特色的环境内分泌污染物的筛选与研究规范。

2003 年，我国 POPs 领域第一个"973"项目"持久性有机污染物的环境安全、演变趋势与控制原理"启动实施。该项目集中了我国 POPs 领域研究的优势队伍，围绕 POPs 在多介质环境的界面过程动力学、复合生态毒理效应和焚烧等处理过程中 POPs 的形成与削减原理三个关键科学问题，从复杂介质中超痕量 POPs 的检测和表征方法学；我国典型区域 POPs 污染特征、演变历史及趋势；典型 POPs 的排放模式和运移规律；典型 POPs 的界面过程、多介质环境行为；POPs 污染物的复合生态毒理效应；POPs 的削减与控制原理以及 POPs 生态风险评价模式和预警方法体系七个方面开展了富有成效的研究。该项目以我国 POPs 污染的演变趋势为主，基本摸清了我国 POPs 特别是二噁英排放的行业分布与污染现状，为我国履行《斯德哥尔摩公约》做出了突出贡献。2009 年，POPs 项目得到延续资助，研究内容发展到以 POPs 的界面过程和毒性健康效应的微观机理为主要目标。2014 年，项目再次得到延续，研究内容立足前沿，与时俱进，发展到了新型持久性有机污染物。这 3 期"973"项目的立项和圆满完成，大大推动了我国 POPs 研究为国家目标服务的能力，培养了大批优秀人才，提高了学科的凝聚力，扩大了我国 POPs 研究的国际影响力。

2008 年开始的"十一五"国家科技支撑计划重点项目"持久性有机污染物控制与削减的关键技术与对策"，针对我国持久性有机物污染物控制关键技术的科学问题，以识别我国 POPs 环境污染现状的背景水平及制订优先控制 POPs 国家名录，我国人群 POPs 暴露水平及环境与健康效应评价技术，POPs 污染控制新技术与新材料开发，焚烧、冶金、造纸过程二噁英类减排技术，POPs 污染场地修复，废弃 POPs 的无害化处理，适合中国国情的 POPs 控制战略研究为主要内容，在废弃物焚烧和冶金过程烟气减排二噁英类、微生物或植物修复 POPs 污染场地、废弃 POPs 降解的科研与实践方面，立足自主创新和集成创新。项目从整体上提升了我国 POPs 控制的技术水平。

目前我国 POPs 研究在国际 SCI 收录期刊发表论文的数量、质量和引用率均进入国际第一方阵前列，部分工作在开辟新的研究方向、引领国际研究方面发挥了重要作用。2002 年以来，我国 POPs 相关领域的研究多次获得国家自然科学奖励。2013 年，中国科学院生态环境研究中心 POPs 研究团队荣获"中国科学院杰出科技成就奖"。

我国 POPs 研究开展了积极的全方位的国际合作，一批中青年科学家开始在国际学术界崭露头角。2009 年 8 月，第 29 届国际二噁英大会首次在中国举行，来自世界上 44 个国家和地区的近 1100 名代表参加了大会。国际二噁英大会自 1980 年召开以来，至今已连续举办了 38 届，是国际上有关持久性有机污染物 (POPs)研究领域影响最大的学术会议，会议所交流的论文反映了当时国际 POPs 相关领域的最新进展，也体现了国际社会在控制 POPs 方面的技术与政策走向。

第 29 届国际二噁英大会在我国的成功召开，对提高我国持久性有机污染物研究水平、加速国际化进程、推进国际合作和培养优秀人才等方面起到了积极作用。近年来，我国科学家多次应邀在国际二噁英大会上作大会报告和大会总结报告，一些高水平研究工作产生了重要的学术影响。与此同时，我国科学家自己发起的 POPs 研究的国内外学术会议也产生了重要影响。2004 年开始的"International Symposium on Persistent Toxic Substances"系列国际会议至今已连续举行 14 届，近几届分别在美国、加拿大、中国香港、德国、日本等国家和地区召开，产生了重要学术影响。每年 5 月 17～18 日定期举行的"持久性有机污染物论坛"已经连续 12 届，在促进我国 POPs 领域学术交流、促进官产学研结合方面做出了重要贡献。

　　本丛书《持久性有机污染物(POPs)研究系列专著》的编撰，集聚了我国 POPs 研究优秀科学家群体的智慧，系统总结了 20 多年来我国 POPs 研究的历史进程，从理论到实践全面记载了我国 POPs 研究的发展足迹。根据研究方向的不同，本丛书将系统地对 POPs 的分析方法、演变趋势、转化规律、生物累积/放大、毒性效应、健康风险、控制技术以及典型区域 POPs 研究等工作加以总结和理论概括，可供广大科技人员、大专院校的研究生和环境管理人员学习参考，也期待它能在 POPs 环保宣教、科学普及、推动相关学科发展方面发挥积极作用。

　　我国的 POPs 研究方兴未艾，人才辈出，影响国际，自树其帜。然而，"行百里者半九十"，未来事业任重道远，对于科学问题的认识总是在研究的不断深入和不断学习中提高。学术的发展是永无止境的，人们对 POPs 造成的环境问题科学规律的认识也是不断发展和提高的。受作者学术和认知水平限制，本丛书可能存在不同形式的缺憾、疏漏甚至学术观点的偏颇，敬请读者批评指正。本丛书若能对读者了解并把握 POPs 研究的热点和前沿领域起到抛砖引玉作用，激发广大读者的研究兴趣，或讨论或争论其学术精髓，都是作者深感欣慰和至为期盼之处。

2017 年 1 月于北京

前　　言

持久性有机污染物(persistent organic pollutants, POPs)所造成的环境污染已成为全球重大环境问题。源头减少 POPs 排放是控制 POPs 环境污染的根本所在。废弃物焚烧、冶金、化工等工业生产过程会无意产生二噁英等 POPs 并会随废气、废水、固体废物等排放到环境中,这类 POPs 被称为无意产生的持久性有机污染物(unintentionally produced POPs, UP-POPs)。目前已有多氯代二苯并-对-二噁英、多氯代二苯并呋喃、多氯联苯、五氯苯、六氯苯、多氯萘、六氯丁二烯等 7 种 UP-POPs 被列入《关于持久性有机污染物的斯德哥尔摩公约》(以下简称《斯德哥尔摩公约》),成为全球工业生产过程中 POPs 防控的焦点。随着履约的深入,《斯德哥尔摩公约》管控 UP-POPs 的名单还会不断增加。针对 UP-POPs 的污染控制,《斯德哥尔摩公约》的目标是不断地减少其排放量。缔约方应推行减少 UP-POPs 排放乃至从根本上消除污染源头的措施。

我国是当前全球二噁英排放量最大的国家,由此推测,UP-POPs 的排放量也必然相当可观。由于我国工业行业(除废弃物焚烧行业外)针对 UP-POPs 控制的措施几乎是空白,可以预计,减少工业污染源 UP-POPs 的排放将是我国 POPs 污染控制面临的最大挑战。深入研究我国工业过程 UP-POPs 的生成机理与控制原理是解决我国突出环境污染难题的重要基础性工作。

中国科学院生态环境研究中心 POPs 环境行为与控制课题组在 UP-POPs 研究方面积累了 20 多年的经验。本书系统介绍了该课题组的主要研究成果,同时综述了国际上相关研究和技术应用进展。

本书第 1~5 章由中国科学院生态环境研究中心刘国瑞博士主笔,并结合自身研究经验,介绍了 UP-POPs 采样方法与质控要求,归纳总结了几种典型UP-POPs 的生成机理与排放特征,提出了基于我国典型工业过程实际检测的UP-POPs 排放因子。第 6 章由北京航空航天大学孙铁斐教授编写,介绍了国外特别是日本在减少工业过程二噁英等 UP-POPs 排放方面的实践经验和工程案例。全书由中国科学院生态环境研究中心郑明辉研究员策划和统稿。环境保护部环境保护对外合作中心孙阳昭博士参加了书稿框架构建及第 5 章的编写工作。杜兵、任志远、巴特、郭丽、吕溥、吴嘉嘉、聂志强、胡吉成、王美、赵宇阳、杨莉莉、金蓉等在中国科学院生态环境研究中心攻读博士期间发表的期刊论文和博士学位论文对本书内容亦有贡献,在此对他们表示感谢。

本书所涉及的研究工作是在国家"973"计划项目(2015CB453100)、国家自然科学基金项目(21621064, 21037003, 91543108, 21477147, 21777172)和中国科学院先导专项等项目(XDB14020102, 2016038)、环境保护部环境保护对外合作中心项目等的资助下完成的，同时本书的出版也得到了国家出版基金项目(2016R-045)的支持，在此深表谢忱！

控制我国典型工业过程 UP-POPs 污染排放不仅是履约需求，更是保护我国生态环境和居民健康的必由之路。中国典型工业过程 UP-POPs 排放特征研究可直接服务于我国工业行业的 UP-POPs 减排，并对制定符合我国国情的 POPs 环境管理对策如《中华人民共和国履行〈关于持久性有机污染物的斯德哥尔摩公约〉的国家实施计划》等起重要的技术支撑作用。期望本书的出版对从事 UP-POPs 研究和控制技术研发以及 UP-POPs 环境管理的读者有一定启发和参考借鉴，愿我们共同携手建设低 POPs 的和谐社会。

由于工业污染源的广泛性和多样性以及 UP-POPs 排放的复杂性，本书所介绍的 UP-POPs 研究成果还存在一定的局限性，内容中也难免有疏漏和不妥之处，敬请广大读者批评指正。

作 者

2018 年 1 月 30 日于北京

目 录

第 1 章 《斯德哥尔摩公约》与工业过程中无意产生的持久性有机污染物

本章导读

- 简要介绍了持久性有机污染物(POPs)的基本概念和《关于持久性有机污染物的斯德哥尔摩公约》,重点介绍了 POPs 的四大特性:持久性、生物累积性、远距离迁移性和高毒性。
- 二噁英、多氯联苯、多氯萘、六氯苯和五氯苯等是列入《关于持久性有机污染物的斯德哥尔摩公约》受控名单的无意产生的 POPs,详细介绍了几类无意产生的 POPs 的基本理化性质和毒性。
- 简要介绍了溴代二噁英、氯溴混合取代二噁英、氯代和溴代多环芳烃等几种高关注度的新型 POPs 的基本理化性质和毒性。

1.1 引 言

持久性有机污染物(persistent organic pollutants,POPs)具有高毒性、持久性、生物累积性和半挥发性,能够在全球范围内远距离传输和分布,对全球环境和人类健康构成潜在危害。有关 POPs 的污染来源、环境行为和暴露风险评估等研究已经引起了全球范围的广泛关注,是环境科学研究领域的热点之一。

多氯代二苯并-对-二噁英/呋喃(polychlorinated dibenzo-*p*-dioxins and dibenzofurans,PCDD/Fs)、多氯联苯(polychlorinated biphenyls,PCBs)、多氯萘(polychlorinated naphthalenes,PCNs)、六氯苯(hexachlorobenzene,HxCBz)和五氯苯(pentachlorobenzene,PeCBz)等 POPs 可在工业过程中伴随废气、废水、废渣以及作为产品中的杂质向环境释放,故通常称之为无意产生的持久性有机污染物(unintentionally produced persistent organic pollutants,UP-POPs)。尽管 PCBs、PCNs、PeCBz 和 HxCBz 过去也曾作为工业化学品生产和使用,但是当前这些化学品在全球大部分国家和地区已经禁止生产和使用,因此工业过程中这些污染物的无意排放占总排放量的比重增加,工业过程中的无意排放被认为是当前全球

PCBs、PCNs、PeCBz 和 HxCBz 的主要来源。

研究表明：废弃物焚烧、炼焦、钢铁生产、再生有色金属冶炼、水泥和化工等工业生产是 UP-POPs 的重要排放源，因此从源头控制 UP-POPs 的排放是削减环境中 UP-POPs 污染和降低人类暴露风险的最根本途径。研究还发现，在工业过程中，PCDD/Fs、PCBs、PCNs、HxCBz 和 PeCBz 在一定的条件下具有类似的生成途径；并且对于某些排放源，这些 UP-POPs 的生成量之间存在一定的定量相关性。因此，综合分析相关工业过程中这些 UP-POPs 的生成和分布特征，对揭示其生成机理从而发展有的放矢的协同控制技术具有重要的意义。

1.2 《斯德哥尔摩公约》简介

持久性有机污染物是人类生产合成或伴随人类生活和工业过程所产生的一类化学污染物，其生产、使用和排放对全球生态环境具有潜在危害。为了在全球范围内控制和削减 POPs 的环境污染，2001 年 5 月，来自全球 100 多个国家的代表在瑞典斯德哥尔摩签署了《关于持久性有机污染物的斯德哥尔摩公约》（以下简称《斯德哥尔摩公约》），旨在通过全球共同努力削减和淘汰 POPs 污染，保护人类和环境免受 POPs 危害，这是人类对 POPs 宣战的重要里程碑（http://www.pops.int/）。

《斯德哥尔摩公约》于 2004 年 5 月 17 日正式生效，中国是首批加入《斯德哥尔摩公约》的国家，目前加入该公约的国家和地区有 181 个。《斯德哥尔摩公约》含 30 条正文和 6 个附件。公约附件 A 中规定了需要消除的历史上曾经生产和使用的化学品；附件 B 中规定了需要进行限制生产和使用的化学品；附件 C 则包括无意生成和排放的持久性有机污染物。对于列入附件 A 中的化学品除豁免用途按照规定的时限生产、使用和进出口外，逐步禁止该类化学品的生产、使用和进出口。对于列入附件 B 中的化学品除豁免用途按照规定的时限生产、使用和进出口外，允许部分不可替代应用领域生产、使用和进出口，逐步禁止或限制该类化学品的生产、使用和进出口，并且对这些化学物质的使用进行定期评估。对于列入附件 C 中的化学品，缔约方应在公约生效两年内制订行动计划并实施，旨在查明附件 C 中所列化学品的排放并逐步采用最佳可行技术/最佳环境实践(best available techniques/best environment practice，BAT/BEP)减少其排放；对于附件 C 所列类别中的新的排放源(即公约生效后新增列入排放源目录的企业)应尽快并在不迟于公约对该缔约方生效之日起四年内分阶段实施 BAT/BEP；对于现有列入附件 C 各类排放源(即公约生效之前建成的列入排放源目录的企业)，逐步采取 BAT/BEP，减少 UP-POPs 排放。

　　首批进入《斯德哥尔摩公约》受控名单的 POPs 有 12 种(见表 1-1),包括:附件 A(有意生产的化学品):艾氏剂、氯丹、狄氏剂、异狄氏剂、七氯、六氯苯、灭蚁灵、毒杀芬和多氯联苯;附件 B(生产的化学品):滴滴涕;附件 C(无意产生的污染物):多氯代二苯并-对-二噁英和多氯代二苯并呋喃、六氯苯和多氯联苯。

表 1-1　首批进入《斯德哥尔摩公约》的 12 种受控 POPs 物质名单

	物质		类别
	中文名称	英文名称	
附件 A 消除	艾氏剂	aldrin	农药
	氯丹	chlordane	
	狄氏剂	dieldrin	
	异狄氏剂	endrin	
	七氯	heptachlor	
	灭蚁灵	Mirex	
	毒杀芬	toxaphene	
	六氯苯 [a]	hexachlorobenzene (HxCBz) [a]	农药、工业品
	多氯联苯 [a]	polychlorinated biphenyls (PCBs) [a]	工业品
附件 B 限制	滴滴涕	dichlorodiphenyltrichloroethane (DDT)	农药
附件 C 无意生成	多氯代二苯并-对-二噁英	polychlorinated dibenzo-p-dioxins (PCDDs)	副产物
	多氯代二苯并呋喃	polychlorinated dibenzofurans (PCDFs)	
	六氯苯	HxCBz	
	多氯联苯	PCBs	

a 六氯苯和多氯联苯同时也是无意生成的副产物,同时列在附件 A 和附件 C 中。

　　《斯德哥尔摩公约》规定,公约 POPs 的管控名单是开放的,各缔约方均可向秘书处提交新增列 POPs 的提案,这些提案经过新增列 POPs 评估委员会做出科学评估和社会经济影响评估后提交缔约方大会审议通过。截至 2017 年 5 月,历经八届缔约方大会,《斯德哥尔摩公约》管控 POPs 名单由最初的 12 种增至 28 种(如新增多氯萘、六溴联苯、五氯苯、五氯酚等,见表 1-2),其中五氯苯、多氯萘和六氯丁二烯先后列入公约附件 C,列入公约的 UP-POPs 已达 7 种。

表 1-2　《斯德哥尔摩公约》增列的 16 种新 POPs

新增 POPs 名称	英文名称	所属附件
α-六氯环己烷	α-hexachlorocyclohexane	A
β-六氯环己烷	β-hexachlorocyclohexane	A
十氯酮	chlordecone	A
六溴联苯	hexabromobiphenyl	A
六溴环十二烷	hexabromocyclododecane	A
六溴二苯醚和七溴二苯醚(商用八溴二苯醚)	hexabromodiphenyl ether and heptabromodiphenyl ether (commercial octabromodiphenyl ether)	A
六氯丁二烯	hexachlorobutadiene	A 和 C
林丹	lindane	A
五氯苯	pentachlorobenzene	A 和 C
五氯苯酚及其盐和酯类	pentachlorophenol and its salts and esters	A
全氟辛烷磺酸及其盐类、全氟辛基磺酰氟	perfluorooctane sulfonic acid (PFOS), its salts and perfluorooctane sulfonyl fluoride (PFOSF)	B
多氯萘	polychlorinated naphthalenes	A 和 C
硫丹原药及其异构体	technical endosulfan and its related isomers	A
四溴二苯醚和五溴二苯醚(商用五溴二苯醚)	tetrabromodiphenyl ether and pentabromodiphenyl ether (commercial pentabromodiphenyl ether)	A
十溴二苯醚(商用混合物)	decabromodiphenyl ether (commercial mixture, c-DecaBDE)	A
短链氯化石蜡	short-chain chlorinated paraffins (SCCPs)	A

1.3　POPs 的主要特性

　　POPs 是一类具有高毒性,在自然条件下不易降解,能够在生物体内累积,可以通过空气、水、迁徙生物等在全球范围内远距离迁移的有机污染物。其化学性质稳定,半衰期长,在环境及生物体内能够长时间滞留;具有半挥发性,能够通过大气、河流、海洋等环境介质远距离迁移到其他地区甚至偏远极地地区,造成全球甚至偏远极地地区的污染;具有高脂溶性,容易在生物体内累积并沿着食物链逐级放大,对处于较高营养级的生物和人类健康构成了潜在风险。研究表明,POPs 对生物和人类具有多方面的危害,包括致癌、致畸、致突变、神经毒性和内分泌干扰作用等。

1.3.1　持久性

　　一种化学物质的环境持久性可以用其在环境介质中的半衰期($t_{1/2}$)表示。《斯德哥尔摩公约》规定,一种化学物质若在水体中的半衰期大于 2 个月,或在土壤、沉积物中的半衰期大于 6 个月，则在持久性方面符合公约的筛选标准。POPs 物质非常稳定，对于光、热、微生物、生物代谢酶等各种作用具有很强的惰性，在自然条件下很难发生降解。一旦进入环境或生物体中，它们将在水体、土壤和底泥等环境介质以及生物体中长期残留，这个时间可长达数年，甚至数十年时间。例如，Larry Needham 对意大利塞维索二噁英污染事件中的暴露人群进行了长期跟踪研究，采集了不同年份暴露人群的血浆样品，并对 2,3,7,8-四氯代二苯并-对-二噁英 (2,3,7,8-tetrachlorodibenzo-*p*-dioxin, 2,3,7,8-TCDD) 的血浆浓度进行了检测，根据一级动力学拟合，最终得出 27 个暴露人员血浆中 2,3,7,8-TCDD 的平均半衰期是 8.2 年 (在 95% 的置信区间内，二噁英在血浆中的半衰期为 7.2~9.7 年)，2,3,7,8-TCDD 在女性血浆中的半衰期略长于男性 (Needham et al., 1994)。对取自 1972 年和 1990 年土壤样品中多氯萘的检测和半衰期模型计算表明：三氯萘在土壤中的半衰期约为 7.4 年，四氯萘为 13.1 年，五氯萘约为 35.3 年。

1.3.2　生物累积性

POPs 具有高的亲脂性 (lipophilicity)，可通过饮食、呼吸和表皮接触进入生物体内，且难以被生物体自身代谢，易在脂肪组织内发生生物累积 (Wania and Mackay, 1996; Vallack et al., 1998)，并可通过食物链生物放大 (Kelly et al., 2007)。食物链的生物放大作用可使处于较高营养级的生物体内蓄积更多的 POPs。人类处于食物链的最高级，这种沿食物链的生物放大作用意味着人类将可能受到 POPs 的危害。

文献中与生物累积有关的术语很多，例如生物浓缩 (bioconcentration)、生物富集 (bioaccumulation)、生物放大 (biomagnification) 和营养级放大 (trophic biomagnification) 等 (Gobas et al., 2009)。生物浓缩是指生物个体或处于同一营养级的许多生物种群，从周围环境中吸收并积累 POPs，导致生物体内该 POPs 的平衡浓度超过环境中浓度的现象，常用生物浓缩因子 (bioconcentration factor，BCF) 表示。生物富集指生物在其整个代谢活跃期内通过吸收、吸附和吞食等多种途径，从周围环境 (如土壤、底泥、沉积物等) 中蓄积 POPs，常用生物富集因子 (bioaccumulation factor，BAF) 表示。生物放大指 POPs 通过食物链的延长和营养级的增加在生物体内逐级富集，常用生物放大因子 (biomagnification factor，BMF) 表示；若是以整个食物链 (或食物网) 为考察对象，则对应营养级放大因子 (trophic magnification factor，TMF) 或食物链 (或网) 放大因子 (food web magnification factor，FWMF)。

生物体可以从大气、水体和土壤中富集 POPs，并沿着食物链或食物网向高营养级生物体传递。图 1-1 展示了 PCBs 在海洋环境及食物链中的累积和传递趋势。最高营养级的哺乳动物体内 PCBs 浓度是海水中 PCBs 浓度的一千万倍。研究发现加拿大北极海洋食物网中 PCBs 的 TMF 在 2.9~11 之间 (Kelly et al., 2008a)，而多溴二苯醚(polybrominated diphenyl ethers, PBDEs)的 TMF 在 0.7～1.6 之间。五氯苯在鱼类中的 BCF 值为 1085～23 000 L/kg，在软体动物中为 833～4300 L/kg，而在甲壳类动物中则为 577～2258 L/kg。多氯萘的辛醇/水分配系数(K_{OW})的对数值在 3.9～10.37 范围内(Lei et al., 1999)，表明多氯萘具有生物累积性，三氯萘到七氯萘在鱼体内的 BCF 值为 5600～11 800 L/kg。

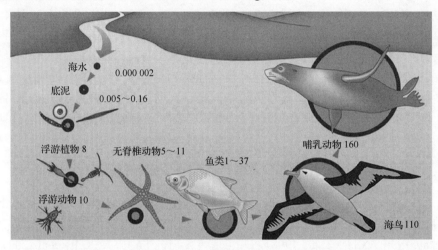

图 1-1 PCBs 在海洋食物网中生物富集(浓度单位：mg/kg 脂肪)(Bollmann et al., 2010)

影响生物累积的因素首先是化合物自身理化性质(辛醇/水分配系数 K_{OW} 和辛醇/大气分配系数 K_{OA} 等)，其次是生物体的代谢差异和不同的摄食方式、生物的种群结构特征，以及差异化的环境(Kelly and Gobas, 2003)。Kelly 等(Kelly and Gobas, 2001, 2003; Kelly et al., 2008a; Kelly et al., 2008b)研究了多种 POPs 在水生和陆生食物链(网)中的生物累积效应，发现 $K_{OW}>10^5$ 的亲脂性 POPs 能发生生物累积。基于北极陆生哺乳动物食物链建立的 POPs 的生物放大模型，预测了加拿大中西部北极地区地衣—驯鹿(*Rangifer tarandus*)—狼(*Canis lupus*)食物链中 25 种化学物质的生物富集特性，结果显示 $K_{OA}<10^5$ 的 POPs 在北极陆生食物链中没有发生生物放大，而 $K_{OA}>10^5$ 且 $K_{OW}>10^2$ 的物质则表现出显著的生物富集特征。水生生物和陆生生物因呼吸方式不同，生物富集的机理也有差异(Kelly and Gobas, 2003)。地域差异也影响生物富集能力，如 Hallanger 等通过选择斯瓦尔巴群岛(北极水质)和孔斯峡湾(大西洋水质)的几种浮游动物，研究了水域差异对 POPs 生物富集能力的影响，发现尽管海水和颗粒有机质中污染物浓度和分布没有明显差别，但是孔斯峡湾浮游动物中某些 POPs 具有更高的浓度和生物富集因子，由此说明地域差异对生物富集有影响(Hallanger et al., 2011)。

1.3.3　远距离迁移性

远距离迁移(long-range transport, LRT)是指从土壤、植物和水体中挥发至大气的 POPs 随大气运动迁移至远离使用和排放该物质的地区(甚至到达极地区域)(Wania and Mackay, 1996; Vallack et al., 1998; Kelly et al., 2007)。POPs 具有半挥发性，能够从土壤、水体挥发到空气中，以蒸气形式或以吸附在大气颗粒物上的形式存在于空气中，通过大气进行远距离迁移，并在较冷或海拔较高的地方重新沉降到地表，而后在温度升高时，会再次挥发进入大气进行迁移。这种传输机制称为"全球蒸馏效应"。因此，在远离其排放源的平原、高山和海洋中也常常能检测到 POPs。除了通过空气进行远距离迁移外，POPs 也可以通过河流、海洋洋流、迁徙动物等进行远距离迁移。

有关 POPs 全球传输机制的分析(图 1-2)主要有全球蒸馏效应(global distillation)、蚂蚱跳效应(grasshopper effect)、冷凝结效应(cold-trapping effect)、大气稀释和海洋洋流等(Goldberg et al., 1975; Wania and Mackay, 1993; Wania and Mackay, 1996; Davidson et al., 2003; Lohmann et al., 2007)。1975 年，Goldberg 首次提出了全球蒸馏效应，用来解释 DDT 和 PCBs 通过大气传输至海洋的现象(Goldberg et al., 1975)。Wania 和 Mackay 认为：POPs 从低纬度向高纬度迁移的过程是由于自身的理化性质和温度因子的影响，表现出一系列相对较短的跳跃过程，称为"蚂蚱跳效应"(Wania and Mackay, 1993)。蚂蚱跳效应是指污染物从低纬度向高纬度迁移过程，每经过一次跳跃都必须完成一个完整的沉降/挥发循环。在中纬度地区，根据季节性温度差异，污染物会在气相和土壤中发生交换。POPs 不断地经历空气-地表交换，最终大多数会沉积在极地，因为极地的低温抑制了 POPs 的挥发(又称为"冷阱效应")。POPs 在土壤中挥发和大气中沉降的这种循环行为(recycling behaviour)受多种因素主导：大气温度、沉降地环境介质的有机质含量、POPs 的理化性质和大气-地表分配系数等(Ockenden et al., 2003)。而对于高山地区，高海拔的低温也有利于 POPs 的沉积(Davidson et al., 2003)。

de Wit 等(2006; 2010)描述了二至七溴代二苯醚和六溴环十二烷(hexabromo-cyclododecanes, HBCDs)具有长距离迁移的能力。Wania 和 Dugani(2003)采用四种不同的多介质归趋模型评估了 PBDEs 的长距离迁移，并与 PCBs 的 LRT 作对比。四个模型给出了相似的结果，即低溴代二苯醚(四和五溴代二苯醚)具有与六氯代联苯相当的 LRT 潜能，例如 BDE-47 的特征迁移距离(characteristic travel distance, CTD)是 1113 km 和 2483 km，而 BDE-209 的 CTD 为 480 km 和 735 km。

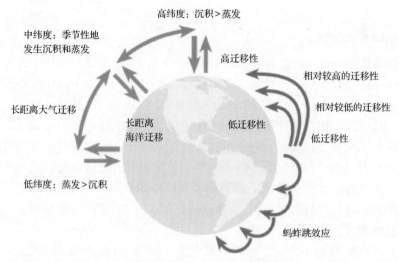

图 1-2 POPs 的全球传输机制(Goldberg et al., 1975; Wania and Mackay, 1993)

  Bidleman 等在极地环境样品中检测到多氯萘的存在,且在对北极地区多氯萘1990～2005 年间的大气污染监测发现,多氯萘在大气中的浓度从 0.66 pg/m³ 增加至40 pg/m³,增加了近两个数量级(为不同同类物的总和,主要是三至八氯萘),北极地区多氯萘大气污染主要是三氯萘,其次是四氯萘和五氯萘(Bidleman et al., 2010)。一些模型评估计算得出,五氯苯通过大气的迁移距离可多达 8000～13 338 km,在包括北极区和南极在内的偏远区域,一些非生物(空气、雨水、水、沉积物和土壤)和生物(鱼类、鸟类、哺乳动物)基质中都检出五氯苯的存在。在北极熊体内也发现了五氯苯,对北极斯瓦尔巴特群岛北极熊脂肪和血浆样品的检测发现,五氯苯的平均浓度为 7.9 μg/kg ww(湿重),而最高浓度为 13.9 μg/kg ww。

  2012 年报道的南极乔治王岛和阿德雷岛的土壤和沉积物中 Σ_{18}PCBs 的浓度为410(60.1～1426) pg/g dw(干重),苔藓中的浓度平均值为 544(404～745) pg/g dw,PCBs以低氯代为主,且 CB-11 是最主要的同类物(Wang et al., 2012a)。上述两类样品中PBDEs 的浓度平均值分别为 24.0(2.76～51.4) pg/g dw 和 15.8(6.54～36.7) pg/g dw,而地衣中 PBDEs 的平均水平为 14.2(7.51～22.3) pg/g dw。同一地区大气中指示性PCBs 和 Σ_{14}PBDEs 的浓度分别为 1.66～6.50 pg/m³ 和 0.67～2.98 pg/m³,CB-11 在大气中的浓度为 3.60～31.4 pg/m³(Li et al., 2012)。2015 年,Vorkamp 等(2015)发现格陵兰大气颗粒相中 ΣHBCDs 的浓度为 0.0057～0.13 pg/m³,一半样品以 γ-HBCD为主,一半以 α-HBCD 为主。南北极没有 POPs 的生产和使用,因此当地环境介质中高浓度的 POPs 反映出全球蒸馏效应对 POPs 全球分布的影响。

1.3.4 高毒性

  环境中的 POPs 可以经过饮食摄入、呼吸摄入和皮肤接触等途径进入人体,其中饮食暴露是人体暴露于 POPs 的最主要途径。通常 POPs 首先被植物、海洋微生物和昆虫所吸收，通过食物链的传递，最终会污染鱼、哺乳动物及其乳制品。这些受到污染的食物被人体食用后，POPs 就会在人体内蓄积，并能通过胎盘和哺乳传染给婴儿。较高剂量暴露于 POPs 对生物体健康的主要危害是：内分泌系统失调、免疫机能降低、神经损伤、行为异常，以及致癌、致畸和致突变(即"三致"效应)等慢性毒性效应。有些 POPs 在生物体内还能转变成毒性高于母体化合物的衍生物，从而对生物体造成更大的危害。POPs 进入环境后，对生态环境造成了严重的危害。

　　例如：通过生物蓄积作用，滴滴涕在鱼体内达到相当高的浓度，甚至导致鱼的死亡；而鹰等食肉的鸟类，捕食了被滴滴涕污染的鱼后，鱼体内所携带的滴滴涕就会转移到鸟的体内，鸟类只能通过改变正常的代谢方式来代谢体内蓄积的大量滴滴涕，结果造成鸟的蛋壳变薄、鸟类成活率急剧下降。20 世纪 40 年代美国孟山都(Monsanto)公司的二噁英污染事件，即当时的一些生产工人患上了氯痤疮等皮肤疾病。调查认为主要是由于孟山都公司生产的除草剂产品 2,4,5-T (2,4,5-三氯苯氧乙酸，2,4,5-trichlorophenoxyacetic acid)中含有高浓度的二噁英杂质，导致生产工人暴露于高浓度二噁英污染的环境，从而患上氯痤疮等皮肤疾病。对韩国 61 名健康志愿者体内的多氯二苯并-对-二噁英、多氯二苯并呋喃、多氯联苯和多氯萘的含量检测发现：血清中多氯萘平均浓度为 2.1 ng/g lw(脂重)，主要同类物为 1,2,3,4,5,6,7-七氯萘，多氯萘总量占总毒性当量(PCDDs, PCDFs, PCBs 和 PCNs)的 26.8%，表明：多氯萘的毒性贡献不可忽视 (Park et al., 2010)。

1.4　《斯德哥尔摩公约》受控名单中的 UP-POPs

1.4.1　HxCBz

　　六氯苯(HxCBz)分子式为 C_6Cl_6，其结构式见图 1-3。常温下为无色晶状固体，熔点为 230 ℃，20 ℃下的蒸气压为 1.45×10^{-3} Pa，$\log K_{OW}$ 为 5.2。难溶于水，在水中的溶解度为 5 μg/L；微溶于乙醇，溶于苯、氯仿、乙醚。曾作为有机氯抗真菌剂生产和使用。六氯苯的理化性质、毒性危害以及主要用途参见表 1-3。

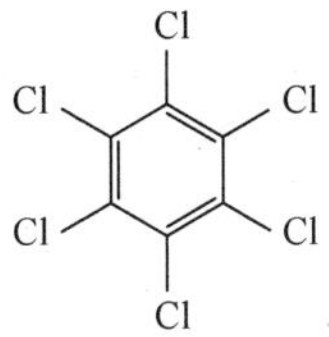

图 1-3　六氯苯的结构式

表 1-3 六氯苯的鉴别信息、理化性质、毒性危害和主要用途

中文化学名	六氯苯
英文化学名	hexachlorobenzene
CAS 登记号	118-74-1
分子式	C_6Cl_6
分子量	284.78

理化性质	外观性状	纯品为无色细针状或小片状晶体；工业品为淡黄色或淡棕色晶体
	沸点	323～326 ℃
	熔点	227～230 ℃
	相对密度	2.04(24 ℃)
	密度	2.044 g/m³
	蒸气压	1.09×10^{-5} mmHg①(20 ℃)
	溶解性	不溶于水，溶于乙醚、氯仿等多种有机溶剂。水中溶解度为 5 μg/L(20 ℃)
	半衰期	土壤：3～6 a；空气：0.63～6.28 a
	logBCF	6.40
	$\log K_{OW}$	3.03～6.42

毒性危害	具有较低的急性毒性作用，同时具有慢性或亚慢性毒性作用，动物亚急性和慢性毒性有神经毒性症状等，在饱和溶解度(接近 5 μg/L)时不会对水生动物产生急性毒性。被国际癌症研究机构(IARC)列为"可能的致癌物质"(2B 类)。美国环境保护署将其列为"可能的致癌物"。被欧盟列为内分泌干扰物。对人体的健康危害：中毒时能影响肝脏、中枢神经系统和心血管系统。长期或反复接触六氯苯可能对肝或神经系统有影响，导致器官功能损伤和皮肤损害
主要用途和来源	主要用作杀菌剂，也用于制造烟火、弹药和合成橡胶；也是无意产生的副产物，主要来源包括：含氯化学品生产、废弃物焚烧和金属冶炼等

1.4.2 PCBs

多氯联苯(PCBs)是联苯在不同程度上被氯原子取代后生成的氯代芳香族化合物，分子式为 $C_{12}H_{(10-n)}Cl_n$，其结构式见图 1-4。依据氯原子取代个数和位置的不同，有 209 种同类物，可分为一至十氯取代的同系物(见表 1-4)。

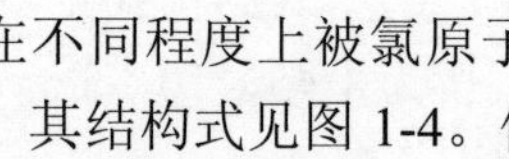

图 1-4 多氯联苯的结构式

① mmHg 为非法定单位，1mmHg=1.333 22×10² Pa。

表 1-4　PCBs 同系物数目

物质名称	英文缩写	氯取代数目	异构体数目
一氯联苯	MoCB	1	3
二氯联苯	DiCB	2	12
三氯联苯	TrCB	3	24
四氯联苯	TeCB	4	42
五氯联苯	PeCB	5	46
六氯联苯	HxCB	6	42
七氯联苯	HpCB	7	24
八氯联苯	OCB	8	12
九氯联苯	NoCB	9	3
十氯联苯	DeCB	10	1
总异构体数目			209

PCBs 最早由德国科学家 H. Schmidt 和 G. Schuts 在实验室合成，常温下为无色或淡黄色的黏稠液体。常温下难降解，具有良好的化学稳定性、绝缘性和耐腐蚀性，以及阻燃性、低电导率等特点，广泛用作电容器、变压器和导热系统的热传导介质；还可用作工业产品的添加剂，如添加到各种树脂中增加其抗氧化性和耐腐蚀性，添加到橡胶中增强其耐用性、阻燃性和电绝缘性，添加到各种涂料中作增塑剂等。

PCBs 在 20 世纪 30 年代被大量生产，其中 Aroclor 是商品化 PCBs 的主要产品，由 Monsanto 公司于 1930～1970 年生产。9 种 Aroclor 产品名称中前两位数字指 12 个碳原子的联苯环，最后两位数字指氯原子的百分含量（见表 1-5）。尽管 PCBs 在 20 世纪 70 年代末就被许多国家禁止生产和使用，但是已生产和使用的 PCBs 仍会通过各种方式进入环境。据世界卫生组织（World Health Organization，WHO）统计，自 20 世纪 30 年代开始生产以来至 80 年代末，全世界生产了约 2×10^7 t 的工业 PCBs，其中约 31% 已排放到环境中。我国在 1965 年开始生产 PCBs，截至 1974 年，PCBs 总产量在 7000 t 左右，其中约有 6000 t 三氯联苯和 1000 t 五氯联苯，前者主要用于电力电容器，后者主要用作油漆添加剂。

表 1-5　部分 PCBs 商品的鉴别信息

Aroclor 商品名	CAS 登记号	含氯量
Aroclor 1221	11104-28-2	21%
Aroclor 1232	11141-16-5	32%
Aroclor 1242	53469-21-9	42%
Aroclor 1248	12672-29-6	48%
Aroclor 1254	11097-69-1	54%
Aroclor 1260	11096-82-5	60%
Aroclor 1262	37324-23-5	62%
Aroclor 1268	11100-14-4	68%

在 1947～1977 年的 30 年时间里,通用电气公司由于生产和使用多氯联苯油,导致直接和间接向哈德逊河排放了约 133 万 lb[①]的 PCBs,致使哈德逊河底泥和鱼类等受到严重的 PCBs 污染。1969 年首次报道在哈德逊河捕捉的鱼体中检测到了 PCBs。1973 年 Fort Edwad 水坝拆除,随后发生的洪涝将河流上游底泥中累积的 PCBs 冲入下游区域,导致下游区域的 PCBs 污染水平明显升高。1975 年,纽约州健康局(New York State Department of Health,NYSDOH)研究提出健康风险相关的提议,建议限制食用哈德逊河流被 PCBs 污染的鱼类。同年,依据纽约州环保局(New York State Department of Environmental Conservation,NYSDEC)的研究结果,政府启动了相关项目来调查 PCBs 的污染状况并研究削减污染风险的方法。1976 年,NYSDEC 禁止在哈德逊河上游区域的所有渔业活动,并禁止了对下游区域的大部分商业捕鱼活动。1977 年,《有毒物质控制法案》(Toxic Substances Control Act, TSCA)禁止了 PCBs 的生产和销售,通用电气公司也停止了 PCBs 的使用,但由于管理不善导致的设施 PCBs 泄漏,对哈德逊河流的 PCBs 污染却持续多年。20 世纪 70 年代中后期,纽约州开展了哈德逊河上游区域的底泥挖掘活动,1983 年美国环境保护署(Environment Protection Agency,EPA)建议将该哈德逊河 PCBs 污染区域列为国家优先控制的污染区域,1984 年哈德逊河 PCBs 污染场地被正式列入国家优先控制名单。2000 年,EPA 发布了哈德逊河 PCBs 污染场地修复的计划。2002 年 2 月,EPA 签署决议,决定采用挖掘技术来移除哈德逊河上游区域受 PCBs 污染的底泥。

PCBs 能对受试生物产生急性毒性、免疫毒性、神经毒性、肝脏毒性、致癌效应及内分泌干扰效应等,可以引起急性或慢性中毒,对人类和动物的生殖、遗传、免疫、神经和内分泌等系统具有强危害作用。目前广泛受关注的 PCBs 主要是具有高毒性的 12 种同类物和起指示性作用的 6 种同类物,其中单邻位(mono-ortho)和非邻位(non-ortho)PCBs 同类物具有与 PCDD/Fs 类似的毒性,其致毒机理也是与芳香烃受体(aryl hydrocarbon receptor,AhR)结合从而导致生物体中毒,该类 PCBs 被称为类二噁英 PCBs(dioxin-like PCBs,dl-PCBs)(van den Berg et al., 2006; Bodin et al., 2007)。WHO 制定了有关 12 种 dl-PCBs 的毒性当量因子(toxic equivalency factor,TEF),用于对其毒性当量的评价(见表 1-6)。6 种指示性 PCBs 分别为 CB-28、CB-52、CB-101、CB-138、CB-153 和 CB-180,它们在环境介质和生物体内大多是浓度较高的主要同类物。3,3′-二氯联苯(CB-11)近期也受到高度关注,其主要来源是黄色染料和颜料等(Choi et al., 2008b; Ross et al., 2008; Lehmler et al., 2009; Shang et al., 2014)。Hu 和 Hornbuckle(2010)发现芝加哥环境样品中 CB-11 是主要的 PCBs 同类物,其也在极地地区环境样品中被检出(Li et al., 2012; Wang et al., 2012a),King 等(2002)发现 Halifax 港口的水、悬浮颗粒和贻贝组织中 CB-11 也是主要的 PCBs 同类物。PCBs

---

① lb 为非法定单位,1 lb=4.536×10^{-1} g。

的鉴别信息、理化性质、毒性危害和主要用途等见表 1-7。表 1-8 和表 1-9 列出了 PCBs 部分混合物和同系物的基本物理性质，表 1-10 是通过模型计算评估的 PCBs 同类物在空气、水、土壤和底泥中的半衰期数据(Sinkkonen and Paasivirta, 2000)。

表1-6   12 种 dl-PCBs 的毒性当量因子

多氯联苯	毒性当量因子	
	WHO$_{1998}$-TEF	WHO$_{2005}$-TEF
CB-77[a]	0.0001	0.0001
CB-81	0.0001	0.0003
CB-126	0.1	0.1
CB-169	0.01	0.03
CB-105	0.0001	0.00003
CB-114	0.0005	0.00003
CB-118	0.0001	0.00003
CB-123	0.0001	0.00003
CB-156	0.0005	0.00003
CB-157	0.0005	0.00003
CB-167	0.00001	0.00003
CB-189	0.0001	0.00003

a. 数字代表国际纯粹与应用化学联合会(International Union of Pure and Applied Chemistry，IUPAC)编号。

表 1-7   PCBs 的鉴别信息、理化性质、毒性危害和主要用途

中文化学名	多氯联苯		
英文化学名	polychlorobiphenyls		
商品名	Aroclor; Apirolio; Chlorinated diphenyl; Chlorinated biphenyl; Chlorobiphenyl; Santotherm; Chlorobiphenyls; Clophen; Elaol; Fenchlor; Kanechlor; Phenochlor; Pyralene; Pyranol; Pyroclor; Sovol		
CAS 登记号	1336-36-3		
分子式	$C_{12}H_{10-x}Cl_x$(x 代表 Cl 取代数)		
分子量	154+34.5x		
理化性质	外观性状	根据氯原子取代数目的不同，PCBs 的状态可为流动的油状液体或白色结晶固体等	
	沸点	325～420℃	
	熔点	−19～33℃	
	相对密度	1.4～1.5(30℃)	
	密度	1.44 g/m^3(30℃)	
	蒸气压	3×10^{-9}～1.6 mmHg(20℃)	
	溶解性	易溶于非极性有机溶剂和生物油脂。水中溶解度极小，溶解度随氯原子数增多而下降，为 0.01～0.0001 μg/L(25℃)	

续表

理化性质	半衰期	土壤：>6 a；沉积物：>6 a
	logBCF	4.00~5.00
	logK_{OW}	4.3~8.26
	稳定性和反应性	高度抗氧化和耐酸碱，不易挥发，不易燃烧，绝缘性能良好。高温可能分解为毒性更高的物质

毒性危害	对实验动物的急性毒性较低，对大鼠的急性经口 LD_{50} 为2000~10 000 mg/kg。其毒性主要为慢性毒性，对动物的肝、皮肤、免疫系统、生殖系统和甲状腺等都有影响。具有内分泌干扰毒性，对实验动物具有致癌性 日本和中国台湾分别于1968年和1979年发生过氯联苯污染事件，暴露患者出现指甲、黏膜色素沉着，眼睑浮肿，同时伴有疲劳、恶心与呕吐等症状。2013年，IARC将部分多氯联苯同类物列为人类致癌物

主要用途和来源	于1929年首次工业化生产，广泛用于变压器和电容器油、热交换流体、润滑和切割油等。在化学品生产、废弃物焚烧、金属冶炼和水泥窑等工业过程中可无意产生和排放

表 1-8　Aroclor 的基本物理性质

PCBs 商品名	分子量	相对密度	熔点/℃	沸点/℃	蒸气压/Pa	水中溶解度/(g/L)(25℃)	BCF	K_{OW}
Aroclor 1221	201	1.18	1	275~320	0.89	40.0	1.99×10^4	1.2×10^4
Aroclor 1232	232	1.26	—	290~325	0.54	4.07×10^2	3.3×10^3	1.6×10^3
Aroclor 1242	267	1.38	−19	325~366	0.17	0.23	2.1×10^4	1.3×10^4
Aroclor 1248	210	1.41	—	340~375	0.066	5.4×10^{-2}	6.5×10^5	5.75×10^5
Aroclor 1254	328	1.54	10	365~390	0.010	3.1×10^{-2}	1.2×10^6	1.1×10^6
Aroclor 1260	376	1.62	10	385~420	0.0054	2.7×10^{-3}	1.1×10^7	1.4×10^7

表 1-9　PCBs 同系物的基本物理性质

PCBs	分子量	熔点/℃	沸点/℃	蒸气压/Pa	水中溶解度/(g/m³)	logK_{OW}
MoCB	188.7	34~77.9	274~291	0.9~2.5	1.21~5.5	4.3~4.6
DiCB	223.1	24.4~149	315~322	8.0×10^{-3}~0.60	0.06~2.0	4.9~5.3
TrCB	257.5	28~102	—	3.0×10^{-3}~0.22	0.015~0.4	5.5~5.9
TeCB	292.0	47~198	360	2.0×10^{-3}	4.3×10^{-3}~1.0×10^{-2}	5.6~6.5
PeCB	326.4	76.5~124	—	2.3×10^{-3}~5.1×10^{-2}	4.0×10^{-3}~2.0×10^{-2}	6.2~6.5
HxCB	360.9	80~202	—	7.0×10^{-4}~1.2×10^{-2}	4.0×10^{-4}~7.0×10^{-4}	6.7~7.3
HpCB	395.3	110~149	—	2.5×10^{-4}	4.5×10^{-5}~1.0×10^{-4}	6.7~7
OCB	429.8	159	—	6.0×10^{-4}	2.0×10^{-4}~3.0×10^{-4}	7.1
NoCB	464.2	162~206	—		1.8×10^{-4}~1.2×10^{-3}	7.2~8.16
DeCB	498.7	305.9	—	3.0×10^{-5}	1.0×10^{-6}~1.0×10^{-4}	8.26

表 1-10　模型评估的 PCBs 同类物在空气、水、土壤和底泥中的半衰期(h，年平均温度+7℃)

PCBs	结构	空气	水	土壤	底泥
CB-28	2,4,4'-TrCB	—	1450	26 000	26 000
CB-52	2,2',5,5'-TeCB	1500	30 000	87 600	87 600
CB-77	3,3',4,4'-TeCB	1500	30 000	87 600	87 600
CB-101	2,2',4,5,5'-PeCB	3000	60 000	87 600	87 600
CB-105	2,3,3',4,4'-PeCB	3000	60 000	87 600	87 600
CB-118	2,3',4,4',5-PeCB	3000	60 000	60 000	60 000
CB-126	3,3',4,4',5-PeCB	3000	60 000	87 600	87 600
CB-138	2,2',4,4',5'-HxCB	6000	120 000	165 000	165 000
CB-153	2,2',4,4',5,5'-HxCB	6000	120 000	165 000	165 000
CB-169	3,3',4,4',5,5'-HxCB	6000	120 000	165 000	165 000
CB-180	2,2',3,4,4',5,5'-HpCB	12 000	240 000	330 000	333 000

注：数据来源于(Sinkkonen and Paasivirta, 2000)。

1.4.3　PCDD/Fs

多氯代二苯并-对-二噁英和多氯代二苯并呋喃(PCDD/Fs)通常统称为二噁英，是指含有 2 个或 1 个氧联结 2 个苯环的氯取代有机物(分子式分别为 $C_{12}H_{8-x-y}Cl_{x+y}O_2$ 和 $C_{12}H_{8-x-y}Cl_{x+y}O$，结构式见图 1-5)。PCDD/Fs 没有统一的 CAS 登记号，但具体的 PCDD/Fs 同类物有 CAS 登记号，如：2,3,7,8-TCDD 的 CAS 登记号为 1746-01-6，2,3,7,8-TCDF(2,3,7,8-tetrachlorodibenzofuran)的 CAS 登记号为 51207-31-9。表 1-11 列出了部分 PCDD/Fs 的中文名称及对应的英文缩写。

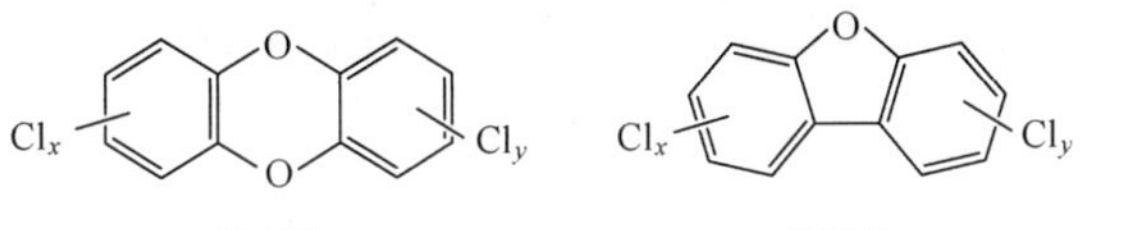

图 1-5　多氯代二苯并-对-二噁英和多氯代二苯并呋喃的结构示意图

表 1-11　部分 PCDD/Fs 同系物的中文名称及对应的英文缩写

物质名称	英文缩写	物质名称	英文缩写
一氯二苯并-对-二噁英	MoCDD	一氯二苯并呋喃	MoCDF
二氯二苯并-对-二噁英	DiCDD	二氯二苯并呋喃	DiCDF
三氯二苯并-对-二噁英	TrCDD	三氯二苯并呋喃	TrCDF
四氯二苯并-对-二噁英	TeCDD	四氯二苯并呋喃	TeCDF
五氯二苯并-对-二噁英	PeCDD	五氯二苯并呋喃	PeCDF
六氯二苯并-对-二噁英	HxCDD	六氯二苯并呋喃	HxCDF
七氯二苯并-对-二噁英	HpCDD	七氯二苯并呋喃	HpCDF
八氯二苯并-对-二噁英	OCDD	八氯二苯并呋喃	OCDF

根据氯原子取代数目和取代位置的不同，PCDD/Fs 有 210 种不同的同类物，其中包括 75 种 PCDDs 和 135 种 PCDFs。PCDDs 和 PCDFs 的基本理化性质和毒性危害数据分别列于表 1-12 至表 1-14 中。表 1-15 是通过模型计算评估的 PCDD/Fs 同类物在空气、水、土壤和底泥中的半衰期数据（Sinkkonen and Paasivirta, 2000）。

表 1-12　PCDDs 的理化性质和毒性危害

中文化学名		多氯代二苯并-对-二噁英
英文化学名		polychlorinated dibenzo-*p*-dioxins
分子式		$C_{12}H_{8-x-y}Cl_{x+y}O_2$
分子量		184～460
理化性质	外观性状	常温下无色至白色晶体
	沸点	284～510℃
	熔点	89～322℃
	密度	1.83 g/cm³(25℃)
	蒸气压	1.1×10^{-10}～1.7×10^{-2} Pa(25℃)
	溶解性	难溶于水，25℃时水中溶解度为 2.51×10^{-7}～2.24×10^{-2} mol/m³，易溶于有机溶剂
	半衰期	土壤：2 周~6 a；沉积物：2 周~6 a
	logBCF	4.47
	$\log K_{OW}$	4.30～8.37
	稳定性和反应性	对热、酸、碱、氧化剂都相当稳定，生物降解也比较困难。太阳光照射下，环境中的 PCDDs 能发生光化学反应，光降解也是环境中 PCDDs 降解的重要途径之一
毒性危害		其潜在的危害包括皮肤毒性、免疫毒性、生殖毒性、致畸性、内分泌干扰性。国际癌症研究机构(IARC)已将 2,3,7,8-TCDD 列为人类致癌物(第 1 类)。PCDDs 的毒性因氯原子数及其取代位置的不同而有所差异，2,3,7,8-TCDD 毒性最大。为评价二噁英各同类物对健康影响的潜在效应，提出了毒性当量的概念，并通过毒性当量因子(TEF)来折算。TEF 是对某个同类物的相对毒性，以毒性最强的 2,3,7,8-TCDD 的 TEF 为 1，其他二噁英同类物的毒性折算成相应的相对毒性强度，TEF 值在 0～1 之间。不同的研究者根据不同的试验条件得出了不同的 TEF 值。为了毒性当量的比较，规定了国际毒性当量因子(I-TEF)和 WHO 毒性当量因子(WHO-TEF)
主要来源		是化学品生产、垃圾焚烧、金属冶炼和水泥生产等工业过程中产生的副产物

表 1-13　PCDFs 的理化性质和毒性危害

中文化学名		多氯代二苯并呋喃
英文化学名		polychlorinated dibenzofurans
分子式		$C_{12}H_{8-x-y}Cl_{x+y}O$
分子量		168.2～443.8
理化性质	外观性状	常温为固体
	沸点	375～537℃
	熔点	184～258℃

续表

理化性质	蒸气压	$5.0 \times 10^{-10} \sim 3.9 \times 10^{-4}$ Pa(25℃)
	溶解性	水中溶解度为 $2.29 \times 10^{-7} \sim 0.37$ mol/m³
	半衰期	土壤：8 周～6 a；沉积物：2 周～6 a
	logBCF	3.00～4.00
	$\log K_{OW}$	5.40～8.00
	稳定性和反应性	对热、酸、碱、氧化剂都相当稳定，生物降解也比较困难。太阳光照射下，环境中的 PCDFs 能发生光化学反应，因此光降解也是环境中 PCDFs 降解的重要途径

毒性危害	其毒性因氯原子数及其取代位置的不同而有所差异，2,3,7,8-TCDF 相对于 2,3,7,8-TCDD 的毒性当量因子为 0.1 潜在危害包括皮肤毒性、免疫毒性、生殖毒性、致畸性、内分泌干扰性。国际癌症研究机构(IARC) 已将其列为人类致癌物(第 1 类)
主要来源	是化学品生产、垃圾焚烧、金属冶炼和水泥生产等工业过程中产生的副产物

表 1-14　部分 PCDD/Fs 的基本物理性质

PCDD/Fs	分子量	熔点/℃	沸点/℃	蒸气压(固相)/Pa	水中溶解度/(mol/m³)(25℃)	$\log K_{OW}$
1-MoCDD	218.5	105.5	315.5	1.20×10^{-2}	3.72×10^{-3}	4.75
2-MoCDD	218.5	89	316	1.70×10^{-2}	4.90×10^{-3}	5.00
2,3-DiCDD	253	164	358	3.90×10^{-4}	7.59×10^{-4}	5.60
2,7-DiCDD	253	210	373.5	1.20×10^{-4}	1.17×10^{-3}	5.75
2,8-DiCDD	253	151	—	1.40×10^{-4}	1.12×10^{-3}	5.60
1,2,4-TrCDD	287.5	129	375	1.00×10^{-4}	2.19×10^{-4}	6.35
1,2,3,4-TeCDD	322	190	419	6.40×10^{-6}	3.80×10^{-5}	6.60
1,2,3,7-TeCDD	322	172	438.3	1.00×10^{-6}	4.07×10^{-5}	6.90
1,3,6,8-TeCDD	322	219	438.3	7.00×10^{-7}	5.50×10^{-5}	7.10
2,3,7,8-TeCDD	322	305	446.5	2.51×10^{-7}	3.39×10^{-5}	6.80
1,2,3,4,7-PeCDD	356.4	195	464.7	8.80×10^{-8}	1.20×10^{-5}	7.40
1,2,3,4,7,8-HxCDD	391	273	487.7	5.10×10^{-9}	2.57×10^{-6}	7.80
1,2,3,4,6,7,8-HpCDD	425.2	265	507.2	7.50×10^{-10}	6.76×10^{-7}	8.37
OCDD	460	322	510	1.10×10^{-10}	2.51×10^{-7}	8.20
2,8-DiCDF	237.1	184	375	3.90×10^{-4}	8.91×10^{-3}	5.44
2,3,7,8-TeCDF	306	227	438.3	2.00×10^{-6}	1.35×10^{-4}	6.10
2,3,4,7,8-PeCDF	340.4	196	464.7	3.50×10^{-7}	2.09×10^{-5}	6.50
1,2,3,4,7,8-HxCDF	374.9	225.5	487.7	3.20×10^{-8}	7.08×10^{-6}	7.00
1,2,3,6,7,8-HxCDF	374.9	232	487.7	3.50×10^{-9}	6.03×10^{-6}	—
1,2,3,4,6,7,8-HpCDF	409.3	236	507.2	4.70×10^{-9}	1.74×10^{-6}	7.40
1,2,3,4,7,8,9-HpCDF	409.3	221	507.2	6.20×10^{-9}	6.31×10^{-7}	6.90
OCDF	443.8	258	537	5.00×10^{-10}	2.29×10^{-7}	8.00

表 1-15　模型评估的 **PCDD/Fs** 同类物在空气、水、土壤和底泥中的半衰期(h,年平均温度+7℃)

PCDD/Fs	空气	水	土壤	底泥
2,3,7,8-TeCDD	200	4000	900 000	900 000
1,2,3,7,8-PeCDD	360	7200	1 000 000	1 000 000
1,2,3,4,7,8-HxCDD	740	14 800	2 400 000	2 400 000
1,2,3,6,7,8-HxCDD	740	14 800	550 000	550 000
1,2,3,7,8,9-HxCDD	740	14 800	700 000	700 000
1,2,3,4,6,7,8-HpCDD	1500	30 000	900 000	900 000
OCDD	3950	79 000	1 300 000	1 300 000
2,3,7,8-TeCDF	320	6400	550 000	550 000
1,2,3,7,8-PeCDF	660	13 200	450 000	450 000
2,3,4,7,8-PeCDF	660	13 200	550 000	550 000
1,2,3,4,7,8-HxCDF	1400	28 000	600 000	600 000
1,2,3,6,7,8-HxCDF	1400	28 000	700 000	700 000
1,2,3,7,8,9-HxCDF	1400	28 000	500 000	500 000
2,3,4,6,7,8-HxCDF	1400	28 000	450 000	450 000
1,2,4,6,7,8-HxCDF	1400	28 000	500 000	500 000
1,2,3,4,6,8-HxCDF	1400	28 000	450 000	450 000
1,2,4,6,8,9-HxCDF	1400	28 000	150 000	150 000
1,2,3,4,6,7,8-HpCDF	3200	64 000	350 000	350 000
1,2,3,4,7,8,9-HpCDF	3200	64 000	300 000	300 000
1,2,3,4,6,8,9-HpCDF	3200	64 000	200 000	200 000
OCDF	9600	192 000	250 000	250 000

注：数据来源于(Sinkkonen and Paasivirta, 2000)。

PCDD/Fs 的毒性与氯原子的取代数和取代位置相关,含有 4~8 个氯原子的 PCDD/Fs 特别是 2,3,7,8-位取代的 PCDD/Fs 有明显的毒性。美国环境保护署对 PCDD/Fs 进行评估,指出其不仅具有致癌性,还有生殖毒性、内分泌毒性和免疫抑制作用,特别是具有环境雌激素效应。目前已有文献对 PCDD/Fs,特别是 2,3,7,8-TCDD 的毒性和健康效应进行了详尽的报道,表明其能够引起肝脏、免疫系统、生殖系统及生长发育等毒性和氯痤疮等病症。2,3,7,8-TCDD 被认为是高毒性物质,被国际癌症研究机构(IARC)列为一级致癌物(van der Velde et al., 1994; Focant et al., 2001)。

PCDD/Fs 是含氯化学品生产、废弃物焚烧和金属冶炼过程中无意产生的污染物。例如,2,4,5-T 和 2,4-D(2,4-二氯苯氧乙酸, 2,4-dichlorophenoxyacetic acid)是 20 世纪 60~70 年代最常用的除草剂,1960~1970 年间全世界 2,4,5-T 总产量为 4.82 万 t,美国 1970 年前 2,4,5-T 产品中 2,3,7,8-TCDD 的含量在 0.1~100 mg/L 范围,据此估计在此期间由于生产及使用 2,4,5-T 对环境输入 2,3,7,8-TCDD 的量为 4.8 t。美军在越战期间对越南丛林地带至少喷洒了 4000 万 L 橙剂(2,4-D 和 2,4,5-T 按质量比 1∶1 的混合物),造成了严重的环境污染。1976 年,位于意大利塞维索(Seveso)的 ICMESA 化工厂生产 2,4,5-三氯苯酚时,反应釜爆炸,据估算约 2～300 kg 2,3,7,8-TCDD 释放于 1810 万 m² 的居民区。据报道,爆炸发生后 Seveso 小镇大量家禽、家畜死亡,数日后,部分居民患氯痤疮。政府对小镇居民做了疏散处理,对受暴露的孕妇做了终止妊娠的劝告。

国际上使用 TEF 值包括:1989 年北大西洋公约组织(North Atlantic Treaty Organization,NATO)规定的国际毒性当量因子(international toxic equivalence factor,I-TEF)、1998 年 WHO 更新的 TEF(Van den Berg et al., 1998)和 2005 年 WHO 重新修订的 TEF(Wittsiepe et al., 2007)(表 1-16),17 种 PCDD/Fs 的浓度与对应 TEF 相乘之后求和为 PCDD/Fs 的毒性当量(toxic equivalent quantity,TEQ),计算公式如下:

$$TEQ = \Sigma(PCDD_i \times TEF_i) + \Sigma(PCDF_i \times TEF_i) + \Sigma(PCB_i \times TEF_i)$$

表 1-16　17 种 2,3,7,8-PCDD/Fs 的毒性当量因子

PCDD/Fs	毒性当量因子		
	I-TEF	WHO$_{1998}$-TEF	WHO$_{2005}$-TEF
2,3,7,8-TeCDD	1	1	1
1,2,3,7,8-PeCDD	0.5	1	1
1,2,3,4,7,8-HxCDD	0.1	0.1	0.1
1,2,3,6,7,8-HxCDD	0.1	0.1	0.1
1,2,3,7,8,9-HxCDD	0.1	0.1	0.1
1,2,3,4,6,7,8-HpCDD	0.01	0.01	0.01
OCDD	0.001	0.0001	0.0003
2,3,7,8-TeCDF	0.1	0.1	0.1
1,2,3,7,8-PeCDF	0.05	0.05	0.03
2,3,4,7,8-PeCDF	0.5	0.5	0.3
1,2,3,4,7,8-HxCDF	0.1	0.1	0.1
1,2,3,6,7,8-HxCDF	0.1	0.1	0.1
1,2,3,7,8,9-HxCDF	0.1	0.1	0.1
2,3,4,6,7,8-HxCDF	0.1	0.1	0.1
1,2,3,4,6,7,8-HpCDF	0.01	0.01	0.01
1,2,3,4,7,8,9-HpCDF	0.01	0.01	0.01
OCDF	0.001	0.0001	0.0003

1.4.4　PeCBz

五氯苯(PeCBz)分子式为 C_6HCl_5，结构式见图 1-6。其也曾作为化工产品生产和使用，目前，不完全燃烧的副产物是五氯苯的重要来源之一(Bailey, 2001; Bailey et al., 2009)。五氯苯的鉴别信息、理化性质和毒性危害见表 1-17。

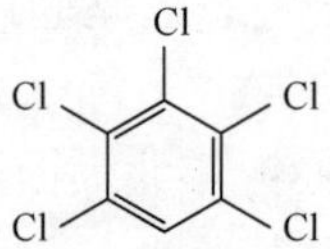

图 1-6　五氯苯的结构式

表 1-17　五氯苯的理化性质和毒性危害

中文化学名		五氯苯
英文化学名		pentachlorobenzene
别名		PeCBz; QCB; quintochlorobenzene
CAS 登记号		608-93-5
分子式		C_6HCl_5
分子量		250.32
理化性质	外观性状	无色针状晶体
	沸点	276℃
	熔点	85℃
	密度	1.625 g/cm³ (85℃)，1.609 g/m³ (100℃)
	蒸气压	2.2 Pa(25℃)
	溶解性	水中溶解度为 0.135~3.46 mg/L(25℃)
	半衰期	土壤：194~345 d
	logBCF	3.04~4.36(鱼类)，2.92~3.63(软体动物类)、2.76~3.35(贝类)
	logK_{OW}	5.17
	稳定性和反应性	五氯苯可以在空气中发生光氧化
毒性危害		对人类具有毒性，但尚未归类为致癌物质。欧盟认为五氯苯对水生生物极其有毒(鱼类、水蚤或藻类的半致死浓度≤1 mg/L)。关于陆栖生态毒性的资料比较缺乏，同时也缺少对鸟类毒性的资料
主要来源		含氯有机溶剂等产品中可能含有杂质五氯苯。它也是垃圾焚烧和金属冶炼过程的无意产物

1.4.5　PCNs

多氯萘(PCNs)是一类萘环上的氢被氯取代的化合物的总称。PCNs 的人工合成始于 20 世纪初，具有良好的稳定性、介电性、防水性和阻燃性，因此在 20 世纪 30～80 年代期间被大量生产并广泛地应用于变压器和电容器中的绝缘油、电缆绝缘体、阻燃剂、防水处理剂、杀虫剂及抗真菌剂等(Yamashita et al., 2000; Noma et al., 2004)。PCNs 的化学通式为 $C_{10}H_{(0-8)}Cl_{(0-8)}$，结构式如图 1-7 所示。根据萘环上氯原子取代的数目和位置不同，PCNs 共有 75 种同类物，其理化性质见表 1-18。

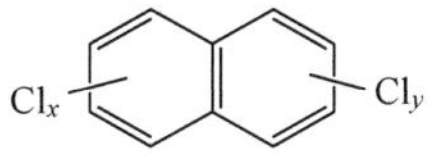

图 1-7　多氯萘的结构式

表 1-18　75 种 PCNs 的理化性质(Olivero-Verbel et al., 2004; Kucklick and Helm, 2006; Chayawan, 2015)

PCNs	氯取代位置	熔点/℃	沸点/℃	溶解度/(μg/L)	$\log K_{OW}$	$\log P_L$ (25℃)	$\log K_{OA}$ (25℃)
CN-1	1	−2.3	260	2870	3.95	0.747	
CN-2	2	59.5～60	259	924	4.04	0.402	
CN-3	1, 2	37	295～298	137	4.47	−0.521	6.75
CN-4	1, 3	61.562	291			−0.460	6.68
CN-5	1, 4	7115	287	312	4.78	−0.453	6.67
CN-6	1, 5	107		396	4.67	−0.453	6.67
CN-7	1, 6	48.5～49				−0.453	6.67
CN-8	1, 7	6315				−0.453	6.67
CN-9	1, 8	89～89.5		450	4.30	−0.703	6.99
CN-10	2, 3	120		474	4.61	−0.478	6.70
CN-11	2, 6	137～138	285			−0.463	6.68
CN-12	2, 7	115～116		240	4.81	−0.463	6.68
CN-13	1, 2, 3	84				−1.102	7.49
CN-14	1, 2, 4	92				−1.054	7.43
CN-15	1, 2, 5	79				−1.054	7.43
CN-16	1, 2, 6	92.5				−1.045	7.42
CN-17	1, 2, 7	88				−1.045	7.42
CN-18	1, 2, 8	83				−1.169	7.58
CN-19	1, 3, 5	103				−0.955	7.31
CN-20	1, 3, 6	81				−0.943	7.29
CN-21	1, 3, 7	113	274	65	5.47	−0.943	7.29
CN-22	1, 3, 8	85				−1.069	7.45
CN-23	1, 4, 5	133				−1.077	7.46
CN-24	1, 4, 6	68				−0.955	7.31
CN-25	1, 6, 7	109				−1.002	7.37
CN-26	2, 3, 6	91		17	5.12	−1.093	7.48

续表

PCNs	氯取代位置	熔点/℃	沸点/℃	溶解度/(μg/L)	logK_{OW}	logP_L (25℃)	logK_{OA} (25℃)
CN-27	1, 2, 3, 4	198		4.2	5.87	−1.790	8.37
CN-28	1, 2, 3, 5	141		3.7	5.77	−1.688	8.24
CN-29	1, 2, 3, 6					−1.688	8.24
CN-30	1, 2, 3, 7	115				−1.688	8.24
CN-31	1, 2, 3, 8					−1.967	8.60
CN-32	1, 2, 4, 5	—				−1.796	8.38
CN-33	1, 2, 4, 6	111				−1.504	8.01
CN-34	1, 2, 4, 7	144				−1.504	8.01
CN-35	1, 2, 4, 8	—				−1.796	8.38
CN-36	1, 2, 5, 6	164				−1.622	8.16
CN-37	1, 2, 5, 7	114				−1.504	8.01
CN-38	1, 2, 5, 8	—				−1.796	8.38
CN-39	1, 2, 6, 7					−1.688	8.24
CN-40	1, 2, 6, 8	125~127				−1.807	8.39
CN-41	1, 2, 7, 8					−1.917	8.53
CN-42	1, 3, 5, 7			4.1	6.29	−1.382	7.85
CN-43	1, 3, 5, 8	131		8.2	5.86	−1.682	8.23
CN-44	1, 3, 6, 7	120				−1.572	8.09
CN-45	1, 3, 6, 8					−1.695	8.25
CN-46	1, 4, 5, 8	183				−1.959	8.59
CN-47	1, 4, 6, 7	139		8.1	5.81	−1.558	8.08
CN-48	2, 3, 6, 7					−1.752	8.32
CN-49	1, 2, 3, 4, 5	168.5				−2.520	9.30
CN-50	1, 2, 3, 4, 6	147			7.00	−2.260	8.97
CN-51	1, 2, 3, 5, 6					−2.260	8.97
CN-52	1, 2, 3, 5, 7	171	313			−2.098	8.76
CN-53	1, 2, 3, 5, 8	175			6.80	−2.369	9.11
CN-54	1, 2, 3, 6, 7					−2.323	9.05
CN-55	1, 2, 3, 6, 8					−2.411	9.16
CN-56	1, 2, 3, 7, 8					−2.561	9.35
CN-57	1, 2, 4, 5, 6					−2.350	9.09
CN-58	1, 2, 4, 5, 7					−2.192	8.88
CN-59	1, 2, 4, 5, 8	151				−2.456	9.22
CN-60	1, 2, 4, 6, 7					−2.098	8.76
CN-61	1, 2, 4, 6, 8	135				−2.192	8.88
CN-62	1, 2, 4, 7, 8					−2.350	9.09
CN-63	1, 2, 3, 4, 5, 6	132				−3.052	9.98

续表

PCNs	氯取代位置	熔点/℃	沸点/℃	溶解度/(μg/L)	$\log K_{OW}$	$\log P_L(25℃)$	$\log K_{OA}(25℃)$
CN-64	1, 2, 3, 4, 5, 7	194	331			−2.873	9.75
CN-65	1, 2, 3, 4, 5, 8	164				−3.107	10.05
CN-66	1, 2, 3, 4, 6, 7	205~234			7.70	−2.804	9.67
CN-67	1, 2, 3, 5, 6, 7					−2.804	9.67
CN-68	1, 2, 3, 5, 6, 8					−2.873	9.75
CN-69	1, 2, 3, 5, 7, 8				7.50	−2.873	9.75
CN-70	1, 2, 3, 6, 7, 8					−3.134	10.09
CN-71	1, 2, 4, 5, 6, 8					−2.936	9.83
CN-72	1, 2, 4, 5, 7, 8					−2.936	9.83
CN-73	1, 2, 3, 4, 5, 6, 7				8.20	−3.556	
CN-74	1, 2, 3, 4, 5, 6, 8	194	348			−3.609	
CN-75	1, 2, 3, 4, 5, 6, 7, 8	198	365	0.08	7.77	−4.165	

随着 PCNs 的研究逐步受到重视，一些研究报道其具有潜在的肝毒性、免疫毒性、致癌性和胚胎毒性等(Kilanowicz et al., 2011; Li et al., 2011)。PCNs 的毒性作用机制与 PCDD/Fs 较为相似，当前科学界还尚未形成对 PCNs 毒性因子的统一认识。一些研究提出了 PCNs 同类物相对于 PCDD/Fs 中毒性最强的 2,3,7,8-TCDD 的相对毒性因子(relative potency factor, RPF)(Hanberg et al., 1990; Blankenship et al., 2000; Villeneuve et al., 2000; Behnisch et al., 2003; Noma et al., 2004; Guo et al., 2008; Falandysz et al., 2013)，用于计算 PCNs 的 TEQ 以评价 PCNs 的环境暴露风险(表 1-19)。

表 1-19 **PCNs 同类物的相对毒性因子**(Noma et al., 2004; Guo et al., 2008)

PCNs	RPF	PCNs	RPF
CN-1	1.7×10^{-5}	CN-56	4.6×10^{-5}
CN-2	1.8×10^{-5}	CN-57	1.6×10^{-6}
CN-4	2.0×10^{-8}	CN-63	2.0×10^{-3}
CN-5/7	1.8×10^{-8}	CN-64/68	1.0×10^{-3}
CN-10	2.7×10^{-5}	CN-66/67	2.5×10^{-3}
CN-38/40	8.0×10^{-6}	CN-69	2.0×10^{-3}
CN-48/35	2.1×10^{-5}	CN-70	1.1×10^{-3}
CN-50	6.8×10^{-5}	CN-71/72	3.5×10^{-6}
CN-54	1.7×10^{-4}	CN-73	3.0×10^{-3}

Falandysz 等也对 PCNs 的相对毒性因子进行了评估总结，如表 1-20 所示(Falandysz et al., 2013; 2014)。

表 1-20 PCNs 同类物的相对毒性因子 (Falandysz et al., 2013; 2014)

PCNs	ID	体外 (in vitro) 实验				体内 (in vivo) 实验**		计算机 (in silico) 模拟	
		H4II-EROD	H4II-luc	DR-CALUX/(pmol/L)	Micro-EROD/(pmol/L)	CYP1A1	CYP1A2		
2-CN	2	$<2.2\times10^{-7}$			1.8×10^{-5}	$<1.5\times10^{-6}$		1.0×10^{-8}	1.5×10^{-7}
1,2-DiCN	3				$<2.9\times10^{-7}$			2.3×10^{-7}	2.2×10^{-7}
1,4-DiCN	5	$5.1\times10^{-9}*$			3.5×10^{-5}	$<1.6\times10^{-6}$		4.3×10^{-9}	1.5×10^{-7}
1,5-DiCN	6				$<1.2\times10^{-6}$	$<6.6\times10^{-7}$		6.5×10^{-9}	2.6×10^{-7}
1,8-DiCN	9				1.5×10^{-5}a	$<1.7\times10^{-6}$		1.4×10^{-7}	1.6×10^{-6}
2,3-DiCN	10				2.7×10^{-5}	$<5.9\times10^{-6}$		2.2×10^{-8}	3.5×10^{-7}
2,7-DiCN	12	$<4.2\times10^{-7}$						3.5×10^{-7}	4.9×10^{-7}
1,2,3-TrCN	13				$<4.4\times10^{-6}$	$<2.0\times10^{-6}$		4.2×10^{-8}	9.1×10^{-7}
1,2,7-TrCN	17	$<8.4\times10^{-7}$						6.6×10^{-7}	1.7×10^{-7}
1,2,3,4-TeCN	27				$<2.3\times10^{-6}$	$<1.6\times10^{-6}$		9.1×10^{-7}	2.3×10^{-6}
1,2,4,7-TeCN	34	$<4.2\times10^{-7}$		$<6.9\times10^{-7}$				4.7×10^{-7}	1.3×10^{-6}
1,2,5,6-TeCN	36				$<4.1\times10^{-7}$			1.1×10^{-6}	2.3×10^{-6}
1,2,6,8-TeCN	40			$1.6\times10^{-5}*$				1.3×10^{-7}	1.4×10^{-5}
1,3,5,7-TeCN	42	$<4.2\times10^{-6}$		$<6.9\times10^{-6}$	7.5×10^{-6}	$<1.9\times10^{-6}$		1.2×10^{-6}	3.2×10^{-6}
2,3,6,7-TeCN	48				4.1×10^{-5}			2.3×10^{-4}	1.0×10^{-5}
1,2,3,4,6-PeCN	50				6.8×10^{-5}	4.3×10^{-5}		4.2×10^{-5}	3.0×10^{-5}
1,2,3,5,7-PeCN	52	4.2×10^{-6}			$<3.4\times10^{-6}$	$<1.8\times10^{-6}$		8.5×10^{-6}	3.8×10^{-5}
1,2,3,5,8-PeCN	53				$<1.8\times10^{-6}$	$<1.2\times10^{-6}$		1.3×10^{-8}	5.2×10^{-5}
1,2,3,6,7-PeCN	54	9.2×10^{-5}	<0.00069	0.00017	0.00058			2.8×10^{-5}	5.5×10^{-5}

续表

PCNs	ID	体外 (in vitro) 实验					体内 (in vivo) 实验**		计算机 (in silico) 模拟	
		H4II-EROD	H4II-EROD	H4II-luc	DR-CALUX/(pmol/L)	Micro-EROD/(pmol/L)	CYP1A1	CYP1A2		
1,2,3,6,8-PeCN	55								7.1×10^{-6}	6.8×10^{-5}
1,2,3,7,8-PeCN	56	2.4×10^{-5}		0.00049					2.3×10^{-5}	5.6×10^{-5}
1,2,4,5,6-PeCN	57	1.7×10^{-6}		3.7×10^{-6}					1.5×10^{-6}	1.5×10^{-6}
1,2,4,6,7-PeCN	60	$<4.2\times10^{-7}$			$<2.8\times10^{-5}$				1.3×10^{-6}	2.8×10^{-5}
1,2,4,6,8-PeCN	61	$<4.2\times10^{-7}$							2.9×10^{-7}	1.3×10^{-5}
1,2,3,4,5,6-HxCN	63		0.002						2.22×10^{-5}	2.22×10^{-5}
1,2,3,4,5,7-HxCN	64		2×10^{-5}						1.1×10^{-4}	1.0×10^{-5}
1,2,3,4,6,7-HxCN	66	0.00061	0.002	0.0024	0.0039	0.0012	0.00054	0.0015~0.0017　0.0022~0.0041	0.00069	0.0029
1,2,3,5,6,7-HxCN	67	0.00028	0.002		0.001	0.00048		0.00029~0.00036　0.00032~0.00067	0.001	0.0017
1,2,3,5,6,8-HxCN	68		0.002		0.00015	0.00049			0.00027	0.00011
1,2,3,5,7,8-HxCN	69		0.002			1.1×10^{-4}	6.4×10^{-6}		8.3×10^{-7}	1.5×10^{-4}
1,2,3,6,7,8-HxCN	70	0.0021		0.0095	0.00059	0.0028			0.0028	0.00071
1,2,4,5,6,8-HxCN	71					$<1.1\times10^{-6}$			4.3×10^{-5}	1.6×10^{-7}
1,2,4,5,7,8-HxCN	72					6.0×10^{-5}	7.1×10^{-6}		1.0×10^{-4}	8.9×10^{-8}
1,2,3,4,5,6,7-HpCN	73	0.0004	0.003	0.0006	0.001	0.00052			3.8×10^{-4}	0.0018
1,2,3,4,5,6,8-HpCN	74					4.1×10^{-6}			1.0×10^{-6}	1.0×10^{-7}
1,2,3,4,5,6,7,8-OCN	75					1.0×10^{-5}	$<4.3\times10^{-6}$			

*NVC、DVC、TVC 和 DDVC 指的是没有任何或者两个、三个、两对邻氯未被碳原子取代的 PCN；**胸腺萎缩的毒性试验的相对毒性因子；CN-66 是 0.0072，CN-67 是 0.00032。

PCNs 具有化学惰性,在环境中很难降解,其辛醇/水分配系数对数值($\log K_{OW}$)在 3.9~10.37 范围内(Lei et al., 1999),水溶性较低,具有半挥发性,因此可在全球范围内传输和分布(Falandysz, 1998)。另外,PCNs 具有生物累积性,可沿食物链被生物富集放大(Falandysz, 1998; Schneider et al., 1998; Abad et al., 1999)。由于 PCNs 具有以上所述的毒性、稳定性、生物累积性和长距离传输性,其商业化生产已在 20 世纪 80 年代停止,目前某些有机氯化学品的生产、废弃物焚烧以及金属冶炼是环境中 PCNs 的主要输入源。

1.5 尚未列入《斯德哥尔摩公约》的潜在 UP-POPs

目前列入《斯德哥尔摩公约》的 UP-POPs 有 7 种,已有研究对 PCDD/Fs、PCBs、HxCBz、PeCBz、PCNs 等 UP-POPs 的污染源排放作了较为系统的研究,以了解这些被公约管控的 UP-POPs 的生成机制与排放特征。需要指出的是,列入《斯德哥尔摩公约》的 UP-POPs 仅仅是众多 UP-POPs 中少数具有代表性的污染物,UP-POPs 的种类繁多,随着科学研究及环境保护的进步,还会有更多的 UP-POPs 被列入某些国家乃至《斯德哥尔摩公约》的管控名单。以下介绍几种目前引起较高关注的 UP-POPs。

在生产溴代阻燃剂及焚烧处置含溴代阻燃剂废物的过程会产生副产物溴代二噁英(PBDD/Fs)以及氯、溴取代多环芳烃。已有研究表明工业热过程可能是 PBDD/Fs 的重要排放源(Hutson et al., 2009; Du et al., 2010b; Gullett et al., 2010)。此外,作为广泛使用的溴系阻燃剂,PBDEs 被广泛应用于建材、纺织、化工、电子电器等行业。由于其为添加型阻燃剂,长期以来研究者一直认为 PBDEs 是在使用过程中通过挥发、渗出等方式释放到环境中,从而造成大气、水、土壤及生物圈的环境污染。而近期研究表明,在电弧炉炼钢、再生铝工业过程的烟道气排放及飞灰中有可观的 PBDEs 检出,这些工业热过程的排放很可能是 PBDEs 向环境释放的又一重要途径(Wang et al., 2010b; Wang et al., 2016b)。

1.5.1 PBDD/Fs

多溴代二苯并-对-二噁英(poly brominated dibenzo dioxins, PBDDs)和多溴代二苯并呋喃(poly brominated dibenzo furans, PBDFs)统称溴代二噁英(PBDD/Fs),是由 2 个或者 1 个氧原子联结 2 个被溴原子取代的苯环组成的一类三环芳香族有机化合物。由于苯环上溴原子取代位置和数目不同,PBDDs 的同类物有 75 种,PBDFs 的同类物有 135 种,其结构式如图 1-8 所示。PBDD/Fs 与 PCDD/Fs 具有相同的化学结构、相似的理化性质和毒理学效应(如"三致"效应)。同时由于溴的原子量大于氯的原子量,与 PCDD/Fs 相比,PBDD/Fs 具有更大的分子量、更高的熔点、更低的蒸气压和水溶性(Rordorf, 1987; Organization, 1998)。PBDD/Fs 的沸点在 300~500℃范围内，在水中的溶解度非常小(Fiedler and Schramm, 1990)。在室温下，PBDD/Fs 具有较低的蒸气压和较大的有机碳吸附常数($\log K_{OC}$=4.1~6.8)(Rordorf, 1987)。在受热过程中 PBDD/Fs 可以蒸发到大气并吸附在大气颗粒相中，随大气长距离迁移。前期的一些研究表明一些低溴代的 PBDD/Fs 同类物具有比其相应氯代 PCDD/Fs 同类物更高的 K_{OW}，所以具有更强的亲脂性，更容易溶解在脂肪、油脂以及有机溶剂中(Rordorf, 1987)。目前，有关 PBDD/Fs 物理化学性质的实验数据很少，已有的数据多是通过理论计算预测的，其物理、化学性质参数还不完整。表 1-21 列出了部分 PBDD/Fs 同类物的熔沸点、溶解度(水)、蒸气压、K_{OW} 以及吸附常数等参数。

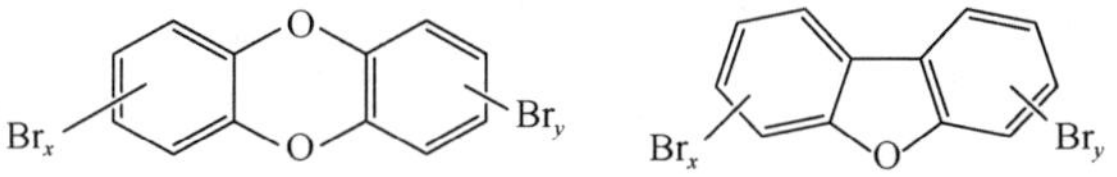

图 1-8   溴代二噁英的结构式

表 1-21   PBDD/Fs 同类物的理化性质参数

化合物	熔点/℃ (实验值)	沸点/℃ (预测值)	水溶性($\log S$, mol/L)(预测值)	蒸气压($\log P$, 25℃)(预测值)	$\log K_{OW}$ (预测值)	$\log K_{OC}$/(mol/L) (预测值)
PBDDs						
1-MoBDD	104~106[a]	338.2[b]		3.5×10^{-3b}		
2-MoBDD	93~94.5[a] (90~92)[a]	338.2[b]	−6.12[c]	4.0×10^{-3b}	5.62	4.39
1,6-DiBDD	207[d]	375[b]		1.5×10^{-4b}		
2,3-DiBDD	157.2~158[e]	375[b]	−6.90[c]	1.6×10^{-4b}	6.25	4.74
2,7-DiBDD	174~176[a] (193~194)[d]	375[b]		1.5×10^{-4b}		
2,8-DiBDD	149.5~151[a] (154~150)[a]	375[b]		1.7×10^{-4b}		
3,7-DiBDD			−7.24[c], (−7.99)[c]		6.53	4.89
1,2,3,4-TeBDD				6×10^{-7f}	7.14	5.22
2,3,7,8-TeBDD	334~336[a,e]	438.3[b]	−8.72[c]	6.4×10^{-4b}	7.74[c] 7.73[g]	5.54[c] 6.50[h]
1,2,3,7,8-PeBDD			−9.45[c]		8.32[c]	5.87[c]
1,2,3,4,6,7,8-HpBDD			−10.89[c]		9.50[c]	6.50[c]
OBDD	376[a]	523.2[b]	−11.69[c]	4.1×10^{-11b}, 9.3×10^{-16f}	10.08[c]	6.82[c]
PBDFs						
Mono-BDF				2.89~3.26[i]		

化合物	熔点/℃ (实验值)	沸点/℃ (预测值)	水溶性(log S, mol/L)(预测值)	蒸气压(log P, 25℃)(预测值)	log K_{OW} (预测值)	log K_{OC}/(mol/L) (预测值)
2-MoBDF			-5.42^c		5.05^c	4.08^c
DiBDF				$4.35\sim4.46^i$	$5.58\sim6.09^i$	
2,7-DiBDF			-6.25^c		5.95^c	4.47^c
TriBDF				$5.36\sim5.47^i$	$6.49\sim6.79^i$	
1,2,8-TrBDF	$144\sim148^j$					
2,3,8-TrBDF						
2,3,7-TrBDF			-7.26^c		6.55^c	4.90^c
TetraBDF				$6.35\sim6.41^i$	$7.72\sim8.72^i$	
1,2,7,8-TeBDF	$240.4\sim242$				6.20^h	
2,3,7,8-TeBDF	$301\sim302^j$	-7.99^c			$7.14^c,5.98^h$	5.22^c
2,3,4,6-TeBDF		-7.99^c			7.14^c	5.22^c
PentaBDF				$7.25\sim7.45^i$		
1,2,3,7,8-PeBDF					$7.04^h,7.56^g$	
2,3,4,7,8-PeBDF		-8.71^c			7.73^c	5.54^c
HexaBDF				8.34^i		
2,3,4,6,7,8-HxBDF		-9.43^c			8.31^c	5.86^c
1,2,3,4,6,7,8-HpBDF			9×10^{-11f}			

a.数据来自 Gilman 和 Dietrich(1957)的文献报道,其中括号中所补充 PBDD/Fs 的熔点值来源于其他相关文章;b.数据来自 Rordorf(1987)的文献报道;c.数据为 Fiedler 和 Schramm(1990)通过 QSAR 计算得出;d.数据来自 Tomita 等(1959)的文章;e.数据来自 Kende 和 Wade(1973)的报道;f.数据来自 Rordorf 等(1990)的报道;g.数据来自 Jackson 等(Jackson, 1993)的报道;h.数据来自 Jackson 等(1993)的报道;i.数据来自 Watanabe 和 Tatsukawa(1989)的报道;j.数据来自 Tashiro 等(1982)的文献报道。

与 PCDD/Fs 的毒性特征研究相比,PBDD/Fs 的毒理研究刚刚开始。由于具有与 PCDD/Fs 相似的结构,PBDD/Fs 的同类物也表现出与 PCDD/Fs 相似的生物毒性(DeVito et al., 1997; Organization, 1998; Behnisch et al., 2001; Birnbaum et al., 2003; Samara et al., 2009)。为有效地评价和比较 PBDD/Fs 的毒性水平,许多研究将 PBDD/Fs 的毒性表达为 2,3,7,8-TCDD 的相对毒性(Mason et al., 1987; Nagao et al., 1990; Hornung et al., 1996; Behnisch et al., 2003)。表 1-22 总结了部分 PBDD/Fs 相对于 2,3,7,8-TCDD 的毒性参数。虽然研究表明 PBDD/Fs 具有与相应 PCDD/Fs 相似甚至更强的毒性(DeVito et al., 1997; Behnisch et al., 2001; Samara et al., 2009),但目前国际上还没有统一的评价 PBDD/Fs 毒性的当量因子,一些研究采用 2,3,7,8-PBDD/Fs 所对应的 2,3,7,8-PCDD/Fs 的 I-TEF 值进行 TEQ 计算和风险评价,但是这种评价只能是粗略评估,并不能准确反映 PBDD/Fs 的暴露风险,对 PBDD/Fs 同类物的毒性效应和相对毒性因子还需要大量研究并进一步修正。

表 1-22 部分 PBDD/Fs 相对于 2,3,7,8-TCDD 的毒性参数

PBDD/Fs	TEF (鳟鱼的毒性试剂) (Hornung et al., 1996)	相对毒性因子 (二噁英调控荧光酶光素基因表达载体, DR-CALUX) (Behnisch et al., 2003a)	相对毒性因子 (7-乙氧基异吩噁唑脱乙基酶, EROD) (Behnisch et al., 2003a)	相对毒性因子 (EROD) (Nagao et al., 1990)	相对毒性因子 (芳烃羟化酶, AHH) (Mason et al., 1987)	相对毒性因子 (EROD) (Mason et al., 1987)	相对毒性因子 (相对羟基磷灰受体结合) (Mason et al., 1987)
2,3,7,8-TeCDD	1.00	1.00	1.00	1.00	1.00	1.00	1.00
2-MoBDD					<0.01	<0.01	<0.01
2,7/2,8-DiBDD					<0.01	0.02	0.07
2,3,7-TrBDD	0.02				0.02		0.86
2,3,7,8-TeBDD	1.14~2.54	0.54	0.65	1.00	0.14	0.34	0.67
2,4,6,8-TeBDD	0.01				0.01	<0.01	0.01
1,3,7,8-TeBDD					<0.01	<0.01	0.50
1,2,3,7,8-PeBDD	0.08~0.14	0.49	0.30		0.12	0.12	0.15
1,2,4,7,8-PeBDD					0.02	<0.01	0.06
1,2,3,4,7,8-HxBDD	0.01	<0.01					
2,7-DiBDF			0.62				
2,3,7,8-TeBDF	0.25	0.49					
1,2,3,7,8-PeBDF	0.04	0.41					
2,3,4,7,8-PeBDF	0.07	0.09					
1,2,3,4,7,8-HxBDF	<0.01	0.02					
1,2,3,4,6,7,8-HpBDF		0.002					

1.5.2 PXDD/Fs

氯溴混合取代的二苯并二噁英及呋喃(PXDD/Fs)，包括 1550 种氯溴混合取代二苯并-对-二噁英(polybromochlorodibenzo-*p*-dioxins, PBCDDs)同类物和 3050 种氯溴混合取代二苯并呋喃(polybromochlorodibenzofurans, PBCDFs)同类物(结构如图 1-9 所示)。PXDD/Fs 是结构复杂的、在分离分析方面仍存在很大困难的新型持久性有机污染物，其环境污染、毒性和健康风险已引起环境领域的高度关注。工业生产过程中的无意排放是 PXDD/Fs 的重要来源(Du et al., 2010a)，我国是目前 PCDD/Fs 排放总量最大的国家，考虑到相似的结构和相同的排放源，PXDD/Fs 在我国的排放总量和潜在环境风险不容忽视，但目前对 PXDD/Fs 在工业生产过程中的生成机理认识尚不清晰。因此 PXDD/Fs 相关的生成机理、环境污染特征和毒理有待广泛和深入开展。

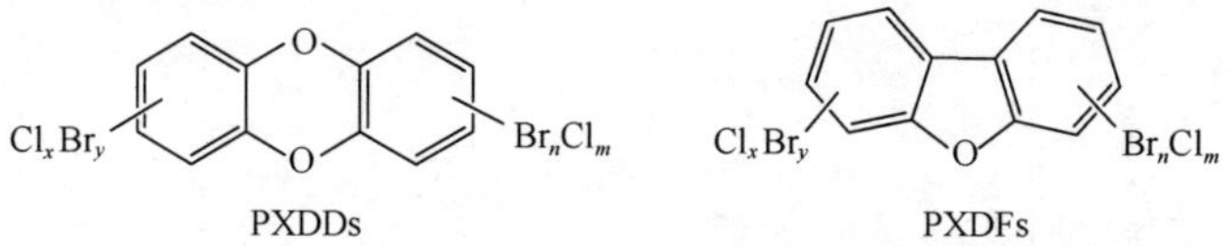
O
O
Cl_xBr_y
Br_nCl_m
PXDDs
O
Cl_xBr_y
Br_nCl_m
PXDFs

图 1-9 氯溴混合取代的二苯并二噁英及呋喃的结构

1.5.3 Cl-PAHs 和 Br-PAHs

氯代和溴代多环芳烃(chlorinated and brominated polycyclic aromatic hydrocarbons，Cl-PAHs 和 Br-PAHs)是以多环芳烃为母体，苯环上的氢被氯或者溴取代形成的一类化合物。由于多环芳烃母体以及可取代位置众多，Cl-PAHs 和 Br-PAHs 存在大量同类物。Cl-PAHs 和 Br-PAHs 可能会在 PCBs 和 PCNs(早期作为工业化学品)等的生产过程中作为副产物生成，也可能在工业过程中无意产生并排放到环境中。Cl-PAHs 和 Br-PAHs 具有半挥发性，能够通过大气在全球范围内传输(Sun et al., 2013)。但目前对于 Cl-PAHs 和 Br-PAHs 的环境行为以及毒性特征等的相关研究非常缺乏。本小节主要讨论了 19 种 Cl-PAHs 和 19 种 Br-PAHs 的同类物，其结构式见图 1-10。表 1-23 是通过 EPI Suit 计算的 19 种 Cl-PAHs 和 19 种 Br-PAHs 同类物的基本物理化学性质。

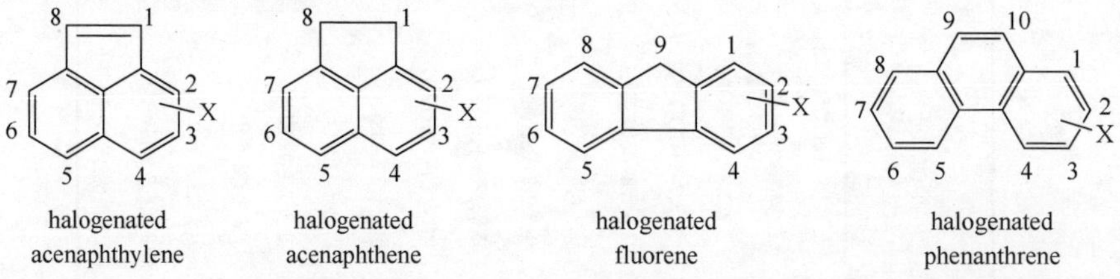
halogenated
acenaphthylene
halogenated
acenaphthene
halogenated
fluorene
halogenated
phenanthrene

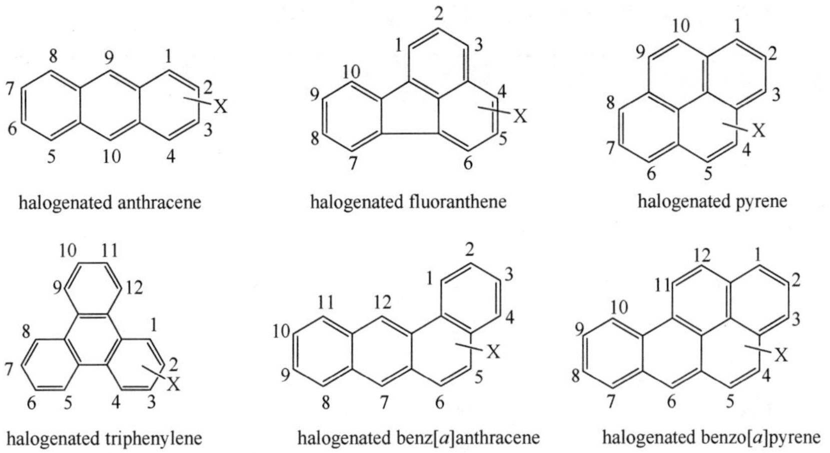

图 1-10 Cl-PAHs 和 Br-PAHs 结构式（X：Cl 或 Br）

从左至右依次为：卤代苊烯（Cl/Br-Any）、卤代苊（Cl/Br-Ana）、卤代芴（Cl/Br-Fle）、卤代菲（Cl/Br-Phe）、卤代蒽（Cl/Br-Ant）、卤代荧蒽（Cl/Br-Flu）、卤代芘（Cl/Br-Pyr）、卤代三亚苯（Cl/Br-Triph）、卤代苯并[a]蒽（Cl/Br-BaA）、卤代苯并[a]芘（Cl/Br-Pyr）

表 1-23 19 种 Cl-PAHs 和 19 种 Br-PAHs 物理化学性质[*]

Cl-PAHs 和 Br-PAHs	分子量	熔点/℃	沸点/℃	溶解度/(μg/L)	$\log K_{OW}$	$\log K_{AW}$(25℃)	$\log K_{OA}$(25℃)
9-ClFle	200.67	84	319	1540	3.91	−2.62	6.53
2,7-Cl$_2$Fle	235.11	107	337	65	5.30	−2.43	7.73
2-BrFle	245.12	100	329	126	4.91	−2.56	7.47
2,7-Br$_2$Fle	324.02	127	360	7.7	5.80	−2.96	8.76
5-BrAna	233.11	91	313	113	5.04	−2.34	7.38
1,2-Br$_2$Any	309.99	124	359	77	4.72	−4.05	8.77
3-ClPhe	212.68	105	347	115	4.99	−2.81	7.97
9-ClPhe	212.68	105	347	160	4.99	−2.81	7.80
2-ClPhe	212.68	105	347	115	4.99	−2.81	7.97
9,10-Cl$_2$Phe	247.13	121	365	29	5.63	−2.94	8.57
3-BrPhe	257.13	114	359	57	5.24	−3.08	8.32
9-BrPhe	257.13	114	359	44	5.24	−3.08	8.45
2-BrPhe	257.13	114	359	57	5.24	−3.08	8.32
9,10-Br$_2$Phe	336.03	141	390	3.4	6.13	−3.48	9.61
1-ClAnt	212.68	105	347	160	4.99	−2.81	7.80
2-ClAnt	212.68	105	347	160	4.99	−2.81	7.80
9-ClAnt	212.68	105	347	92	4.99	−2.81	8.08
9,10-Cl$_2$Ant	247.13	121	366	25	5.63	−2.94	9.77

续表

Cl-PAHs 和 Br-PAHs	分子量	熔点/℃	沸点/℃	溶解度/(μg/L)	log K_{OW}	log K_{AW} (25℃)	log K_{OA} (25℃)
1,4-Cl₂Ant	247.13	121	366	29	5.63	−2.94	8.57
1,5-Cl₂Ant	247.13	121	366	29	5.63	−2.94	8.57
1,5,9,10-Cl₄Ant	316.02	153	403	0.9	6.92	−3.20	10.1
1-BrAnt	257.13	114	359	57	5.24	−3.08	8.32
9-BrAnt	257.13	114	359	44	5.24	−3.08	8.45
9,10-Br₂Ant	336.03	141	390	2.5	6.13	−3.48	9.77
1,8-Br₂Ant	336.03	141	390	3.4	6.13	−3.48	9.61
1,5-Br₂Ant	336.03	141	390	3.4	6.13	−3.48	9.61
3-ClFlu	236.70	135	391	38	5.58	−3.60	9.18
3,8-Cl₂Flu	271.15	153	409	6.79	6.22	−3.73	9.95
3-BrFlu	281.15	147	402	13	5.82	−3.87	9.69
1-ClPyr	236.70	135	391	38	5.58	−3.60	9.18
1-BrPyr	281.15	147	402	13.4	5.82	−3.87	9.68
4-BrPyr	281.15	147	402	12.6	5.82	−3.87	9.71
1,6-Br₂Flu	360.05	171	433	0.75	6.71	−4.27	11.0
7-ClBaA	262.74	150	418	8.5	6.17	−3.82	9.99
7,12-Cl₂BaA	297.19	164	437	1.5	6.81	−3.95	10.8
7-BrBaA	307.19	163	430	2.9	6.41	−4.09	10.5
6-ClBaP	286.76	182	461	1.9	6.75	−4.61	11.4
2-Brtriph	307.19	163	430	2.9	6.41	−4.09	10.5

*利用 EPI Suit 4.11 进行计算。

　　由于具有与 PCDD/Fs 相似的结构，Cl-PAHs 和 Br-PAHs 被认为具有与 PCDD/Fs 相似的毒性。Cl-PAHs 和 Br-PAHs 同类物的毒性与其结构有关，大多数 Cl-PAHs 和 Br-PAHs 同类物的毒性高于母体多环芳烃同类物的毒性。对于分子量相对较低的 Cl-PAHs 同类物，其毒性随着氯取代数的增加而增加。Cl-PAHs 和 Br-PAHs 的毒性机制研究认为：Cl-PAHs 和 Br-PAHs 能够与多环芳烃受体结合，并产生毒性效应。目前，尚未有国际统一的 Cl-PAHs 和 Br-PAHs 的毒性当量因子，但一些相关研究提出了部分 Cl-PAHs 和 Br-PAHs 同类物相对于苯并[a]芘(BaP)的毒性(见表 1-24)，而一些研究提出 BaP 的毒性效应约为 2,3,7,8-TCDD 的 1/60，据此可初步用于 Cl-PAHs 和 Br-PAHs 的暴露风险估算。

表 1-24　部分 Cl-PAHs 和 Br-PAHs 同类物相对于 BaP 的相对毒性因子（RPF_{BaP}）

Cl-PAHs 同类物	RPF_{BaP}	Br-PAHs 同类物	RPF_{BaP}
1-ClAnt	0.04	2-BrFle	0.02
2-ClAnt	0.1	9-BrPhe	0.02
9-ClAnt	0.03	9-BrAnt	0.01
9,10-Cl_2Ant	0.2	1-BrPyr	0.04
9-ClPhe	0.03	7-BrBaA	0.84
9,10-Cl_2Phe	0.16		
3-ClFlu	0.17		
3,8-Cl_2Flu	5.7		
1-ClPy	0.1		
7-ClBaA	0.83		
7,12-Cl_2BaA	0.1		
6-ClBaP	0.09		

注：数据来源于（Ohura et al., 2007; Ohura et al., 2009）。

第 2 章　典型 UP-POPs 的样品采集与分析技术

本章导读

- 首先介绍了典型 UP-POPs 的国际标准检测方法，包括美国 EPA 方法 23 和 1613 等，详细介绍了烟道气样品的等速采样技术、基本原理和采样流程等，简要介绍了二噁英的生物测试法和在线检测技术。
- 重点介绍了同位素稀释高分辨气相色谱-高分辨质谱联用技术定性定量分析 PCDD/Fs 和 PCBs 的方法，包括样品前处理技术、色谱-质谱条件的优化、标准曲线的测定和定性定量依据及原理。
- 重点介绍了 PCNs、PBDD/Fs 和 Cl/Br-PAHs 等新型 POPs 的同位素稀释高分辨气相色谱-高分辨质谱联用分析方法，简要介绍了气相色谱三重四极杆质谱在 POPs 检测中的应用。

2.1　典型 UP-POPs 采样与分析的标准方法简介

20 世纪 80 年代，美国环境保护署(EPA)公布了基于气相色谱-质谱联用仪(GC/MS)的 PCDD/Fs 测定方法标准。随后，欧盟、日本等国家和地区也先后颁布了二噁英的检测标准。我国在参考国际二噁英检测标准的基础上于 2008 年颁布了水体、土壤、空气和废气中二噁英的检测标准。

已颁布的关于 PCDD/Fs 分析方法标准如美国 EPA 的方法 23、8280、1613 及 8290，这些都是最常用的方法。但是，这些方法在建立初期并不包含 dl-PCBs 同类物的检测。1996 年 12 月，欧洲标准化委员会(CEN)公布了关于固定污染源排放的二噁英类测定方法标准(CEN EN-1948)。后来，WHO 欧洲局对原来的二噁英类同类物的 TEF 和人日允许摄入量(tolerable daily intake, TDI)进行了重新评估，并提出了包括 dl-PCBs 在内的新的 TEF 和 TDI。之后，很多发达国家已经或准备在二噁英类的检测方法标准中增加 dl-PCBs 的检测内容。表 2-1 简要总结了部分与二噁英类相关的检测方法及其适用范围。

表 2-1 国际上二噁英类分析的一些标准方法

方法	目标物	适用范围	仪器类型	年份	国家和地区
EN 1948-1,2,3	PCDD/Fs	废气	HRGC-HRMS	1997	欧盟
VDI 3498	PCDD/Fs, dl-PCBs	大气	HRGC-HRMS	2002	德国
VDI 3499	PCDD/Fs, dl-PCBs	废气	HRGC-HRMS	1990	德国
JIS K0311	PCDD/Fs, dl-PCBs	废气	HRGC-HRMS	1999	日本
JIS K0312	PCDD/Fs, dl-PCBs	废水	HRGC-HRMS	1999	日本
EPA TO-9A	PCDD/Fs	大气	HRGC-HRMS	1999	美国
EPA 23A	PCDD/Fs	废气	HRGC-HRMS	1997	美国
EPA 1613B	二噁英	水、土壤、底泥、污泥、组织	HRGC-HRMS	1997	美国
EPA 8280B	二噁英	水、土壤、飞灰、化学废物	HRGC-LRMS	1998	美国
EPA 8290A	二噁英	土壤、底泥、飞灰、水、污泥、脂肪组织	HRGC-HRMS	1998	美国
EPS 1/RM/19	二噁英	纸浆	HRGC-HRMS	1992	加拿大

2.1.1 美国 EPA 方法 23

工业源烟道气中的二噁英类采样和分析方法,可测定 17 种 2,3,7,8-位氯代二噁英。用石英纤维滤筒和 XAD-2 树脂为吸附材料,采样前在 XAD-2 树脂添加 5 种同位素标记的采样内标,进行烟道气等速采样。样品用有机溶剂进行索氏提取后,用改性硅胶、碱性氧化铝等净化,净化液用旋转蒸发和氮吹浓缩,最后用高分辨气相色谱-高分辨质谱(HRGC-HRMS)分析;色谱柱为长 60 m 的 DB-5 柱,质谱的分辨率要求至少为 10 000,以 9 种 ^{13}C 标记的二噁英同类物为内标,可以对 17 种 2,3,7,8-位氯代二噁英准确定性定量,进样标包含 ^{13}C$_{12}$-1,2,3,4-TCDD 和 ^{13}C$_{12}$-1,2,3,7,8,9-HxCDD(表 2-2)。该方法规定了严格的质量控制措施,包括采样回收率、前处理回收率、方法检出限、现场空白和实验室空白等。

表 2-2 美国 EPA 23 方法中使用的同位素采样标和定量内标

同位素标记物	回收率确定的参考内标
采样标	采样回收率确定的参考内标
^{37}Cl$_4$-2,3,7,8-TCDD	^{13}C$_{12}$-2,3,7,8-TCDD
^{13}C$_{12}$-2,3,4,7,8-PeCDF	^{13}C$_{12}$-1,2,3,7,8-PeCDF
^{13}C$_{12}$-1,2,3,4,7,8-HxCDD	^{13}C$_{12}$-1,2,3,6,7,8-HxCDD
^{13}C$_{12}$-1,2,3,4,7,8-HxCDF	^{13}C$_{12}$-1,2,3,6,7,8-HxCDF
^{13}C$_{12}$-1,2,3,4,7,8,9-HpCDF	^{13}C$_{12}$-1,2,3,4,6,7,8-HpCDF

续表

同位素标记物	回收率确定的参考内标
PCDD/Fs 内标	进样标
$^{13}C_{12}$-2,3,7,8-TCDF	$^{13}C_{12}$-1,2,3,4-TCDD
$^{13}C_{12}$-1,2,3,7,8-PeCDF	$^{13}C_{12}$-1,2,3,4-TCDD
$^{13}C_{12}$-1,2,3,6,7,8-HxCDF	$^{13}C_{12}$-1,2,3,7,8,9-HxCDD
$^{13}C_{12}$-1,2,3,4,6,7,8-HpCDF	$^{13}C_{12}$-1,2,3,7,8,9-HxCDD
$^{13}C_{12}$-2,3,7,8-TCDD	$^{13}C_{12}$-1,2,3,4-TCDD
$^{13}C_{12}$-1,2,3,7,8-PeCDD	$^{13}C_{12}$-1,2,3,4-TCDD
$^{13}C_{12}$-1,2,3,6,7,8-HxCDD	$^{13}C_{12}$-1,2,3,7,8,9-HxCDD
$^{13}C_{12}$-1,2,3,4,6,7,8-HpCDD	$^{13}C_{12}$-1,2,3,7,8,9-HxCDD
$^{13}C_{12}$-OCDD	$^{13}C_{12}$-1,2,3,7,8,9-HxCDD

2.1.2 美国 EPA 方法 1613

可以测定土壤、底泥、动物组织及其他样品中的 17 种 2,3,7,8-位氯代的 PCDD/Fs 同类物。样品的前处理程序比较复杂，经有机溶剂提取后，以酸碱改性硅胶、活性碳柱、氧化铝柱或弗罗里西土柱、GPC 柱等净化；使用 15 种 ^{13}C 标记的 2,3,7,8-位氯代二噁英为定量内标，2 种 2,3,7,8-位氯代二噁英($^{13}C_{12}$-1,2,3,4-TCDD 和 $^{13}C_{12}$-1,2,3,7,8,9-HxCDD)作为进样内标，可以对 17 种 2,3,7,8-位氯代二噁英进行定性定量，根据同类物浓度和毒性当量因子得到准确的毒性当量结果。该方法规定了严格的质量控制措施。

2.1.3 欧洲标准化委员会标准 EN-1948

类似于美国环境保护署的方法 23，规定了固定源 PCDD/Fs 的采样和测定方法，但在采样装置的细节上与美国环境保护署的方法 23 有所差异，所用的同位素内标也有所差异。EN-1948 所采用的采样标与美国 EPA 方法 23 不同，包括三种 ^{13}C 标记的同类物，分别为 $^{13}C_{12}$-1,2,3,7,8-PeCDF、$^{13}C_{12}$-1,2,3,7,8,9-HxCDF 和 $^{13}C_{12}$-1,2,3,4,7,8,9-HpCDF，定量内标包括 13 种 ^{13}C 标记的同类物，所用的进样标为 $^{13}C_{12}$-1,2,3,4-TCDD 和 $^{13}C_{12}$-1,2,3,7,8,9-HxCDD。

2.1.4 日本工业标准 JIS K0311

日本在 1999 年修订了固定源排放废气中 PCDD/Fs 的分析标准。该标准建立在欧洲和美国现有标准的基础之上，并结合了日本近十年的研究经验，具有更强的针对性、良好的可操作性和质量控制措施。采用 WHO 的新规定，将 dl-PCBs 也纳入检测范畴，要求同时测定样品中的 PCDD/Fs 和 dl-PCBs。

2.1.5　日本空气二噁英类分析标准手册

日本环境空气中的二噁英类分析方法为，用石英纤维滤膜和聚氨酯泡沫 (polyurethane foam, PUF) 采集环境空气中颗粒相和气相中的二噁英类，然后分别用甲苯和丙酮提取后，经过多层改性硅胶柱及氧化铝柱等净化，采用 HRGC-HRMS 定性定量，内标为 ^{13}C 标记的多种 2,3,7,8-位氯取代的二噁英类同类物，检测限可低于 0.06 pg TEQ/m^3。

2.1.6　中国国家环境保护标准 HJ 77.2—2008

《环境空气和废气　二噁英类的测定　同位素稀释高分辨气相色谱-高分辨质谱法》(HJ 77.2—2008) 规定了环境空气和废气中 PCDD/Fs 的同位素稀释高分辨气相色谱-高分辨质谱方法。规定了环境空气和废气中二噁英类的采样、样品前处理及仪器分析等过程的标准操作程序以及整个分析过程的质量控制措施。利用滤膜和吸附材料对环境空气和废气中的二噁英类进行采样，采集的样品加入同位素标记内标，分别用甲苯等有机溶剂对滤膜和吸附材料进行提取得到样品提取液，再通过色谱填充柱净化、旋转蒸发和氮吹等净化和浓缩方法转化为最终进样液，用 HRGC-HRMS 对 PCDD/Fs 同类物进行定性和定量分析。

二噁英类仪器分析方法成本高 (应用 HRGC-HRMS 检测二噁英类的费用在 1000 美元/样左右)、样品测试周期长 (一次样品的测试周期至少要 2 周)。近年来以生物法测定二噁英类总 TEQ 的研究非常活跃，包括乙氧基异吩噁唑酮-脱乙基酶 (ethoxyresorufin-O-deethylase, EROD) 活性测试法、荧光素酶方法和酶联免疫吸附测定法 (enzyme-linked immunosorbent assay, ELISA) 等。

研究认为二噁英类对生物的毒性是通过芳香烃受体 (AhR) 而起作用的 (Zacharewski et al., 1995)。二噁英类对生物体内 AhR 具有高度的亲和能力，可专一性地诱导细胞色素 P450 酶。对 P450 酶的诱导作用可以通过 EROD 活性来测定，即在一定浓度范围内具有线性的剂量-效应关系。由于样品中其他共存污染物的干扰，EROD 的分析结果往往偏高。目前，国内已开展了灵敏的离体 EROD 生物检测法，用于环境样品中二噁英类污染物的快速筛选。另一种生物检测方法——酶联免疫吸附测定法，一般多采用抗 PCDD/Fs 的大鼠或兔子单克隆或复合克隆抗体。该法简便、易操作，准确性较好。以上两种生物检测方法都具有分析周期短、分析成本低、可平行测定大量样品的特点，对环境样品的检测限可达到 pg/g 或 ng/L 水平。但生物检测法只能测定二噁英类总毒性当量，不能报告样品中二噁英类同类物的含量，因此只能作为一种大量环境样品的快速筛选手段，也可用于大规模的二噁英类背景调查。但目前在工业源废气和废渣二噁英检测方面，生物检测方法的应用仍非常少 (郑明辉等, 2014)。

在线检测技术是二噁英分析的一个重要研究方向(Blumenstock et al., 1999; Gullett and Wikström, 2000; Blumenstock et al., 2001; Oh et al., 2004; Oudejans et al., 2004; Tsuruga et al., 2007; Gullett et al., 2008),如垃圾焚烧产生的废气中存在二噁英前驱体——氯苯或氯酚类化合物。根据烟气中二噁英浓度与氯苯或氯酚含量的定量相关性,可将氯苯或氯酚选为检测指标物,通过实时测定氯苯或氯酚的含量,从而可间接推断二噁英浓度。目前美国环境保护署也有研究人员采用可移动激光质谱等技术对垃圾焚烧过程烟气中的二噁英进行在线检测的报道(Oudejans et al., 2004; Gullett et al., 2008)。

2.2　烟道气和飞灰样品的采集

烟气中 PCDD/Fs 的采样方法可参照欧盟方法 EN-1948 *Stationary source emissions—Determination of the mass concentration of PCDDs/PCDFs* 中的过滤/富集法,将烟气及其颗粒物中的 PCDD/Fs 收集在滤筒和吸附树脂上。采样仪器如图 2-1 所示。

2.2.1　采样准备工作

采样准备工作包括以下几个步骤:

1)仪器准备

按照标准要求进行仪器校准,包括流量校准、压力校准、温度校准。确认仪器完整,各部件齐备,如主机、采样管、玻璃器件、皮托管等。

2)物料制备

主要包括同位素标记采样内标,XAD-2 树脂,石英纤维滤筒和对烟气除水的变色硅胶。每个烟气样品中,均添加 1 ng 同位素标记的采样内标。使用索氏提取器纯化 XAD-2 树脂,依次以甲醇、丙酮、正己烷、二氯甲烷提取 24 h;然后再依次以正己烷、丙酮、甲醇各提取 4 h,而后避光低温储存于甲醇中以备采样。采样前吹干,称重,如需要可以添加采样内标。石英纤维滤筒由石英纤维制成,有直径 32 mm 和 25 mm 两种,对 0.5 μm 的粒子捕集效率应不低于 99.9%,石英纤维滤筒需 450℃烘 2~4 h,适用温度为 500℃以下。干燥用变色硅胶需 120℃烘干 2 h。

3)器材准备

清洗采样中所用的吸附瓶、管路系统和采样中所用的玻璃器皿,避免由于杂质引进的试验系统误差。先用肥皂水等清洗,再用自来水冲洗掉玻璃容器上的肥皂液,再用去离子水冲洗三次。玻璃仪器需在烘箱内 400℃烘 2 h。而后用甲醇、丙酮、二氯甲烷依次冲洗。然后再用洁净的铝箔包好,作标记,运输的过程中注意保持密封。在现场使用之前还要用丙酮和二氯甲烷进行冲洗。

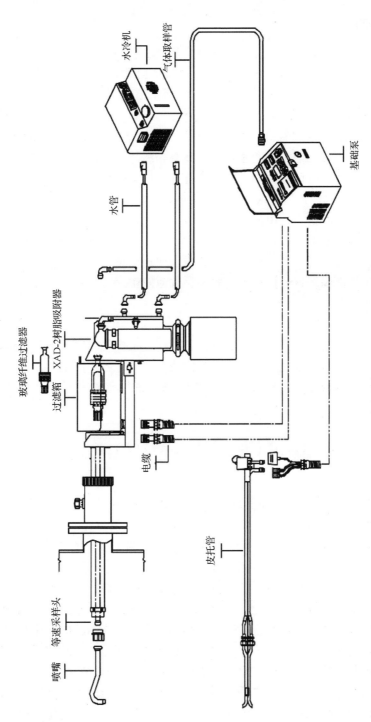

图2-1　固定源等速采样装置ISOSTACK示意图(Liu et al., 2009c)

2.2.2 采样平台

采样位置应优先选择在垂直管段，尽量避开烟道弯头和断面急剧变化的部位，避免涡流影响。一般需设置在距弯头、阀门、变化管下游方向不小于 6 倍直径，以及距上述部件上游方向不小于 3 倍直径处。对于矩形烟道，其当量直径 $D = 2AB/(A+B)$，其中 A 和 B 为边长。

在选定的位置开设采样孔，采样孔内径不小于 85 mm，采样孔管长不大于50 mm，采样孔不使用时应用盖板、管堵或管帽封闭。对正压下输送高温或有毒气体的烟道应采用带有闸板阀的密封采样孔，并注意操作人员的防护。对圆形烟道，采样孔应设在包括各测定点在内的互相垂直的直线上，对矩形或方形烟道，采样孔应设在包括各测定点在内的延长线上。

由于烟气采样操作繁琐，仪器移动不便，并且现场情况复杂，经常需要高空作业，所以出于安全考虑和工作便利，通常需要提前进行采样平台的准备。平台应有足够的工作面积以保证操作人员安全、方便操作。

2.2.3 采样流程

根据烟道断面确定采样点数和位置，按顺序测定排气温度、水分含量、静压和各采样点之间的气体动压、氧气等排气的成分。进行各相测定时，应将采样孔封闭。根据测定的数据，仪器将自动调整各采样点的等速采样流量，等速采样流量公式如下：

$$Q_{\mathrm{r}} = 0.00047 d^2 V_{\mathrm{s}} \left(\frac{P_{\mathrm{a}} + P_{\mathrm{s}}}{273 + T_{\mathrm{s}}} \right) \left[\frac{M_{\mathrm{sd}}(273 + T_{\mathrm{r}})}{P_{\mathrm{a}} + P_{\mathrm{r}}} \right]^{1/2} (1 - X_{\mathrm{sw}}) \tag{2-1}$$

式中，Q_{r} 为等速采样流量 (L/min)；d 为采样嘴直径 (mm)；V_{s} 为测点气体流速 (m/s)；P_{a} 为大气压力 (Pa)；P_{s} 为废气静压 (Pa)；P_{r} 为流量计前气体压力 (Pa)；T_{s} 为废气温度 (℃)；T_{r} 为流量计前气体温度 (℃)；M_{sd} 为干废气的分子质量 (g/mol)；X_{sw} 为废气中的水分含量 (体积百分数，%)。

采样之前对现场进行调查，测定排气管道烟气的参数。单个烟气样品采集时间一般不少于 2 h，采样量一般不应少于 2 m³。采样嘴入口角度应不大于 45°，与前弯管连接的一端的内径应与连接管内径相同，避免急剧的断面变化和弯曲。用干净的镊子或者手套将滤筒装入采样管内，记下滤筒编号。垫圈放置位置准确，防止样品气流从滤筒周围漏出，组装完毕后需要对整机进行检漏。

采样前进行预采，估测所需采样嘴直径，当监测设施达到正常稳定工况以后开始采样，同步监控烟气温度、流速、氧气和一氧化碳含量的变化，根据烟气流速实时确定是否需要调整采样嘴的大小。开始采样前，在吸附树脂中添加同位素标记采样内标，要求采样内标物质的回收率为 70%～130%。

　　将采样管插入烟道，封闭采样孔，使采样嘴对准气流方向。将烟气的各项参数输入仪器操作界面的相应菜单中，然后开动采样泵，采样仪将自动按照式(2-1)计算出标准状态烟气流量，并通过测量动静压差别计算烟气流速从而实现等速采样。一般采样嘴的吸气速度与测定点的气流速度相等(其相对误差应在 10% 内)。采样过程中，冷凝器的水温应设定在 6℃ 以下，树脂吸附柱保持在 30℃ 以下。树脂吸附柱应注意避光。

　　第一点采样完成后，立即按顺序将采样管移动到第二采样点，以此类推。采样结束后，小心地从烟道取出采样管，注意不要倒置，再关闭抽气泵。避免因烟道内有负压，先关闭抽气泵而造成颗粒物倒吸。用镊子将滤筒取出，轻轻敲打前弯管，并用细毛刷将附着在前弯管的尘粒刷到滤筒内，将滤筒装入专用玻璃管内，密封保存。取出滤筒保存在专用容器中，用丙酮、甲苯冲洗采样管和连接管。冲洗液保存在棕色试剂瓶中，树脂柱两端密封后避光保存。

2.2.4　飞灰样品的采集

　　样品采用金属抓斗式采样器采集，在烟气除尘器排灰处现场采集 200 g 飞灰，匀质。所有采集的样品都用铝箔包装放入密封袋中，低温保存以备分析用。

2.3　环境样品中 UP-POPs 的分析技术

　　由于 PCDD/Fs、dl-PCB、PCNs 及 PBDD/Fs 结构相似，同类物众多、性质相近，都具有半挥发性，样品中 UP-POPs 在痕量乃至超痕量水平，空白本底不易消除等特点，对分析方法的选择性和灵敏性要求很高。通常采用的分析技术包括：①提取技术主要包括索氏提取及加速溶剂萃取；②净化手段则主要包括凝胶渗透色谱、多层硅胶柱、改性硅胶柱、Florisil 柱、活性炭柱、活性炭涂渍硅胶柱以及全自动样品净化技术等；③仪器分析技术则有 HRGC/NCI-LRMS，HRGC-MS-MS，HRGC-Ion Trap MS，HRGC-TOFMS，HRGC-HRMS 等仪器分析方法；④定量技术则主要采用同位素稀释质谱法等。

2.3.1　PCDD/Fs、PCBs 和 PCNs 的 HRGC-HRMS 分析技术

　　采用同位素稀释高分辨气相色谱-质谱联用技术可对样品中的 PCDD/Fs、PCBs 和 PCNs 等多种 UP-POPs 同时进行分析(Guo et al., 2008)，主要流程如图 2-2 所示。

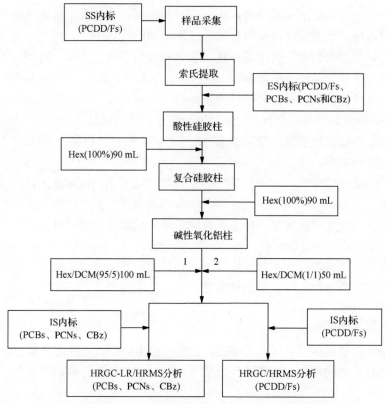

图 2-2   PCDD/Fs、PCBs 和 PCNs 净化、分离和测试流程图

SS：采样；ES：净化；IS：进样；DCM：二氯甲烷；Hex：正己烷

2.3.1.1   烟气和飞灰样品的提取

含在飞灰中的二噁英检测须先将灰粒破裂。传统的方法是盐酸与灰混合、洗涤和干燥后用甲苯索氏提取。详细的步骤为于具塞三角瓶中称取飞灰 2 g，加入 PCDD/Fs、PCBs 和 PCNs 的 ^{13}C 标记同位素内标各 1 ng，搅匀，平衡至少 2 h，缓慢加入 1 mol/L 的盐酸直至不冒气泡为止，再室温振荡 3 h 左右。而后以二次蒸馏水淋洗至中性，离心，水相用二氯甲烷液液萃取，固相中加入适量的无水硫酸钠干燥，用甲苯溶剂索氏提取，萃取液合并进行浓缩。

烟道气样品中的滤筒经过上述酸处理程序后与烟气吸附剂 XAD-2 树脂合并，移入提取筒用甲苯索氏提取 24 h 以上(也可以用 ASE 提取)，冷凝水用二氯甲烷液液萃取。萃取液与提取液合并后分取一半留做备份，另一半加入 PCDD/Fs、PCBs 和 PCNs ^{13}C 标记的同位素添加内标各 1 ng 后等待进一步净化。

2.3.1.2　样品的净化和分离

PCNs 是共平面结构，与 PCBs 的物理化学性质较为相似，通过改变洗脱剂的极性可以实现 PCDD/Fs、PCBs 和 PCNs 同时净化分离的目的。一般通过酸性硅胶柱净化、复合硅胶柱净化和碱性氧化铝柱净化共同使用来达到分离和净化的效果，有时也用凝胶渗透色谱柱净化进行净化和分离。

1）酸性硅胶柱净化

净化柱柱型为 30 cm×15 mm 内径，填料自下至上依次为：玻璃棉，8 g 44%酸性硅胶，4 g 22%酸性硅胶和 2 cm 的无水硫酸钠。用 70 mL 正己烷预淋洗，洗脱溶剂为 90 mL 正己烷，洗脱液浓缩至 1 mL 用于后续净化操作。

2）复合硅胶柱净化

净化柱柱型为 30 cm×15 mm 内径，填料自下至上依次为：玻璃棉，1 g 活化硅胶，2 g AgNO$_3$ 硅胶，1 g 活化硅胶，3 g 碱性硅胶，1 g 活化硅胶，8 g 酸性硅胶，1 g 活化硅胶和 2 cm 的无水硫酸钠。用 70 mL 正己烷预淋洗，洗脱溶剂为 100 mL 正己烷，洗脱液浓缩至 1mL 后用于后续净化操作。

3）碱性氧化铝柱净化分离

分离柱柱型为 30 cm×0.8 cm 内径，并带有旋塞，填料自下而上依次为：玻璃棉，8 g 碱性氧化铝和 2 cm 无水硫酸钠。用 60 mL 正己烷半湿法装柱，100 mL 正己烷/二氯甲烷(95/5，V/V)洗脱 PCBs 和 PCNs，50 mL 正己烷/二氯甲烷(1/1，V/V)洗脱 PCDD/Fs。

2.3.1.3　样品的浓缩

将洗脱液浓缩至 2～3mL，转入 KD 管内，旋转蒸发浓缩至 1 mL，氮吹至 0.2 mL，移入含有 10 μL 壬烷的样品管，氮吹浓缩。仪器分析前添加 PCDD/Fs、PCBs 和 PCNs 进样内标各 1 ng，然后进行仪器分析。

2.3.1.4　色谱和质谱仪器条件的选择

PCDD/Fs、PCBs 和 PCNs 在环境中的检测属于超痕量分析，高分辨气质联用仪可以通过精确单离子检测将低分辨质谱联用仪不能区分的干扰物质分离，表现出高选择性。检测 PCDD/Fs、PCBs 和 PCNs 的高分辨气质使用较为广泛的仪器为：①AutoSpec Ultima 型高分辨色质联用仪为 Waters Micromass 公司(Waters Micromass，Manchester，UK)产品，气相色谱仪为 Agilent 6890N(Agilent，CA，USA)，配备 CTC PAL 自动进样器；②DFS 高分辨气质联用仪为 Thermo Fisher Scientific 公司产品，具有双 Trace GC Ultra 气相色谱仪联合 DFS 高分辨质谱仪以及自动进样器(ThermoFisher Scientific，USA)。

气相色谱采用无分流进样方式，载气为氦气(≥99.999%)，恒流模式；进样量 1 μL，色谱柱为 DB-5MS 毛细管柱(60 m×0.25 mm×0.25 μm)。对于 PCDD/Fs：GC 进样口温度为 270℃，载气流速为 1 mL/min；程序升温条件为 160℃保留 2 min，以 5℃/min 升到 220℃，保留 16 min，然后再以 4℃/min 升到 235℃，保留 7 min，最后以 5℃/min 升到 330℃，保留 1 min。对于 PCBs：GC 进样口温度为 270℃，载气流速为 1.2 mL/min；程序升温条件为 120℃保留 1 min，以 30℃/min 升到 150℃，然后再以 2.5℃/min 升到 300℃，保留 5 min。对于 PCNs：GC 进样口温度为 260℃，载气流速为 1 mL/min；程序升温条件为 80℃保留 2 min，以 20℃/min 升到 180℃，保留 1 min，然后再以 2.5℃/min 升到 280℃保留 2 min，最后以 10℃/min 升到 300℃，保留 5 min。

质谱条件：电离方式为电子轰击(electron impact，EI)；测定时采用的质谱调谐参数为：分辨率≥10 000；源温 310℃；电子能量 38 eV(AutoSpec 质谱仪)或 45 eV(DFS 质谱仪)；光电倍增器电压 350 V；传输线温度 270℃；参比选用高沸点 PFK(AutoSpec 质谱仪)或 FC43(DFS 质谱仪)；质谱获取方式为选择离子监测(selected ion monitor, SIM)模式；PCDD/Fs、PCBs 和 PCNs 的选择离子的碎片和窗口参数见表 2-3 和表 2-4，色谱图见图 2-3～图 2-5。

表 2-3 HRGC-HRMS 法测定 PCDD/Fs 和 PCBs 的监测离子(Liu et al., 2009c)

PCDD/Fs			dl-PCBs		
同类物	定量离子	定性离子	同类物	定量离子	定性离子
2,3,7,8-TeCDF	303.9016	305.8987	CB-77	289.9224	291.9194
1,2,3,7,8-PeCDF	339.8597	341.8567	CB-81	289.9224	291.9194
2,3,4,7,8-PeCDF	339.8597	341.8567	CB-105	325.8804	327.8775
1,2,3,4,7,8-HxCDF	373.8208	375.8178	CB-114	325.8804	327.8775
1,2,3,6,7,8-HxCDF	373.8208	375.8178	CB-118	325.8804	327.8775
2,3,4,6,7,8-HxCDF	373.8208	375.8178	CB-123	325.8804	327.8775
1,2,3,7,8,9-HxCDF	373.8208	375.8178	CB-126	325.8804	327.8775
1,2,3,4,6,7,8-HpCDF	407.7818	409.7789	CB-156	359.8415	361.8385
1,2,3,4,7,8,9-HpCDF	407.7818	409.7789	CB-157	359.8415	361.8385
OCDF	441.7428	443.7399	CB-167	359.8415	361.8385
2,3,7,8-TeCDD	319.8965	321.8936	CB-169	359.8415	361.8385
1,2,3,7,8-PeCDD	355.8546	357.8516	CB-189	393.8025	395.7995
1,2,3,4,7,8-HxCDD	389.8157	391.8127			
1,2,3,6,7,8-HxCDD	389.8157	391.8127			
1,2,3,7,8,9-HxCDD	389.8157	391.8127			
1,2,3,4,6,7,8-HpCDD	423.7766	425.7737			
OCDD	457.7377	459.7348			
TeCDF	303.9016	305.8987			

PCDD/Fs			dl-PCBs		
同类物	定量离子	定性离子	同类物	定量离子	定性离子
TeCDD	319.8965	321.8936			
PeCDF	339.8597	341.8567			
PeCDD	355.8546	357.8516			
HxCDF	373.8208	375.8178			
HxCDD	389.8157	391.8127			
HpCDF	407.7818	409.7789			
HpCDD	423.7766	425.7737			

表 2-4　PCNs 的质谱监测离子信息

氯代数	m/z	m/z 类型	同系物
Cl-1	162.0236	M	Mo-CN
	164.0207	$M+2$	Mo-CN
Cl-2	195.9847	M	Di-CN
	197.9817	$M+2$	Di-CN
Cl-3	229.9457	M	Tri-CN
	231.9427	$M+2$	Tri-CN
Cl-4	265.9038	$M+2$	Tetra-CN
	267.9008	$M+4$	Tetra-CN
	275.9373	$M+2$	^{13}C-Tetra-CN
	277.9344	$M+4$	^{13}C-Tetra-CN
Cl-5	299.8648	$M+2$	Penta-CN
	301.8618	$M+4$	Penta-CN
	309.8983	$M+2$	^{13}C-Penta-CN
	311.8954	$M+4$	^{13}C-Penta-CN
Cl-6	333.8258	$M+2$	Hexa-CN
	335.8229	$M+4$	Hexa-CN
	343.8594	$M+2$	^{13}C-Hexa-CN
	345.8564	$M+4$	^{13}C-Hexa-CN
Cl-7	367.7868	$M+2$	Hepta-CN
	369.7839	$M+4$	Hepta-CN
	377.8204	$M+2$	^{13}C-Hepta-CN
	379.8174	$M+4$	^{13}C-Hepta-CN
Cl-8	401.7479	$M+2$	Octa-CN
	403.7449	$M+4$	Octa-CN
	411.7814	$M+2$	^{13}C-Octa-CN
	413.7785	$M+4$	^{13}C-Octa-CN

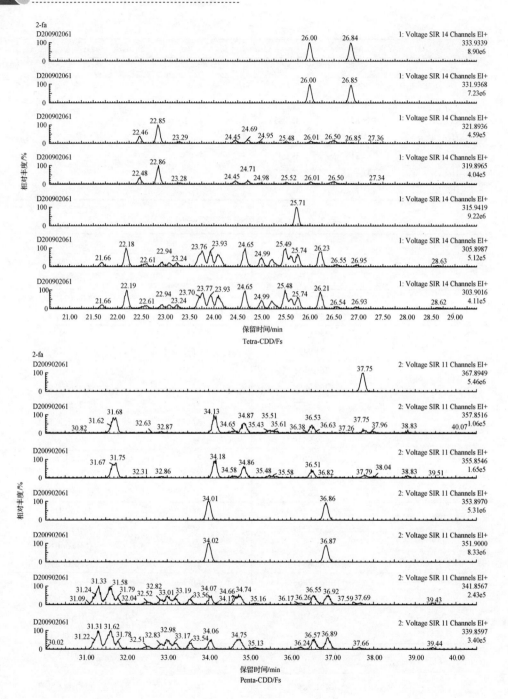

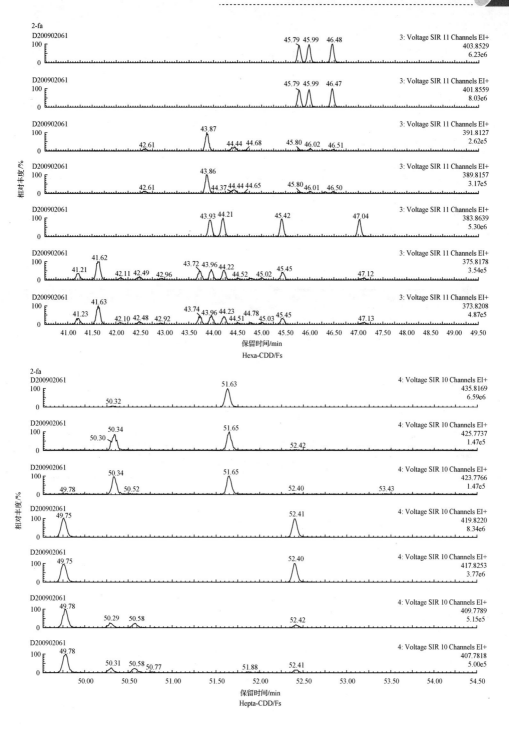

Hexa-CDD/Fs

Hepta-CDD/Fs

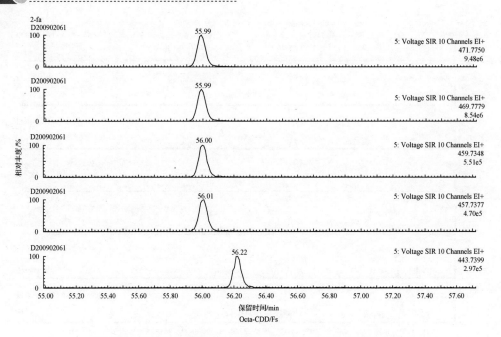

图 2-3　炼焦飞灰样品中 PCDD/Fs 分析的 HRGC-HRMS 谱图

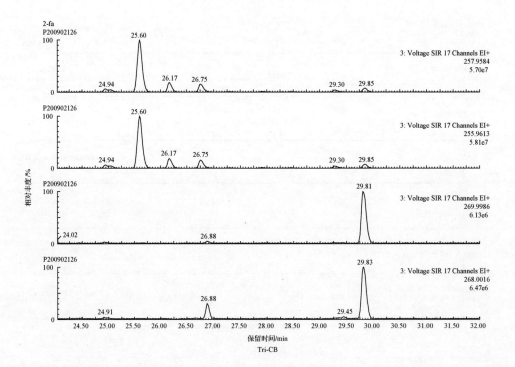

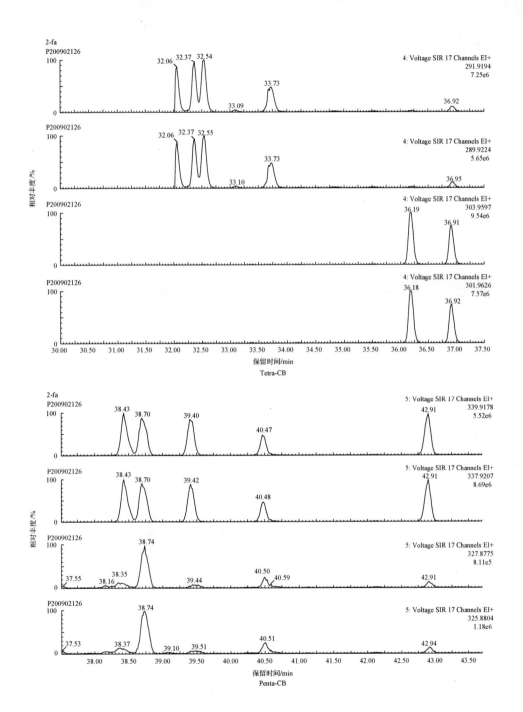

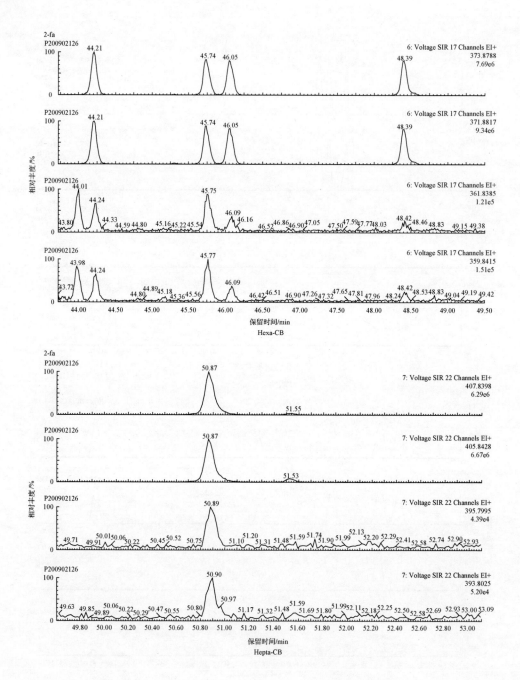

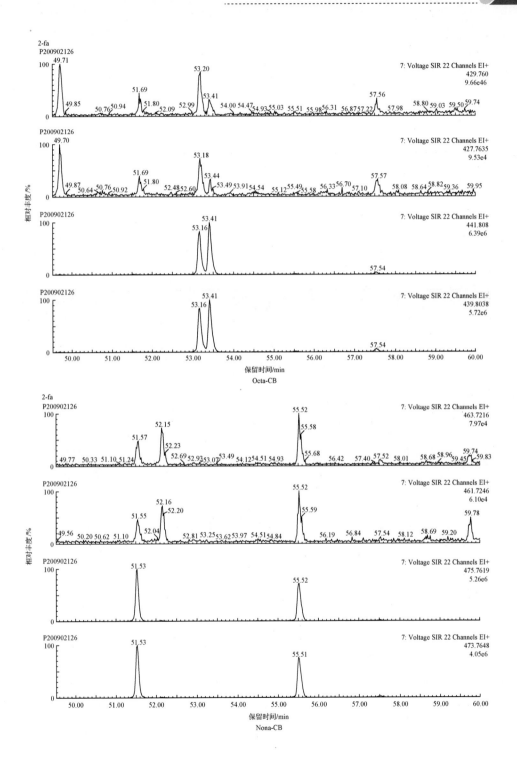

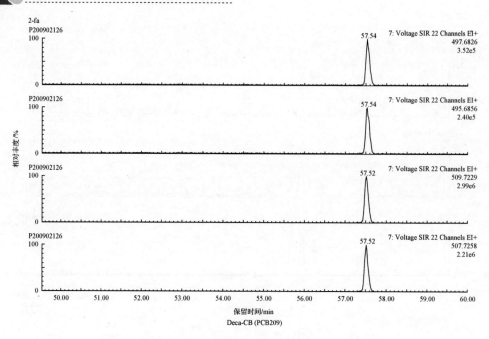

图 2-4　炼焦飞灰样品中 PCBs 分析的 HRGC-HRMS 谱图

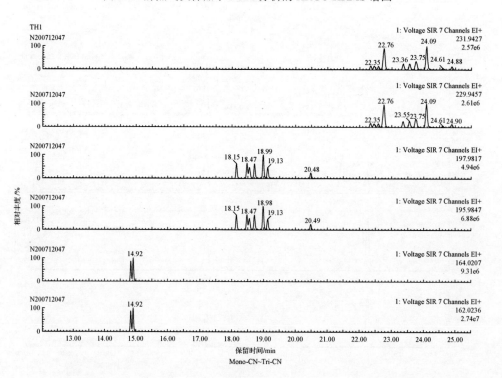

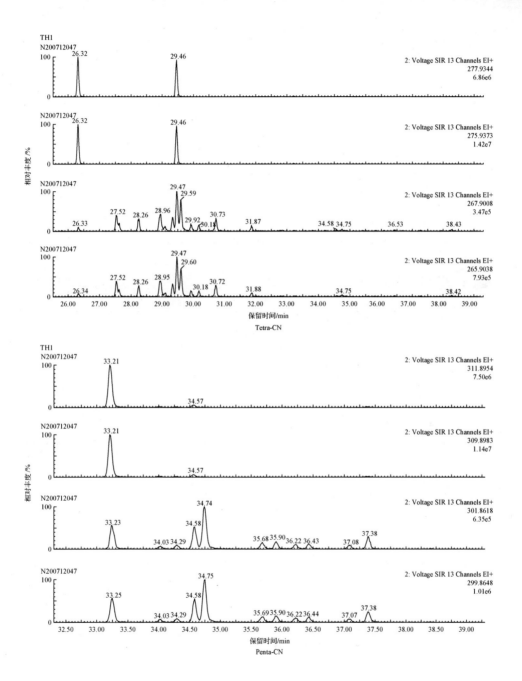

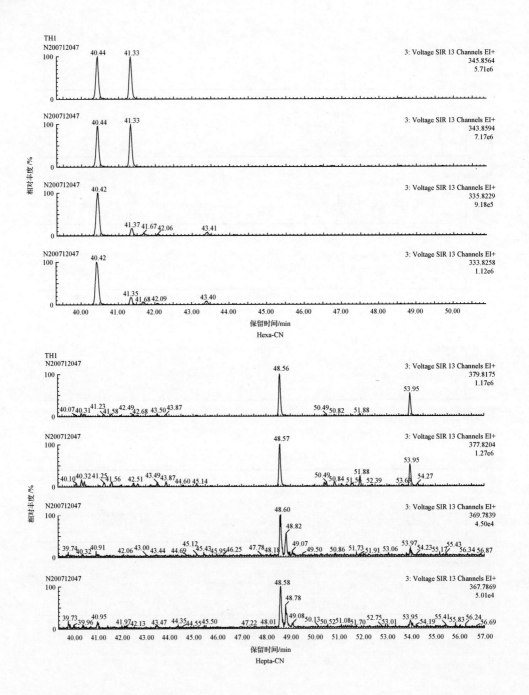

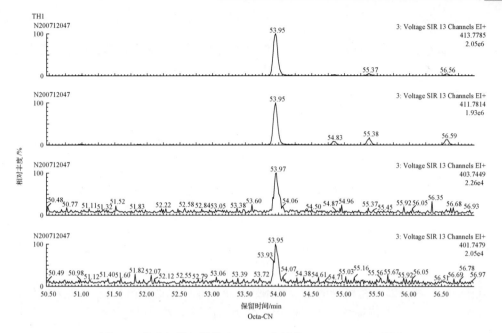

图 2-5　炼焦烟道气样品中 PCNs 分析的 HRGC-HRMS 谱图

2.3.1.5　溶液及试剂

PCDD/Fs 分析所用的标准溶液购自 Wellington 公司（Wellington Laboratories，Guelph，Canada）。具体规格为：五点标准曲线溶液；^{13}C 标记采样内标（EDF-4053），^{13}C 标记添加内标（EDF-4053）；^{13}C 标记进样内标（EDF-4055）。

PCBs 分析用的标准溶液购自 Wellington 公司。具体规格为：五点标准曲线溶液（1668A-CVS）；^{13}C 标记添加内标（1668A-LCS）；^{13}C 标记进样内标（1668A-IS）。

PCNs 混标（含 CN-27、-42、-52、-67、-73、-75 等同类物）；单标（CN-13、-54、-70）和 ^{13}C 同位素标记的 PCNs 标样均购自美国 Cambridge 公司，另从 Wellington 公司购买 PCN-MXA 和 PCN-MXC 混合标样，Halowax 1014 工业混合物购自美国 AccuStandard 公司（AccuStandard, New Haven, USA）。

2.3.1.6　标准曲线

1. 测定标准溶液

分别取 CS1、CS2、CS3、CS4、CS5 的标准溶液，按上述测定条件检测，对标准溶液浓度序列中的每个浓度至少进行 3 次进样测定，整个浓度系列至少应得到 15 个数据点。

2. 确认峰面积强度比

各标准物质对应的两个检测离子的峰面积强度比应与通过氯原子同位素丰度比推算的理论离子强度比一致，变化不能超过 15%。

3. 绘制标准曲线

用标准物质与相应内标物质的峰面积之比和标准溶液中标准物质与内标物质的浓度比绘制标准曲线。

4. 相对响应

对于有相应 ^{13}C 同位素标记的同类物，其各浓度点的响应因子(RR)由式(2-2)算出，并求平均值，数据变异系数应在 20%以内，否则应重新绘制标准曲线。

$$RR = \frac{(A1_n + A2_n)C_l}{(A1_l + A2_l)C_n} \tag{2-2}$$

式中，$A1_n$ 和 $A2_n$ 为待测物的第一、第二特征离子的峰面积；$A1_l$ 和 $A2_l$ 为同位素标记的第一、第二特征离子的峰面积；C_l 为对应同位素标记物的浓度；C_n 为待测物的浓度。

对于没有 ^{13}C 同位素标记的同类物，其各浓度点的相对响应因子(RRF_{cs})由式(2-3)算出，并求平均值，数据变异系数应在 20%以内，否则应重新制作标准曲线。

$$RRF_{cs} = \frac{(A1_s + A2_s)C_{is}}{(A1_{is} + A2_{is})C_s} \tag{2-3}$$

式中，$A1_s$ 和 $A2_s$ 为待测物的第一、第二特征离子的峰面积；$A1_{is}$ 和 $A2_{is}$ 为同位素标记内标物的第一、第二特征离子的峰面积；C_{is} 为被选择作为计算相对响应因子的同位素标记物的浓度；C_s 为待测物的浓度。

2.3.1.7 样品测定

取得标准曲线之后，对处理好的分析样品按下述步骤测定：

(1)确认标准曲线：对制作标准曲线所使用的标准溶液进行测定，计算各同类物的相对响应因子(RRF_{cs})。与制作校准曲线时得到的 RRF_{cs} 加以比较，应在±35%以内，超过这个范围，应查找原因，重新测定。

(2)测定样品：将处理好的分析样品和试剂空白按照程序进行测定，得到各检测离子的色谱图。

(3)检查灵敏度变化：选择中间浓度的标准溶液，按一定周期进行测定，同样求出各同类物对应的 RRF_{cs}。确认该值与式(2-2)和式(2-3)中求出的结果相比，变化不超过±35%，否则应查找原因，重新测定。

(4)检查保留时间：若保留时间在一天之内变动±5%以上，或者相对于内标物质的相对保留时间变动±2%以上，则应查找原因，重新测定。

2.3.1.8　色谱峰的检出

在色谱图上，高度为基线振幅 3 倍以上的色谱峰视为有效峰。在峰的附近(半高宽的 10 倍以内)测量噪声，测量值标准偏差的 2 倍作为噪声值 N，一般经验认为噪声最大值与最小值的差约为噪声值标准偏差的 5 倍，因此也可以取噪声最大值与最小值之差的 2/5 作为噪声值 N。以噪声中线为基准，到峰顶的高度为峰高(信号 S)。对信噪比 $S/N=3$ 以上的色谱峰进行定性和定量。

2.3.1.9　定性

PCDD/Fs 分析所用的 ^{13}C 标记具体规格为添加内标(EDF-4053)；^{13}C 标记进样内标(EDF-4055)。PCBs 分析用的 ^{13}C 标记具体规格为添加内标(68A-LCS)；^{13}C 标记进样内标(68A-IS)。通过仪器分析标准曲线溶液，对照标准谱图中各化合物的出峰顺序(或同位素内标)确定目标化合物的保留时间(RT，见图 2-6)，再根据选取的离子碎片的丰度比进一步定性(见图 2-7)。

对于 PCNs，由于没有商品化的多氯萘工作曲线标准溶液，需要实验室自行配置工作曲线标准溶液。该溶液由 ^{12}C$_{10}$-CN-2、-6、-13、-27、-28、-36、-42、-46、-48、-50、-52、-53、-54、-66、-67、-69、-70、-72、-73、-75 和 ^{13}C$_{10}$-CN-27、-42、-52、-64、-67、-73、-75 组成。通过对多氯萘工业混合物 Halowax 1014、其他 PCNs 标样(含 CN-13，-27，-42，-52，-54，-64，-70，-73 和-75)以及 ^{13}C 同位素标记的 PCNs 标样进行仪器分析，并参照文献(Harner and Bidleman, 1997; Abad et al., 1999; Imagawa and Lee, 2001)报道的 PCNs 色谱保留指数，确定 PCNs 同类物的相对保留时间，再根据选取的两个离子碎片的丰度比进一步检验。所有同类物的色谱峰可以通过其相对保留时间来定性，另外，必须满足两个离子碎片之间的丰度比不超过理论值的±15%才能够进一步被确认。在上述的色谱条件下，在59 min 的运行时间内，75 个 PCNs 同类物在 DB-5MS 柱上共出峰 58 个，其中有42 个单峰、16 个复合峰。

2.3.1.10　定量

标准曲线是由五点标准曲线溶液仪器分析结果以相对响应因子法计算得到。曲线适用的范围为 CS1～CS5 的浓度范围。根据 CS1～CS5 仪器分析的结果，计算得到 ^{12}C 标准溶液相对于 ^{13}C-标准溶液以及 ^{13}C-LCS 相对于 ^{13}C-IS 的相对响应因子(RRF)。五个浓度计算得到的 RRF 相对标准偏差(RSD)应≤20%，否则需要重新设置仪器条件分析至满足要求。

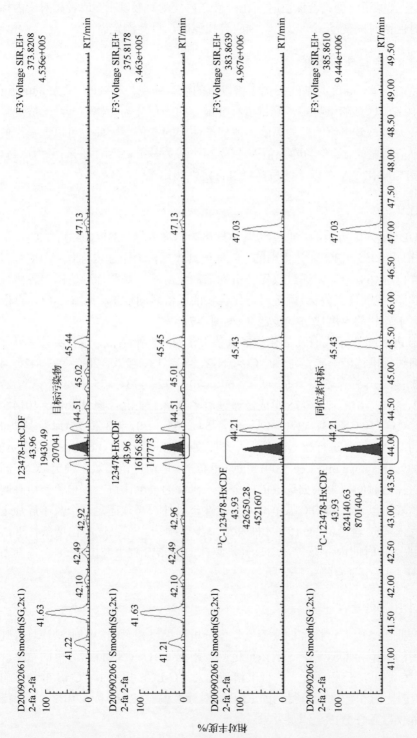

图2-6 目标污染物的定性依据(以1, 2, 3, 4, 7, 8-HxCDF为例, 保留时间与相应的同位素内标一致)

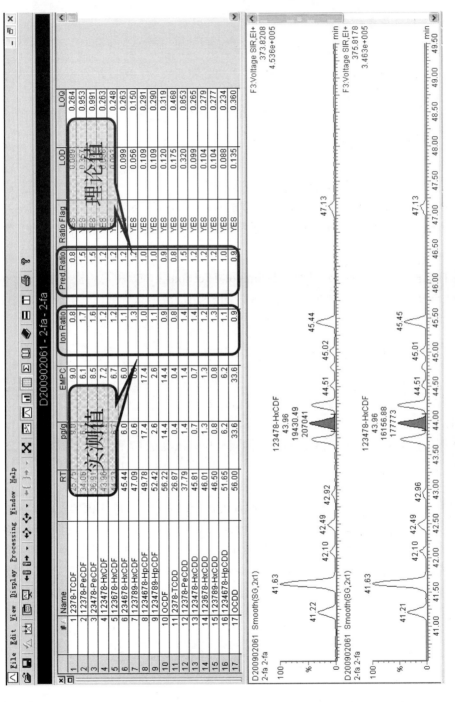

图2-7　两种监测离子的丰度比的丰度比在理论丰度比的±15%范围内(以PCDD/Fs同类物为例)

2.3.1.11 质量控制

1. 方法空白

PCDD/Fs、PCBs 和 PCNs 是普遍存在的环境污染物，所以在实验过程中从实验材料、器皿到仪器和实验环境都可能会给分析结果引入污染。因此，方法空白和试验空白是方法质量控制必不可少的环节。同时在每组样品的分析过程中同时有空白实验以验证实验的可靠性。

2. 回收率

UP-POPs 分析过程复杂，步骤繁多，获得足够的回收率是准确定量的前提。PCDD/Fs 和 PCBs 的 ^{13}C 同位素添加标准的回收率的结果必须分别满足 EPA1613B 和 1668A 规定的范围，PCNs 尚无相关标准，参照 PCDD/Fs 相关标准的要求。

3. 检测限

样品的检测限包括最低检测限(limit of detection，LOD)和定量检测限(limit of quantification，LOQ)，分别以 3 倍和 8 倍的信噪比(S/N)来计算。对于低于检测限的样品数据样本可采用 LOD 来计算。

2.3.1.12 其他仪器分析技术

一些其他仪器技术，如气相色谱-三重四极杆质谱联用技术、全二维气相色谱-质谱联用技术等也用于 PCDD/Fs、PCBs 和 PCNs 的定性定量分析(吴嘉嘉等，2011；刘芷彤等，2013；聂志强等，2014)。

例如：同位素稀释气相色谱-三重四极杆质谱法测定 17 种 2,3,7,8-位氯取代的二噁英同类物的痕量分析方法已有报道(吴嘉嘉等，2011)，17 种二噁英毒性同类物的平均相对响应因子的相对标准偏差均小于 11%，校正曲线在 0.5~2000 μg/L 范围内显示出良好线性，方法的检出限为 0.05~0.34 μg/L，满足 PCDD/Fs 的痕量分析需求。使用标准溶液样品进行定量检测的精密度测试，结果显示 17 种目标化合物的相对标准偏差均低于 4%，方法重现性良好。将本方法应用于标准物质底泥样品的测定。底泥样品经加速溶剂提取、Power-Prep^{TM} 自动净化系统净化、浓缩后进样分析，采用多重反应监测(multiple reaction monitoring, MRM)方式进行定性和定量分析。4 种不同浓度底泥样品的检测结果在标准值范围内，与高分辨质谱仪的测定结果无显著差异。

使用气相色谱-三重四极串联质谱技术测定环境样品中 20 种高关注的 PCNs 同类物的方法已有报道(刘芷彤等，2013)。该方法以稳定同位素标记的 PCNs 同类物为内标，PCNs 同类物的校正曲线在 0.5~200 μg/L 的浓度范围内线性良好($R^2 > 0.99$)，检出限为 0.04~0.48 μg/L，相对标准偏差小于 15%。采用基质加标法评价该方法对实际环境样品中 PCNs 测定的回收率为 45.2%～87.9%。以河流沉积物和再生铝冶炼排放的烟道气样品为对象验证了方法的适用性，利用所建立的方法测定了 20 种 PCNs 同类物，并将结果与高分辨气相色谱/高分辨质谱方法的测定结果进行了比对。两种方法测定结果的相对标准偏差为 0.5%～41.4%，表明所建立的同位素稀释气相色谱-三重四极串联质谱方法可用于实际环境样品中 PCNs 的定性定量分析。通过对色谱条件的优化实现了 PCNs 同类物的基线分离（如图 2-8 所示），色谱图中基线较低，噪声干扰小。

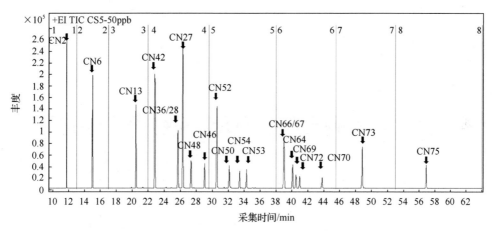

图 2-8　PCNs 总离子流色谱图（刘芷彤等，2013）

质谱参数的优化：首先进行全扫描，选择丰度高的特征离子作为母离子。为了增强其相应子离子的响应，在确定母离子的同时，也考虑了相应的子离子的响应情况，最终，对同一化合物选定了两个丰度最强的分子离子作为母离子。其次，运行子离子扫描方式，在不同碰撞电压下所得的子离子扫描图不同。设定不同碰撞电压运行序列（5～60 eV，以 5 eV 为单位增加），优化碰撞电压使得每个子离子的响应值达到最大。同时，从同一化合物所得的两个子离子中选择响应值最大的子离子为定量离子，另一为定性离子。在优化后的质谱的多重反应监测（MRM）方法中，每个目标化合物有两对对应的母离子和子离子，其定量子离子和定性子离子均有良好的响应值。主要的检测离子和质谱参数如表 2-5 所示（刘芷彤等，2013）。

利用 GC-MS/MS 技术测定 14 种溴代二噁英同类物（聂志强等，2014），其平均相对响应因子的相对标准偏差均小于 20%；校正曲线在 0.1～500 μg/L 范围内显示出良好线性（$R^2 > 0.99$），仪器的检出限为 0.08～4.00 μg/L，满足 PBDD/Fs 的痕量分析需求（图 2-9）。以再生铜冶炼飞灰样品为研究对象，利用所建立的方法测定了 14 种 PBDD/Fs 同类物的含量，样品回收率范围在 45%～120% 之间。

表 2-5 **MS/MS 测定 PCNs 的主要 MRM 参数**(刘芷彤等, 2013)

PCNs 同类物	母离子质荷比(m/z)	子离子质荷比(m/z)	碰撞能量/eV	停留时间/ms	保留时间/min
2-MoCN	162(M)	127*	20	100	11.77
	164($M+2$)	127	20	100	
1,5-DiCN	196(M)	126*	35	100	15.05
	198($M+2$)	126	35	100	
1,2,3-TrCN	230(M)	160*	35	100	20.53
	232($M+2$)	160	45	100	
1,3,5,7-TeCN	264($M+2$)	194*	45	50	22.90
	266($M+4$)	196	40	50	
^{13}C$_{10}$-1,3,5,7-TeCN	274($M+2$)	204*	40	50	22.89
	276($M+4$)	204	45	50	
1,2,3,5-TeCN	264($M+2$)	194*	40	50	25.77
	266($M+4$)	196	40	50	
1,2,5,6-TeCN	264($M+2$)	194*	40	50	25.77
	266($M+4$)	196	40	50	
1,2,3,4-TeCN	264($M+2$)	194*	40	50	26.36
	266($M+4$)	196	40	50	
^{13}C$_{10}$-1,2,3,4-TeCN	274($M+2$)	204*	50	50	26.35
	276($M+4$)	204	35	50	
2,3,6,7-TeCN	264($M+2$)	194*	40	50	27.41
	266($M+4$)	196	45	50	
1,4,5,8-TeCN	264($M+2$)	194*	35	50	29.09
	266($M+4$)	196	40	50	
1,2,3,5,7-PeCN	300($M+2$)	228	40	50	30.65
	300($M+2$)	230*	40	50	
^{13}C$_{10}$-1,2,3,5,7-PeCN	310($M+2$)	238	35	50	30.64
	310($M+2$)	240*	45	50	
1,2,3,4,6-PeCN	300($M+2$)	228*	45	50	32.22
	300($M+2$)	230	35	50	
1,2,3,6,7-PeCN	300($M+2$)	228*	45	50	33.50
	300($M+2$)	230	45	50	
1,2,3,5,8-PeCN	300($M+2$)	228*	50	50	34.38
	300($M+2$)	230	40	50	
1,2,3,4,6,7-HxCN	334($M+2$)	264*	45	50	39.14
	336($M+4$)	264	45	50	
1,2,3,5,6,7-HxCN	334($M+2$)	264*	45	50	39.14
	336($M+4$)	264	45	50	
^{13}C$_{10}$-1,2,3,5,6,7-HxCN	344($M+2$)	274*	50	50	39.13
	346($M+4$)	274	40	50	

续表

PCNs 同类物	母离子质荷比(m/z)	子离子质荷比(m/z)	碰撞能量/eV	停留时间/ms	保留时间/min
1,2,3,5,7,8-HxCN	334(M+2)	264*	45	50	40.64
	336(M+4)	264	45	50	
1,2,4,5,7,8-HxCN	334(M+2)	264*	45	50	41.09
	336(M+4)	264	45	50	
1,2,3,6,7,8-HxCN	334(M+2)	264*	45	50	43.91
	336(M+4)	264	45	50	
1,2,3,4,5,6,7-HpCN	368(M+2)	298*	50	50	48.99
	370(M+4)	298	40	50	
$^{13}C_{12}$-1,2,3,4,5,6,7-HpCN	378(M+2)	308*	40	50	48.96
	380(M+4)	308	40	50	
OCN	402(M+2)	332*	50	50	56.98
	404(M+4)	334	50	50	
$^{13}C_{10}$-OCN	412(M+2)	342*	50	50	56.97
	414(M+4)	344	50	50	

*定量离子。

注：MoCN：一氯萘，monochloronaphthalene；DiCN：二氯萘，dichloronaphthalene；TrCN：三氯萘，trichloronaphthalene；TeCN：四氯萘，tetrachloronaphthalene；PeCN：五氯萘，pentachloronaphthalene；HxCN：六氯萘，hexachloronaphthalene；HpCN：七氯萘，heptachloronaphthalene；OCN：八氯萘，octachloronaphthalene。

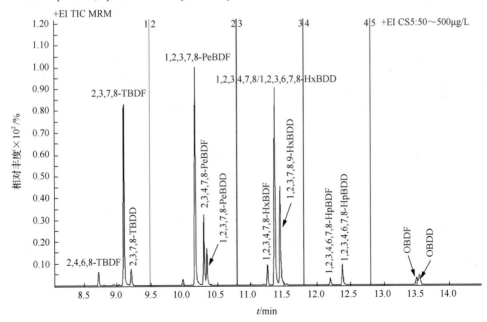

图 2-9　GC-MS/MS 分析 PBDD/Fs 的总离子流(TIC)图(聂志强等, 2014)

2.3.2 PBDD/Fs 的分析技术

PBDD/Fs 通常在环境中的含量很低,检测限要求在 pg/g(或 fg/L) 与 fg/g(fg/L) 的级别。目前对 PBDD/Fs 准确定性定量的相关报道相对较少,表 2-6 对 PBDD/Fs 分析和检测的方法进行了总结。

表 2-6 PBDD/Fs 分析检测方法(李素梅等, 2013)

基质	提取方法	净化方法	仪器分析	进样方式	回收率	文献
沉积物	索氏提取 30 g 铜粉加入到 10 g 干底泥中用甲苯提取 24 h	复合硅胶柱(10 g 44%酸性硅胶+ 5 g 2%碱性硅胶)	HRGC-HRMS DB-5MS-HT 30m× 0.25mm×0.1 μm	不分流进样	4~5 溴代 PBDD/Fs 的回收率:80%~94%	(Choi et al., 2003b)
土壤	索氏提取二氯甲烷/正己烷 (V/V=3/1)	复合硅胶柱(4 g 40%酸性硅胶+ 1g 硅胶)+4 mL 浓 H_2SO_4+1g 活性炭修饰硅胶柱	HRGC-HRMS Rxi-5MS 15m×0.25mm ×0.25μm GC-MS (OBDF 的分析采用 DB-5MS 6m ×0.25mm×0.25μm)	不分流进样	4~8 溴代 PBDDF/s 的回收率:73%~121%	(Ma et al., 2009a)
大气	加速溶剂萃取颗粒相:甲苯;聚氨酯泡沫(PUF):正己烷/二氯甲烷 (V/V=1/1)	复合硅胶柱+活性炭硅胶柱	HRGC-HRMS DB-5HT 15m×0.1mm ×0.1μm	不分流进样	4~7 溴代 PBDD/Fs 的回收率:38%~124%	(Zhang et al., 2012)
烟道气(垃圾焚烧)	索氏提取先二氯甲烷 3.5 h,后甲苯 16 h	FMS 自动净化系统	HRGC-HRMS	不分流进样	4~8 溴代 PBDD/Fs 的回收率:85.8%±14%	(Wyrzykowska-Ceradini et al., 2011)
动物组织和鸬鹚蛋	肝脏和蛋样品:ASE(二氯甲烷);鱼肉样品:索氏提取 12 h (二氯甲烷)	浓硫酸处理+复合硅胶柱+活性炭柱	HRGC-HRMS DB-5MS 30m×0.25mm ×0.10μm	柱上进样	4~7 溴代 PBDD/Fs 的回收率:50%~120%	(Watanabe et al., 2004)
人体组织	索氏提取(二氯甲烷,6 h)	酸性硅胶柱(44% H_2SO_4 酸性硅胶 20 g+40g 无水硫酸钠)+弗罗里土柱	HRGC-HRMS DB-5HT 15m×0.25mm ×0.1μm	不分流进样	4~5 溴代 PBDD/Fs 的回收率:57%~95%	(Choi et al., 2003a)

2.3.2.1 样品中 PBDD/Fs 的前处理方法

1. 提取方法

PBDD/Fs 在不同介质中的提取方法与 PCDD/Fs 基本相同,主要有索氏提取、加速溶剂萃取、超临界流体萃取、液液萃取和微波辅助提取法等。

索氏提取法是最常用的二噁英类提取方法，大部分研究者采用甲苯或二氯甲烷作为索氏提取 PBDD/Fs 的溶剂。鉴于 PBDD/Fs 和 PBDEs 等溴代有机物容易热解，Wyrzykowska 等(2009b)建议先用具有低沸点的二氯甲烷提取 3.5 h，然后再用高沸点的甲苯提 16 h，使得大部分的溴代有机物存在于二氯甲烷组分中(99.7% PBDEs 和 94.1% PBDD/Fs)，而甲苯组分中则含有大部分的氯代有机物及少量的 PBDEs 和 PBDD/Fs。利用索氏提取样品的方法耗时较长，使用之前需要进行至少 6 h 系统预清洗，样品提取需要 16～24 h，因此在样品量较大时会严重影响工作效率。近年来 ASE 等自动提取技术在环境样品 PBDD/Fs 的提取中也有应用。值得注意的是，溴代化合物通常要比氯代化合物更易脱溴，并且在一定程度上易热解和光解。

2. 净化方法

与 PCDD/Fs 的净化、分离方法相似，PBDD/Fs 也多采用两步或者三步色谱柱进行分离和净化，即样品提取液首先经过酸性硅胶柱或复合硅胶柱，再经过活性炭柱、氧化铝柱或者弗罗里土柱等(Wang and Chang-Chien, 2007)。PBDEs 是 PBDD/Fs 样品分析过程中最大的干扰物质，为了防止后续仪器测试中 PBDEs 对 PBDD/Fs 的干扰，在净化过程中要尽量实现 PBDEs 与 PBDD/Fs 的分离。据文献报道，弗罗里土柱和活性炭柱都可以实现 PBDD/Fs 与 PBDEs 较为彻底的分离。一些研究使用酸性硅胶柱、中性氧化铝柱和弗罗里土柱的净化方法实现了 PBDD/Fs 和 PBDEs 的分离(Wang et al., 2007)。

随着当前自动净化技术的发展，PBDD/Fs 的自动净化、分离也可以借鉴 PCDD/Fs 的自动净化技术，通过使用商品化、标准化的多层硅胶柱、碱性氧化铝柱和活性炭柱来减少人工填充色谱柱所带来的操作上的差异。与手动填充柱类似，标准化的活性炭柱的使用也存在导致 PBDD/Fs 回收率下降的问题。Wyrzykowska 等在使用 FMS 自动净化系统分离 PBDD/Fs 时免去通过活性炭柱的步骤，发现 PBDD/Fs 的回收率可以达到53.9%～108.9%，显著高于通过活性炭柱后的10.4%～35.4%的回收率(Wyrzykowska et al., 2009b)。

对于基质含硫的样品，有些研究者采用硝酸银硅胶来去除硫元素，但在复合硅胶柱中加入硝酸银硅胶时会明显地造成 PBDD/Fs 同类物的损失。许多研究者采用单独或在复合硅胶柱中加入铜粉除硫，但由于铜粉在高温下可能会促进 PBDEs 脱溴或环化生成 PBDFs，因此不推荐在索氏提取过程中就加入铜粉。

2.3.2.2   样品中 PBDD/Fs 的仪器分析方法

常用的 PBDD/Fs 仪器分析方法一般采用高分辨气相色谱-质谱联用法(HRGC-HRMS)。HRMS 所配备的离子源一般为 EI 源,通常采用选择离子监测模式,检测限可以达到 pg/g 或者 pg/L 的水平。

溴代有机物如 PBDEs 和 PBDD/Fs 对高温较敏感,如果色谱(GC)条件不适合,在进样和色谱分离的过程中可能发生热解。高溴代 PBDEs 的热降解可能会进一步生成 PBDFs,使得 PBDFs 的检测含量升高,对 PBDFs 的定量产生干扰。当前采用的气相色谱的进样方式大多数是不分流进样,进样口的温度范围在 240~300℃。使用冷柱头进样技术可降低 PBDD/Fs 和 PBDEs 的热降解,即样品直接进入色谱柱,省去了样品在气相色谱进样口的汽化。对于基质复杂的样品,程序升温升温进样方式(programmed temperature vaporizer, PTV)可以提高高溴代 PBDD/Fs 的响应。使用 PTV 脉冲进样模式与冷柱头进样模式均可以得到相对较高 PBDD/Fs 回收率。

为了避免 PBDD/Fs 在色谱柱分离过程中发生降解,研究者通常选用柱长较短(15~30 m)、固定相较薄(0.1 μm)的色谱柱。但是,值得考虑的是使用短色谱柱在提高高溴代 PBDD/Fs 的灵敏度的同时会降低 PBDD/Fs 同类物之间的分离效率。因此,一些研究者分别用两根不同长度的色谱柱来分离低溴代(4~6 溴代)和高溴代(7~8 溴代)的 PBDD/Fs,使得 PBDD/Fs 的检测获得较好的分离效果和较高的回收率。

综上所述,尽管 PBDD/Fs 的分析方法在不断地完善中,但是仍存在一些困难和问题:①高溴代 PBDD/Fs 的气相色谱分离容易高温分解,造成灵敏度明显低于低溴代 PBDD/Fs,这也是目前大部分文献中没有报道高溴代 PBDD/Fs 相关数据的原因;②商用的 PBDD/Fs 的同类物标准样品缺少某些需要定性、定量的 PBDD/Fs 同类物,这就使得要依靠使用标准样品逐一对样品中的 PBDD/Fs 同类物进行定性和定量变得更加困难。

2.3.2.3   色谱吸附填料及其制备

1. 酸性硅胶柱净化

净化柱柱型为 30 cm×15 mm(长×内径),填料自下至上依次为:玻璃棉,1 g 活化硅胶,8 g 44%酸性硅胶,1 g 活化硅胶和 2 cm 的无水硫酸钠。用 70 mL 正己烷预淋洗,洗脱溶剂为 100 mL 正己烷/二氯甲烷(90/10, V/V),洗脱液浓缩至 1 mL 用于后续净化操作。

2. 复合硅胶柱净化

净化柱柱型为 30 cm×15 mm（长×内径），填料自下至上依次为：玻璃棉，1g 活化硅胶，4 g 碱性硅胶，1 g 活化硅胶，8 g 酸性硅胶，1 g 活化硅胶和 2 cm 的无水硫酸钠。用 70 mL 正己烷预淋洗，洗脱溶剂为 100 mL 正己烷/二氯甲烷（90/10，V/V），洗脱液浓缩至 1mL 用于后续净化操作。

3. 活性炭柱净化

活性炭的制备方法：活性炭，80～100 目（优级纯）；分散剂，Celite545（试剂级），将活性炭和分散剂按照 18∶82 的比例混合，摇匀，130℃烘 6～7 h，然后停止加热，待温度冷却到室温时，装在具塞三角瓶中置于干燥器中保存。内径 10 mm、长 300 mm 的色谱柱依次干法填充活性炭涂渍硅胶 1.5 g 和无水硫酸钠 20 mm，制成活性炭硅胶柱。活性炭柱用 30 mL 甲苯和 30 mL 正己烷依次预淋洗，先用正己烷/二氯甲烷（95/5，V/V）80 mL 洗脱其他有机污染物（含 PCNs、PCBs 和 PBDEs），再用 250 mL 甲苯洗脱 PBDD/Fs（含 PCDD/Fs）。

2.3.2.4　样品的浓缩

将洗脱液浓缩至 2～3 mL，转入 KD 管内，旋转蒸发浓缩至 1 mL，氮吹至 0.2 mL，移入含有 10 μL 壬烷的样品管，氮吹浓缩至 10 μL，添加同位素标记的 PBDD/Fs 进样内标 1 ng，然后进行仪器分析。

2.3.2.5　色谱和质谱仪器条件的选择

气相色谱采用无分流进样方式，载气为氦气（≥99.999%），恒流模式；进样量 1 μL，色谱柱为 DB-5MS 毛细管柱（15 m×0.25 mm i.d.×0.1 μm）。气相色谱进样口温度为 280℃，氦气为载气，流速为 1 mL/min；程序升温条件为：120℃保持 1 min，以 12℃/min 升到 220℃，然后再以 4℃/min 升到 260℃，最后以 3℃/min 升到 320℃，保留 7 min。传输接口温度为 280℃。

质谱条件：电离方式为电子轰击（EI）；测定时采用的质谱调谐参数为：分辨率≥10 000；源温 280℃；电子能量 45 eV（DFS 质谱仪）；传输线温度 280℃；参比选用高沸点 PFK（DFS 质谱仪）；质谱获取方式为选择离子监测（SIM）方式；PBDD/Fs 的选择离子的碎片和窗口参数见表 2-7。

高溴代同类物的分析比较具有挑战性，作者对 OBDD/F 的分析做了进一步的优化：采用脉冲不分流进样方式，可较明显地改善 OBDD 和 OBDF 的色谱峰形和分离效率，色谱图如图 2-10 所示。但对于一些基质复杂的环境样品，高溴代二噁英同类物的前处理和准确定性定量仍有待提高。

表 2-7　PBDD/Fs 的监测离子

监测窗口		质荷比	质荷比类型	同类物
1	Br-4	480.96966	Lock mass	PFK
		481.69740	M+2	TeBDF
		483.69540	M+4	TeBDF
		493.73770	M+2	^{13}C-TeBDF
		495.73570	M+4	^{13}C-TeBDF
		497.69230	M+2	TeBDD
		499.69030	M+4	TeBDD
		504.9966	Cali mass	PFK
		511.73060	M+4	^{13}C-TeBDD
		513.72860	M+6	^{13}C-TeBDD
2	Br-5	554.96650	Lock mass	PFK
		561.60590	M+4	PeBDF
		563.60390	M+6	PeBDF
		573.64620	M+4	^{13}C-PeBDF
		575.64420	M+6	^{13}C-PeBDF
		577.60080	M+4	PeBDD
		579.59880	M+6	PeBDD
		589.64110	M+4	^{13}C-PeBDD
		591.63910	M+6	^{13}C-PeBDD
		592.96327	Cali mass	PFK
3	Br-6	604.96327	Lock mass	PFK
		639.51640	M+4	HxBDF
		641.51440	M+6	HxBDF
		651.55660	M+4	^{13}C-HxBDF
		653.55460	M+6	^{13}C-HxBDF
		654.96008	Cali mass	PFK
		655.51130	M+4	HxBDD
		657.50930	M+6	HxBDD
		667.55150	M+4	^{13}C-HxBDD
		699.54950	M+6	^{13}C-HxBDD
4	Br-7	692.95690	Lock mass	PFK
		719.42480	M+6	HpBDF
		721.42280	M+8	HpBDF
		731.46510	M+6	^{13}C-HpBDF
		733.46310	M+8	^{13}C-HpBDF

续表

监测窗口		质荷比	质荷比类型	同类物
4		735.41980	*M*+6	HpBDD
		737.41780	*M*+8	HpBDD
		742.95366	Cali mass	PFK
		747.46000	*M*+6	^{13}C-HpBDD
		749.45800	*M*+8	^{13}C-HpBDD
5	Br-8	730.95369	Lock mass	PFK
		797.33530	*M*+6	OBDF
		799.33330	*M*+8	OBDF
		804.95050	Cali mass	PFK
		809.37560	*M*+6	^{13}C-OBDF
		811.37360	*M*+8	^{13}C-OBDF
		813.33020	*M*+6	OBDD
		815.32820	*M*+8	OBDD
		825.37050	*M*+6	^{13}C-OBDD
		827.36850	*M*+8	^{13}C-OBDD

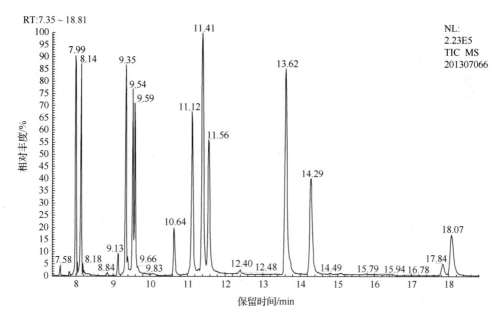

图 2-10　HRGC-HRMS 分析烟道气样品中 PBDD/Fs 的色谱图

2.3.2.6 标准物质及试剂

PBDD/Fs 分析所用的标准品全部购于 Cambridge 公司(Cambridge Isotope Laboratories, Andover, USA)。具体规格为：五点标准曲线溶液；^{13}C 标记的标准曲线溶液 EDF-5407(CS1～CS5)，^{13}C 标记的净化内标 EDF-5408，^{13}C 标记的进样内标 EDF-5409。

2.3.2.7 标准曲线

1. 测定标准溶液

分别取 CS1、CS2、CS3、CS4、CS5 的标准工作液，按上述测定条件检测，对标准溶液浓度序列中的每个浓度至少进行 3 次进样测定，整个浓度系列至少应得到 15 个数据点。

2. 确认峰面积强度比

各标准物质对应的两个检测离子的峰面积强度比应与通过溴原子同位素丰度比推算的理论离子强度比一致，变化不超过 15%。

3. 绘制标准曲线

用标准物质与相应内标物质的峰面积之比和标准溶液中标准物质与内标物质的浓度比绘制校准曲线。

4. 相对响应

与 PCDD/Fs 相对响应的测定和计算相同[参照方程式(2-2)和式(2-3)]，对于有相应 ^{13}C 同位素标记的同类物，计算各浓度点的响应因子(RR)，并求平均值，数据变异系数应在 20%以内，否则应重新绘制标准曲线。

2.3.2.8 样品测定

取得标准曲线之后，对处理好的分析样品按下述步骤测定：

(1)确认标准曲线：对制作标准曲线所使用的标准溶液进行测定，计算各同类物的 RRF_{cs}。与制作校准曲线时得到的 RRF_{cs} 加以比较，应在±35%以内。

(2)测定样品：将处理好的分析样品和试剂空白按照程序进行测定，得到各检测离子的色谱图。

(3)检查灵敏度变化：选择中间浓度的标准溶液，按一定周期进行测定，同样求出各同类物对应的 RRF_{cs}。

(4)检查保留时间：若保留时间在一天之内变动±5%以上，或者相对于内标物质的相对保留时间变动±2%以上，则应查找原因，重新测定。

2.3.2.9　色谱峰的检出

在色谱图上，高度为基线振幅 3 倍以上的色谱峰视为有效峰。在峰的附近(半高宽的 10 倍以内)测量噪声，测量值标准偏差的 2 倍作为噪声值 N，一般经验认为噪声最大值和最小值的差约为噪声值标准偏差的 5 倍，因此也可以取噪声最大值和最小值之差的 2/5 作为噪声值 N。以噪声中线为基准，到峰顶的高度为峰高(信号 S)。对信噪比 $S/N=3$ 以上的色谱峰进行定性和定量。

2.3.2.10　定性

在色谱图上，对信噪比 S/N 大于 3 以上的色谱峰视为有效峰。目标化合物的两监测离子在指定保留时间窗口内，并同时存在且其离子丰度比与理论离子丰度比一致，相对偏差小于 15%。同时满足上述条件的色谱峰被定性为目标化合物。色谱峰的保留时间应与标准溶液一致(±3s 以内)，同内标物质的相对保留时间亦与标准溶液一致(±0.5%以内)。同时满足上述条件的色谱峰被定性为目标化合物。

2.3.2.11　定量

标准曲线是由五点标准曲线溶液仪器分析结果以相对响应因子(RRF)法计算得到。曲线适用的范围为 CS1～CS5 的浓度范围。根据 CS1～CS5 仪器分析的结果,计算得到 ^{12}C 标准溶液相对于 ^{13}C-标准溶液以及 ^{13}C-LCS 相对于 ^{13}C-IS 的 RRF。五个浓度计算得到的 RRF 的相对标准偏差(RSD)应≤20%。

2.3.2.12　质量控制

(1)方法空白。PBDD/Fs 是普遍存在的环境污染物，所以在实验过程中从实验材料、器皿到仪器和实验环境都可能给分析结果引入污染。因此，方法空白和试验空白是方法质量控制必不可少的环节。同时在每组样品的分析过程中都有同时有空白实验来验证实验的可靠性。

(2)回收率。由于目前 PBDD/Fs 尚无相关的标准分析方法，对其回收率的要求参照美国 EPA 方法 1613。

(3)检测限。样品的检测限包括最低检测限和定量检测限，分别以 3 倍和 8 倍的信噪比来计算。对于低于检测限的样品数据通常采用最低检测限来计算。

2.3.3　氯代和溴代多环芳烃(Cl-/Br-PAHs)的同位素 HRGC-HRMS 分析方法

氯代和溴代多环芳烃(Cl-/Br-PAHs)是母体多环芳烃(PAHs)的卤代衍生物。Cl-PAHs 和 Br-PAHs 能够通过与芳香烃受体(AhR)结合产生毒性，这种毒性机制与二噁英类似(Ohura et al., 2007)。在关于 Cl-PAHs 和 Br-PAHs 同类物的毒性研究中发现，Cl-PAHs 和 Br-PAHs 同类物的毒性高于母体 PAHs。对于一些低分子量的 Cl-PAHs，毒性随着氯取代数的增加而增加(Ohura et al., 2007; Horii et al., 2009; Ohura et al., 2009)。许多环境介质中，比如大气颗粒物、垃圾焚烧厂的飞灰、自来水以及雪中的 Cl-PAHs 和 Br-PAHs 都已有检测报道(Mai et al., 2002; Ohura, 2007; Ma et al., 2009b; Sun et al., 2013)。因此，近年来，由 Cl-PAHs 和 Br-PAHs 引起的环境健康问题受到了广泛关注。

目前报道 Cl-PAHs 和 Br-PAHs 在复杂环境介质中的分析方法仍相对较少，气相色谱串联单四级杆质谱(GC-MS)是目前用来分析 Cl-PAHs 和 Br-PAHs 的最主要的仪器(Fujima et al., 2006; Wang et al., 2016d; Wang et al., 2016e)。全二维气相色谱飞行时间质谱联用(GC×GC-TOF-MS)的方法也被用于分析检测 Cl-PAHs，并且分离效果较好(Ieda et al., 2011; Manzano et al., 2012)，TOF-MS 具有全扫描识别化合物的优势。

同位素稀释 HRGC-HRMS 方法是一种被广泛用于环境介质中分析 PCDD/Fs、PCBs 等 POPs 的方法(Holt et al., 2008; van Bavel and Abad, 2008; Wyrzykowska et al., 2009b; van Bavel et al., 2015)。HRGC-HRMS 曾被用于城市空气样品和大气颗粒物的 Cl-PAHs 和 Br-PAHs 分析(Ohura et al., 2008; Ohura et al., 2009)。然而，仅几种氯代的 PAHs 同类物被用作内标。

近期，以 ^{13}C 标记的 Cl-PAHs 和 Br-PAHs 为内标的同位素稀释 HRGC-HRMS 方法已经建立，可准确定性定量 38 个 Cl-PAHs 和 Br-PAHs 同类物的浓度(Jin et al., 2017a)。

2.3.3.1 材料和方法

以 6 个空气样品，6 个烟气样品为例分析样品中的 Cl-PAHs 和 Br-PAHs。样品在提取之前加入 1 ng 的 Cl-PAHs 和 Br-PAHs 的同位素标记的同类物($^{13}C_6$-9-ClPhe, $^{13}C_6$-2-ClAnt, $^{13}C_6$-1-ClPyr, $^{13}C_6$-7-ClBaA, $^{13}C_6$-7-BrBaA, d_9-9-BrPhe)作为净化内标。空气样品和烟气样品分别利用 ASE 和索氏提取分别进行提取。提取物经过净化后，加入回收标($^{13}C_6$-7,12-Cl_2BaA)。

样品中 Cl-PAHs 和 Br-PAHs 的分析采用高分辨气质联机仪。进样方式为不分流进样。柱温箱的初始温度为 50℃，升至 175℃(25℃/min)，然后升至 200℃(5℃/min)，并维持 28 min，然后升至 300℃(8℃/min)，维持 10 min 后，以 0.5℃/min 的速度升至 305℃。仪器进样口、传输线和离子源温度分别为 280℃、290℃和 250℃。

2.3.3.2 前处理方法的优化

在 UP-POPs 的分析中，酸性硅胶柱普遍应用于去除样品中的脂类和色素等(ten Dam et al., 2016; Lega et al., 2017)。在分析有机芳环类物质时，一些研究利用酸性硅胶柱作为前处理材料(Hashimoto et al., 2011; Hashimoto et al., 2013)，酸性硅胶是否适合用于 Cl-PAHs 和 Br-PAHs 的样品前处理并不特别清楚，一些研究制备了 11%、22%和 44%的酸性硅胶，净化柱中装载了 4 g 酸性硅胶及 1.5 cm 的无水硫酸钠，上样之后，利用 150 mL 的正己烷：二氯甲烷=1∶1(*V/V*)的溶液进行淋洗，发现：即使是使用 11%的酸性硅胶柱作为前处理柱，所有母环结构为蒽（Ant）、芘（Pyr）和苯并[*a*]蒽（BaA）的 Cl-PAHs 和 Br-PAHs 同类物都可被分解（图 2-11）。因此，酸性硅胶柱并不适合 Cl-PAHs 和 Br-PAHs 的环境样品前处理。

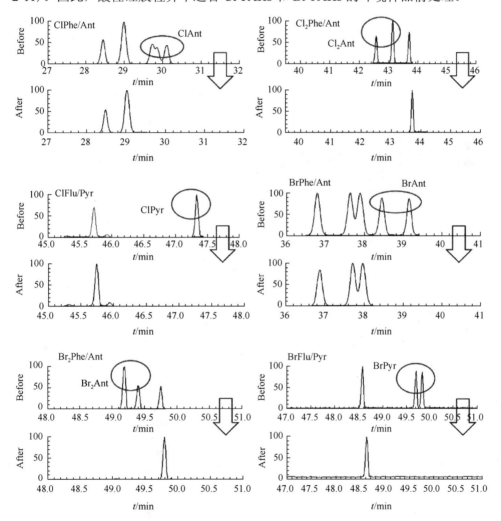

图 2-11　利用硫酸性硅胶柱处理前后 ClPhe/Ant, Cl₂Phe/Ant, ClFlu/Pyr, BrPhe/Ant, Br₂Phe/Ant 以及 BrFlu/Pyr 的色谱图（Jin et al., 2017a）

Before: 硫酸硅胶柱处理前；After: 硫酸硅胶柱处理后

经过条件优化，选用 2 g 活化硅胶作为前处理材料，利用 100 mL 正己烷进行预淋洗后,利用正己烷:二氯甲烷=4:1(V/V)的溶液 60 mL 进行淋洗。除了活化硅胶柱之外,活性炭柱(反洗)以及 GPC 柱也可用于样品的进一步处理(图 2-12~图 2-14)。对于活性炭柱,在利用正己烷:二氯甲烷=4:1(V/V)的溶液以及 100 mL 甲苯淋洗后,从上端加入样品,利用 60 mL 正己烷:二氯甲烷=4:1(V/V)的溶液淋洗后,倒置柱子,并利用 100 mL 甲苯淋洗,并接收。利用 GPC 柱进行净化时,上样后,利用正己烷:二氯甲烷=1:1(V/V)的溶液进行淋洗,舍弃前 70 mL,接收 70~160 mL 的溶液,并继续淋洗 100 mL 以进行柱子清洗。

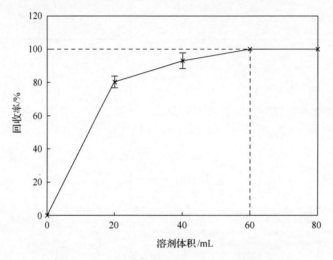

图 2-12 活化硅胶柱的流出曲线(Jin et al., 2017a)

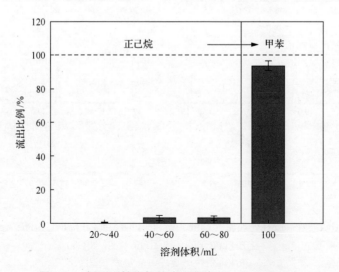

图 2-13 倒置活性炭柱的流出曲线(Jin et al., 2017a)

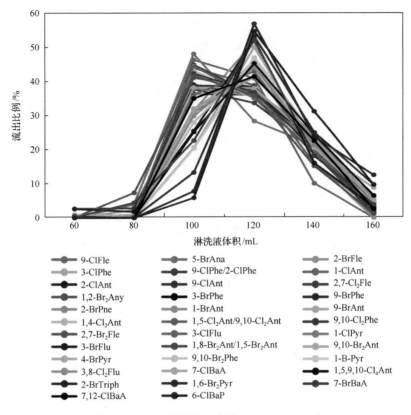

图 2-14　GPC 柱的流出曲线(Jin et al., 2017a)

2.3.3.3　Cl-PAHs 和 Br-PAHs 定性定量分析

标准溶液包含 19 种 Cl-PAHs 和 19 种 Br-PAHs 同类物,以及 7 种同位素标记的 Cl-PAHs 和 Br-PAHs 同类物。38 个 Cl-PAHs 和 Br-PAHs 同类物能够在 65 min 的时间内得到较好的分离(图 2-15)。1-ClAnt 和 2-ClAnt,9-BrPhe 和 2-BrPhe 在 30 m DB-5MS 柱上的分离效果较差,60 m 的 DB-5MS 柱分离效果有所提高(图 2-16)。

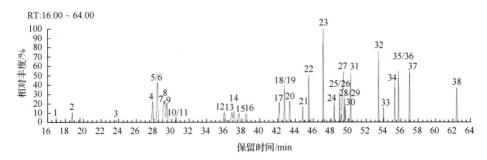

图 2-15　Cl-PAHs 和 Br-PAHs 的总离子流出图(Jin et al., 2017a)

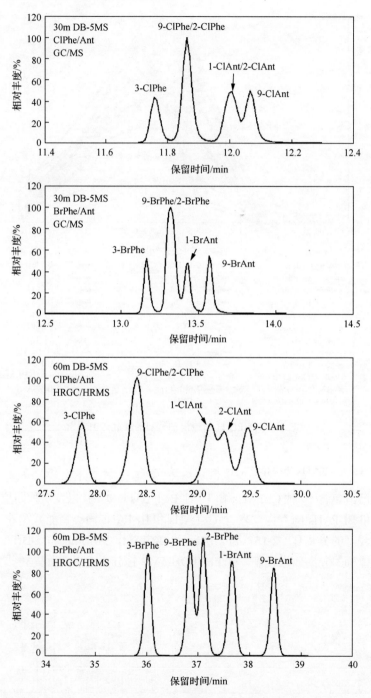

图 2-16   1-ClAnt 和 2-ClAnt，9-BrPhe 和 2-BrPhe 在 30m 和 60m DB-5MS 色谱柱上
的分离效果比较(Jin et al., 2017a)

对于 Cl-PAHs 和 Br-PAHs 的定性定量来说，监测离子的选择非常重要。对于大多数 Cl-PAHs 和 Br-PAHs，其分子离子$[M]^+$以及卤代化合物的同位素分子离子$[M+2]^+$能够满足定性定量的分析要求。但是对于部分同类物，如 4-BrPyr，监测这些离子会导致信噪比难以满足要求，因此，考虑丰度相对较低的离子（表 2-8）。

表 2-8　Cl-PAHs 和 Br-PAHs 同类物的保留时间和定性定量离子（Jin et al., 2017a）

编号	同类物	保留时间	定量离子	定性离子	离子比
	进样标				
⑦	$^{13}C_6$-7,12-Cl$_2$BaA	57.09	302.0361	304.0331	0.64
	^{13}C 标记的或者氘代标记的同类物为净化内标				
①	$^{13}C_6$-9-ClPhe	28.37	218.0594	220.0564	0.32
1	9-ClFle	16.96	200.0393	202.0363	0.32
2	5-BrAna	19.59	233.9867	234.9901	0.13
3	2-BrFle	23.70	245.9967	246.9901	0.14
4	3-ClPhe	27.87	212.0393	214.0363	0.32
5/6	9-ClPhe/2-ClPhe	28.41	212.0393	214.0363	0.32
②	$^{13}C_6$-2-ClAnt	29.24	218.0594	220.0564	0.32
7	1-ClAnt	29.12	212.0393	214.0363	0.32
8	2-ClAnt	29.24	212.0393	214.0363	0.32
9	9-ClAnt	29.49	212.0393	214.0363	0.32
10	2,7-Cl$_2$Fle	30.50	234.0003	235.0037	0.14
11	1,2-Br$_2$Any	30.57	309.8816	307.8836	0.51
③	d$_9$-9-BrPhe	36.33	265.0452	267.0431	0.97
12	3-BrPhe	36.03	257.9867	255.9888	1.03
13	9-BrPhe	36.86	257.9867	255.9888	1.03
14	2-BrPhe	37.1	257.9867	255.9888	1.03
155	1-BrAnt	37.65	257.9867	255.9888	1.03
16	9-BrAnt	38.46	257.9867	255.9888	1.03
17	1,4-Cl$_2$Ant	42.19	246.0003	247.0037	0.16
18/19	1,5-Cl$_2$Ant/9,10-Cl$_2$Ant	42.78	246.0003	247.0037	0.16
20	9,10-Cl$_2$Phe	43.36	246.0003	247.0037	0.16
21	2,7-Br$_2$Fle	44.81	323.8972	325.8952	0.49
22	3-ClFlu	45.48	236.0393	238.0363	0.32
④	$^{13}C_6$-1-ClPyr	47.11	242.0594	244.0564	0.32
23	1-ClPyr	47.12	236.0393	238.0363	0.32
24	3-BrFlu	48.39	279.9888	282.9901	0.17
25/26	1,8-Br$_2$Ant/1,5-Br$_2$Ant	49.00	335.8972	337.8952	0.49
27	9,10-Br$_2$Ant	49.22	335.8972	337.8952	0.49
28	4-BrPyr	49.54	279.9888	282.9901	0.17
29	9,10-Br$_2$Phe	49.55	335.8972	337.8952	0.49

续表

编号	同类物	保留时间	定量离子	定性离子	离子比
30	1-BrPyr	49.67	279.9888	282.9901	0.17
31	3,8-Cl$_2$Flu	50.29	270.0003	271.9974	0.64
⑤	^{13}C$_6$-7-ClBaA	53.41	268.0750	270.0721	0.32
32	7-ClBaA	53.41	262.0549	264.0520	0.32
33	1,5,9,10-Cl$_4$Ant	53.98	315.9194	317.9165	0.48
⑥	^{13}C$_6$-7-BrBaA	55.74	312.0245	314.0225	0.97
34	2-BrTriph	55.31	306.0044	308.0024	0.97
35	1,6-Br$_2$Pyr	55.73	359.8972	361.8952	0.49
36	7-BrBaA	55.73	306.0044	308.0024	0.97
37	7,12-Cl$_2$BaA	57.03	296.0160	298.0130	0.64
38	6-ClBaP	62.44	286.0549	288.0520	0.32

　　6 个同位素同类物：^{13}C$_6$-9-ClPhe，^{13}C$_6$-2-ClAnt，^{13}C$_6$-1-ClPyr，^{13}C$_6$-7-ClBaA，^{13}C$_6$-7-BrBaA，d$_9$-9-BrPhe 被用作 19 种 Cl-PAHs 和 19 种 Br-PAHs 同类物的定性定量内标。因此，建立内标和目标化合物之间的定性定量关系非常重要。^{13}C$_6$-7,12-Cl$_2$BaA 被用来做进样内标，用以确定同位素内标的回收率，内标以及进样内标之间的关系见表 2-8。由于环数和卤代数的不同，Cl-PAHs 和 Br-PAHs 存在大量同类物，对环境样品中 Cl-PAHs 和 Br-PAHs 所有同类物的单独定性定量存在许多困难。同系物(homolog)的定性和定量离子与相同环数和卤代数的同类物相同(表 2-9)。Cl-PAHs 和 Br-PAHs 的两个监测离子的色谱图见图 2-17，图中包括了检测的目标化合物以及相对应的内标。如图 2-17 所示，在实际样品中，检测发现的同类物数量远超过已知能够准确定性定量的同类物数量，而对同系物的定性定量能够将这些未知的同类物纳入考虑中。

表 2-9　同系物的定性定量监测离子(Jin et al., 2017a)

化合物	分子式	监测离子 1	监测离子 2
ClPhe/Ant	C$_{14}$H$_9$Cl	212.0393	214.0363
Cl$_2$Phe/Ant	C$_{14}$H$_8$Cl$_2$	246.0003	247.0037
ClFlu/Pyr	C$_{16}$H$_9$Cl	236.0393	238.0363
Cl$_2$Flu/Pyr	C$_{16}$H$_8$Cl$_2$	270.0003	271.9974
ClBaA/Chr	C$_{18}$H$_{11}$Cl	262.0549	264.0520
ClBaP	C$_{20}$H$_{11}$Cl	286.0549	288.0520
BrPhe/Ant	C$_{14}$H$_9$Br	257.9867	255.9888
Br$_2$Phe/Ant	C$_{14}$H$_8$Br$_2$	335.8972	337.8952
BrFlu/Pyr	C$_{16}$H$_9$Br	279.9888	282.9901
Br$_2$Flu/Pyr	C$_{16}$H$_8$Br$_2$	359.8972	361.8952
BrBaA/Chr	C$_{18}$H$_{11}$Br	306.0044	308.0024

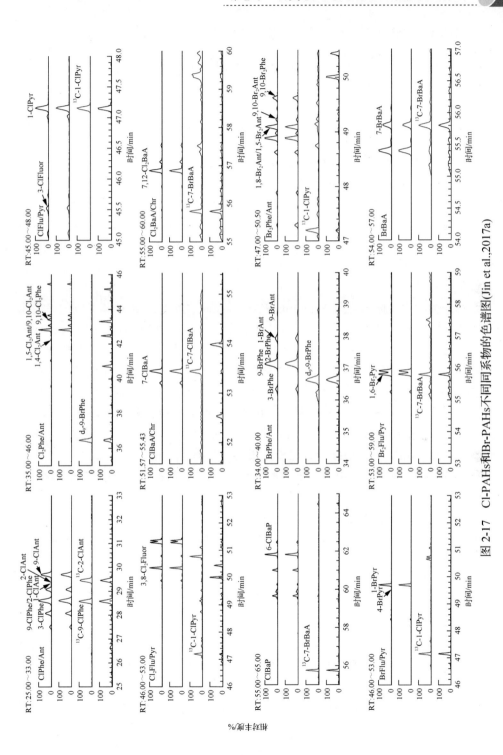

图 2-17　Cl-PAHs和Br-PAHs不同同系物的色谱图(Jin et al.,2017a)

Cl-PAHs 和 Br-PAHs 的定量计算依据式 (2-4)：

$$C_u = \frac{(A1_u + A2_u)C_{ie}}{(A1_{ie} + A2_{ie})RRF}$$ (2-4)

式中，C_u 是样品中同系物的浓度，$A1_u$ 和 $A2_u$ 是样品中同系物的两个检测离子的峰面积，C_{ie} 是样品中对应的内标的浓度，$A1_{ie}$ 和 $A2_{ie}$ 是样品中内标的两个检测离子峰面积，RRF 为已知的同类物相对于其内标的相对响应因子。同系物的浓度为该同系物内，所有同类物浓度的总和。

Cl-PAHs 和 Br-PAHs 混合的标准溶液浓度为 5～800 pg/μL。各同类物在标准曲线上的浓度范围以及 RRF 值见表 2-10。38 种同类物的 RRF 值的相对标准偏差 (RSD) 值均小于 15%。标准曲线的纵坐标为目标物相对于内标的相对峰面积比，横坐标为目标物相对于内标的相对浓度之比。对于 38 种同类物，标准曲线均有较好的相关性 ($R^2 > 0.977$)。

标准曲线中最低浓度为 5 ng/mL (CS1)，在此浓度下，38 种同类物的信噪比均大于 10。对 CS1 重复分析七次，将其标准偏差的 3 倍定为仪器检出限，Cl-PAHs 的仪器检出限为 0.2～1.8 pg，Br-PAHs 的仪器检出限为 0.7～2.7 pg。为确定实际样品的方法的检出限，10 倍仪器检出限浓度的标准溶液加入 5 个空白的空气样品 (PUF 和滤膜) 以及 5 份 XAD 树脂中，经过提取、前处理和仪器分析，方法检出限为标准偏差的 3 倍。对于空气样品，Cl-PAHs 的方法检出限为 0.5～5.6 fg/m^3，Br-PAHs 的方法检出限为 0.7～4.8 fg/m^3。对于烟气样品，Cl-PAHs 的方法检出限为 0.7～3.8 pg/m^3，Br-PAHs 的方法检出限为 0.5～4.3 pg/m^3。

为评估 Cl-PAHs 和 Br-PAHs 前处理过程的回收率，将标准溶液 (含 1 ng 内标) 加入 5 个空白空气样品 (PUF 和滤膜) 以及 5 份空白 XAD 树脂中，经提取和前处理后，进入仪器进行分析。如图 2-18 所示，对于 Cl-PAHs 的同类物，回收率为 71.7%～110%，对于 Br-PAHs 的同类物，回收率为 65.7%～99.7%，同位素标记的内标回收率为 77.1%～106%。

2.3.3.4   GC-MS 与 HRGC-HRMS 分析 Cl-PAHs 和 Br-PAHs 的比较

GC-MS 是分析实验室配备相对较多的仪器，其成本较低、仪器操作比 HRGC-HRMS 简单方便。对 GC-MS 和 GC-HRMS 分析 Cl-PAHs 和 Br-PAHs 的结果比较发现：HRMS 所用的标准曲线中较低浓度的 CS1 (5 ng/mL) 和 CS2 (10 ng/mL) 在 GC-MS 上的响应太低而达不到定量要求。利用 GC-MS 对 Cl-PAHs 分析的检出限为 0.34～1.9 ng，远高于 HRMS 的检出限 (0.2～1.8 pg)。将同一个环境样品分别

表 2-10　Cl-PAHs 和 Br-PAHs 的标准曲线浓度范围、各同类物相对响应因子以及相关系数（Jin et al., 2017a）

同类物	CS1～CS8/(ng/mL)	平均 RRF	R^2	RSD/%	同类物	CS1~CS8/(ng/mL)	平均 RRF	R^2	RSD/%
Cl-PAHs					**Br-PAHs**				
9-ClFle	5~800	0.15	0.992	15	5-BrAna	5~800	0.28	0.995	7.1
3-ClPhe	5~800	1.09	0.999	2.0	2-BrFle	5~800	0.18	0.996	9.5
9-ClPhe/2-ClPhe	10~1600	2.40	0.999	11	1,2-Br₂Any	5~800	0.21	0.968	8.2
1-ClAnt	5~800	1.21	0.994	7.1	3-BrPhe	5~800	1.05	0.999	4.8
2-ClAnt	5~800	0.83	0.994	6.8	9-BrPhe	5~800	1.11	0.998	4.8
9-ClAnt	5~800	1.06	0.995	5.0	2-BrPhe	5~800	1.09	0.998	7.2
2,7-Cl₂Fle	5~800	0.24	0.999	7.1	1-BrAnt	5~800	0.91	0.997	7.0
1,4-Cl₂Ant	5~800	1.89	0.992	8.0	9-BrAnt	5~800	0.83	0.996	5.9
1,5-Cl₂Ant/9,10-Cl₂Ant	10~1600	2.95	0.991	8.0	2,7-Br₂Fle	5~800	0.40	0.995	15
9,10-Cl₂Phe	5~800	1.68	0.988	10	3-BrFlu	5~800	0.49	0.992	5.4
3-ClFlu	5~800	1.76	0.985	8.1	1,8-Br₂Ant/1,5-Br₂Ant	10~1600	0.60	0.984	8.3
1-ClPyr	5~800	1.05	0.999	1.6	9,10-Br₂Ant	5~800	0.32	0.980	5.6
3,8-Cl₂Flu	5~800	0.71	0.996	4.0	4-BrPyr	5~800	0.43	0.995	4.3
7-ClBaA	5~800	1.03	0.999	2.8	9,10-Br₂Phe	5~800	0.27	0.977	7.0
1,5,9,10-Cl₄Ant	5~800	0.32	0.997	4.2	1-BrPyr	5~800	0.46	0.996	7.8
7,12-ClBaA	5~800	1.64	0.999	5.4	2-BrTriph	5~800	1.26	0.998	6.9
6-ClBaP	5~800	1.66	0.997	7.3	1,6-BrPyr	5~800	0.85	0.995	4.4
					7-BrBaA	5~800	1.07	0.999	7.2

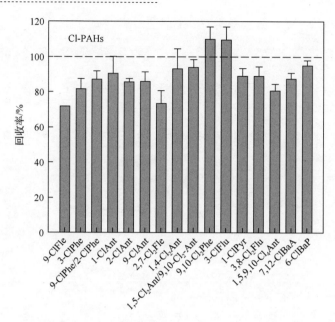

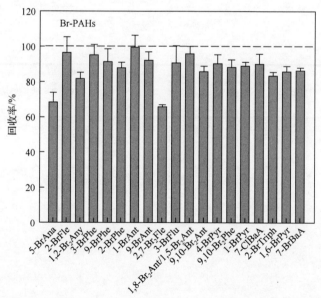

图 2-18　Cl-PAHs 和 Br-PAHs 同类物的回收率(Jin et al., 2017a)

用 GC-MS 和 HRGC-HRMS 进行分析,分析结果的比较如图 2-19 所示,GC-HRMS 的色谱峰强度显著高于 GC-MS,GC-HRMS 的质量色谱图相较于 GC-MS 色谱峰分离度更好,说明 GC-HRMS 能够获得更高的分辨率,从而减少杂质对于复杂环境样品中 Cl-PAHs 和 Br-PAHs 分析的干扰,从而提高定性定量分析结果的准确性。

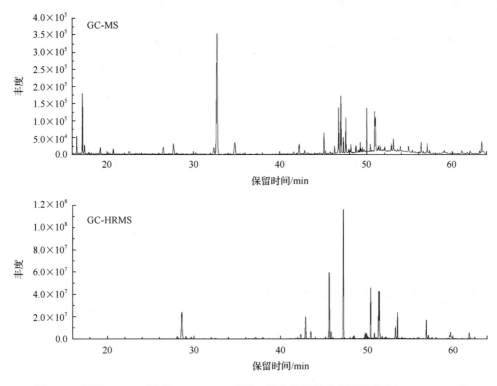

图 2-19　利用 GC-MS 以及 GC-HRMS 对同一样品分析的色谱图比较(Jin et al., 2017a)

2.3.3.5　空气和烟气样品中 Cl-PAHs 和 Br-PAHs 的分析

利用建立的 GC-HRMS 分析方法，对 6 个垃圾焚烧厂烟气样品以及 6 个空气样品的 Cl-PAHs 和 Br-PAHs 进行分析检测。每分析一批样品同时进行一个空白实验。Cl-PAHs 和 Br-PAHs 同类物在空白样品中的浓度低于烟气和空气样品中的 6%，Cl-PAHs 和 Br-PAHs 标记的内标的回收率在 53%～110%之间。

在烟气样品中，Cl-PAHs 的浓度范围为 6.22～156 ng/m³，Br-PAHs 的浓度范围为 1.09～73.9 ng/m³。Cl-PAHs 同类物中，主要的贡献同类物为 1-ClPyr，其浓度范围为 1.88～75.7 ng/m³。Br-PAHs 中，主要的贡献同类物为 1-BrPyr，其浓度范围为 0.58～59.4 ng/m³。在烟气中，Cl-PAHs 的其他主要贡献同类物还包括 9-ClPhe/2-ClPhe 和 6-ClBaP，Br-PAHs 的主要贡献同类物还包括 2-BrFle、1,6-Br₂Pyr、3-BrFlu 和 7-BrBaA。研究曾经报道过垃圾焚烧厂的飞灰中的 Cl-PAHs 和 Br-PAHs (Horii et al., 2008)浓度和同类物分布，Cl-PAHs 同类物的主要贡献同类物为 1-ClPyr 和 7-ClBaA，Br-PAHs 的主要贡献同类物为 1-BrPyr 和 7-BrBaA，这与本部分报道的烟气中 Cl-PAHs 和 Br-PAHs 同类物分布特征相似。但其他的一些 Cl-PAHs 同类物，比如 2-ClPhe、3-ClPhe、7,12-Cl₂BaA、1,6-Br₂Pyr 和 3-BrFlu

等在烟气中的存在情况并未见报道，ClBaP 是最主要的氯代同系物(49.4 ng/m^3)，ClFlu/Pyr 和 ClPhe/Ant 的浓度也很高。二氯代同系物的浓度比相对应的一氯代同系物的浓度低，例如，Cl$_2$Phe/Ant 的浓度显著低于 ClPhe/Ant。对于溴代的同系物，BrFlu/Pyr 是主要的同系物(19.1 ng/m^3)，二溴代同系物的浓度显著低于一溴代的同系物浓度。

对于大气样品，Cl-PAHs 的浓度为 98.5～422 pg/m^3，Br-PAHs 的浓度为 3.34～51.9 pg/m^3。Cl-PAHs 的浓度与此前的关于日本大气中的 Cl-PAHs 浓度相似(18～330 pg/m^3) (Ohura et al., 2008)。对于 Br-PAHs，目前尚无同时检测气相和颗粒相中 Br-PAHs 的相关报道。但此前关于其在颗粒相的浓度报道显示，在日本大气颗粒物中 Br-PAHs 的浓度为 0.08～169 pg/m^3 (Ohura et al., 2009)，9-ClPhe/2-ClPhe 是主要的 Cl-PAHs 同类物(46.9～81.2 pg/m^3)，其他的主要贡献同类物包括 1-ClPyr、3-ClFlu 和 3-ClPhe 等。1,8-Br$_2$Ant/1,5-Br$_2$Ant 是主要的 Br-PAHs 同类物(0.74～20 pg/m^3)，其他主要贡献同类物包括 1-BrAnt 和 2-BrPhe 等。ClPAHs 中，主要的同系物为 ClPhe/Ant、Cl$_2$Phe/Ant 和 ClBaP。对于 BrPAHs，主要的同系物为 Br$_2$Phe/Ant。

2.4　UP-POPs 分析的数据质量保证和质量控制体系

UP-POPs 分析实验室需要建立完善的分析质量保证规程。这个规程最基本的要求包括实验室分析能力的证明，添加标记化合物样品的分析数据评价和数据质量文件，以及标样和空白的操作分析能力。实验室操作应与已建立操作标准的实验室对比，并且分析数据结果应符合方法要求的质量保证参数。

报告数据应包括：

(1)UP-POPs 测定的清单。

(2)质量控制实验的结果包括：①校正及校正考察；②精确度；③标记化合物回收率；④空白分析；⑤准确度评价。

(3)提交的数据应可以让人清楚了解仪器输出(峰高、峰面积或其他信号)直到最后结果，并能让有效审查测试结果。这些数据包括：①样品号和其他识别号；②提取时间；③分析日期和时间；④分析的次序和运行时间表；⑤样品重量或体积；⑥进样体积；⑦稀释时间，样品或提取液稀释后的差异；⑧仪器和操作条件：色谱柱(型号、直径、固定液、固定相、液膜厚度等)；操作条件(温度、温度程序、流速)；检测器(类型、操作条件等)；质量色谱图、数据磁盘和其他原始数据的记录；定量报告。

需有方法空白并证明系统未被污染。所有分析样品必须添加标准标记物。当这些添加的结果显示不符合样品的典型处理要求时，就需要对该样品进行稀释至可接受的范围。

实验室应按时考察校正结果、精确度和回收率，以确认分析系统处于正常状态。实验室必须保留记录以确认分析数据的质量。

2.4.1　添加标准标记加合物溶液

实验室应该在所有样品基质中添加稀释的标记化合物溶液，用来评估本方法的运行情况。利用内标方法，计算出标记化合物的回收率。每个标记化合物的回收率都应符合质量控制标准，如果任何化合物的回收率不能满足要求，应该重新分析测试。

2.4.2　回收率

样品中标记化合物的回收率需要按期评价并做好记录。需经常对每种基质中每个标记化合物进行定期准确地评价。

对给定基质类型样品进行五个平行样分析后，只计算出标记化合物的平均回收率(R)和回收率标准偏差(SD)。

2.4.3　方法空白

在进行样品的处理前，需评价分析方法的空白值，以证实所有的玻璃器具和试剂在方法的检测限内是否有干扰。每当提供一批样品或试剂有了变化时，都必须作方法空白值的评价，以防护实验室不受污染。

利用参考物基质的空白来证明实验系统未被污染。每套样品处理装置都需要包括制备、提取、纯化和浓缩步骤的方法空白。做方法空白的基质应与样品基质尽量相似。

2.4.4　可靠性评价

实验室要定期分析质控样品以确认校正标准的准确性和分析过程中的可靠性。如果没有达到性能指标，则不允许其他样品的分析。在样品分析重新开始之前，应进行修正和验收性能的演示。

GC 柱性能在样品分析前要进行评定，GC 柱性能检验溶液也必须在其他样品和标准相同的色谱和质谱条件下进行分析测定。在使用净化程序之前，应用一系列校准标准试验步骤，以实现有效洗脱模式和保证没有来自试剂的干扰，氧化铝柱和炭柱的性能都应被检验。

若所用装置已被校正并维持在校正状况，方法中所包含的参数就可以满足分析要求。用作校正的标准、校正确认标准以及用于初始和当天的标准准确度和回收率应该一致，以便于获得准确的结果。

第 3 章　典型 UP-POPs 的生成机理

本章导读

- 详细介绍了 PCDD/Fs 的从头合成和前驱体合成机理，着重介绍了由氯苯、氯酚、多环芳烃等前驱体生成 PCDD/Fs 的分子机理。
- 系统介绍了金属冶炼等工业过程中新型 UP-POPs 的生成机制，详细阐述了工业过程中不同 UP-POPs 的相关关系和可能的转化机制。

UP-POPs生成机理的深入认识对控制工业过程中UP-POPs的排放具有重要意义。目前，对 PCDD/Fs 生成机理的研究开展相对较早，而对新型 UP-POPs，如溴代二噁英、多氯萘、氯代和溴代多环芳烃的生成机理研究相对较少，仍有待深入开展。

3.1　PCDD/Fs 的生成机理

3.1.1　从头合成和前驱体合成机理

有关 PCDD/Fs 生成机理的研究开展的较早，已有一些公认的机理阐释。PCDD/Fs 在废弃物焚烧及工业热过程中的生成机理可以表述为以下两种途径 (Tuppurainen et al., 1998; Tuppurainen et al., 2003; Stanmore, 2004)：气相均相反应 (homogenous reactions) 和气固非均相催化反应 (heterogeneous reactions)。非均相催化反应途径中，一般认为从头合成 (de novo synthesis) 机理和前驱体合成 (precursor formation) 机理是经典的解释工业热过程中 PCDD/Fs 生成途径的机理。从头合成机理是指含碳有机物在氯源存在的条件下经催化生成 PCDD/Fs 的途径，通常生成的 PCDDs 的含量低于 PCDFs 的含量。前驱体合成机理是指氯苯、氯酚等前驱体有机物在催化条件下生成 PCDD/Fs 的途径，通常氯酚生成的 PCDDs 的含量高于 PCDFs 的含量。一些研究表明，五氯酚生成 PCDD/Fs 的速率要比碳源在 250～350℃从头合成 PCDD/Fs 的速率快 100～100 000 倍。但一些研究认为在燃烧相关的工业过程中，从头合成反应是 PCDD/Fs 生成的主要途径。图 3-1、图 3-2 是相关文献中氯酚生成 PCDD/Fs 的可能途径。

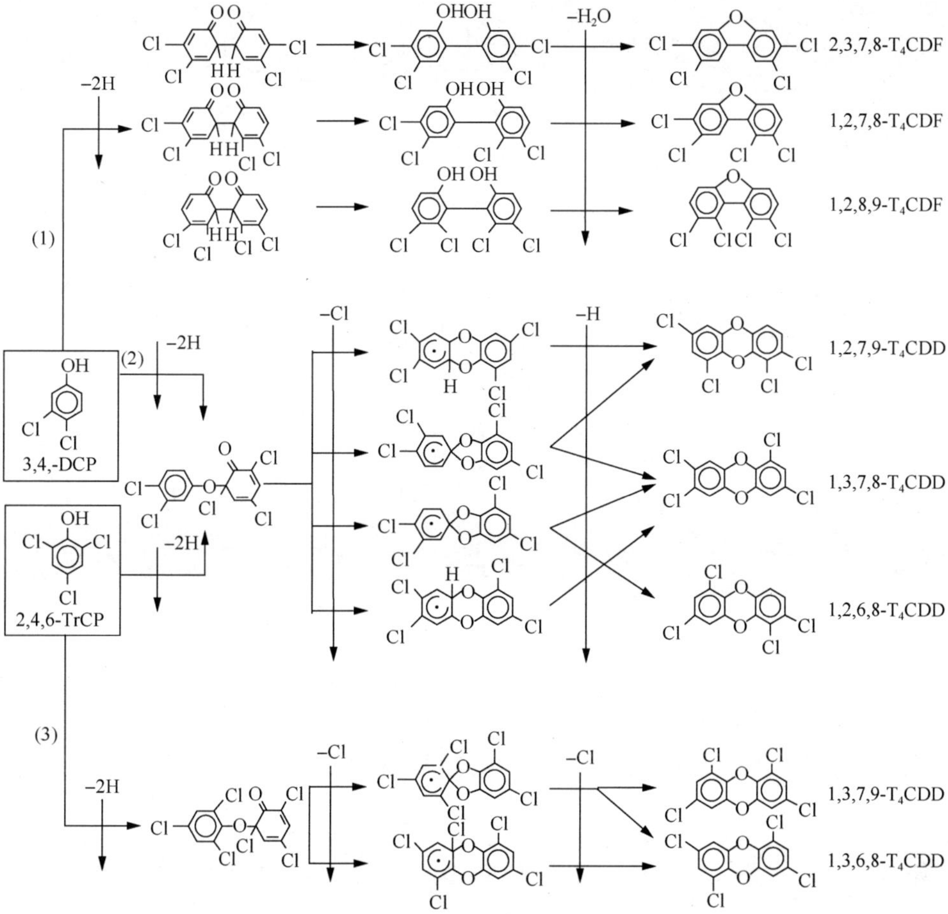

图 3-1　由 3,4-DCP 和 2,4,6-TrCP 生成 PCDD/Fs 的可能途径(Ryu et al., 2006)

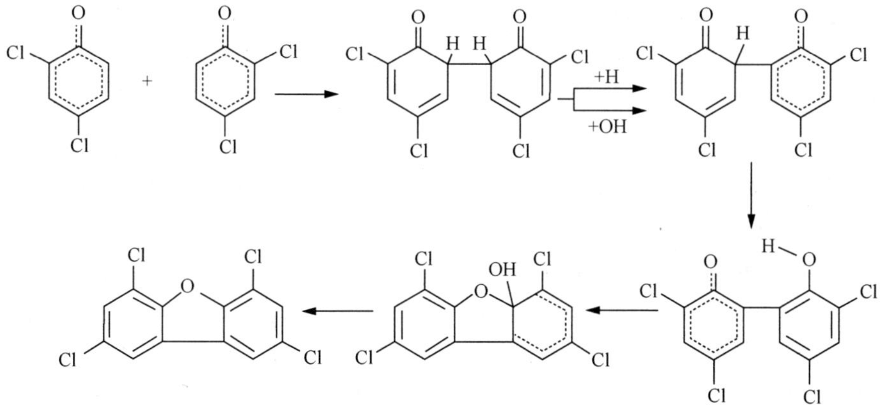

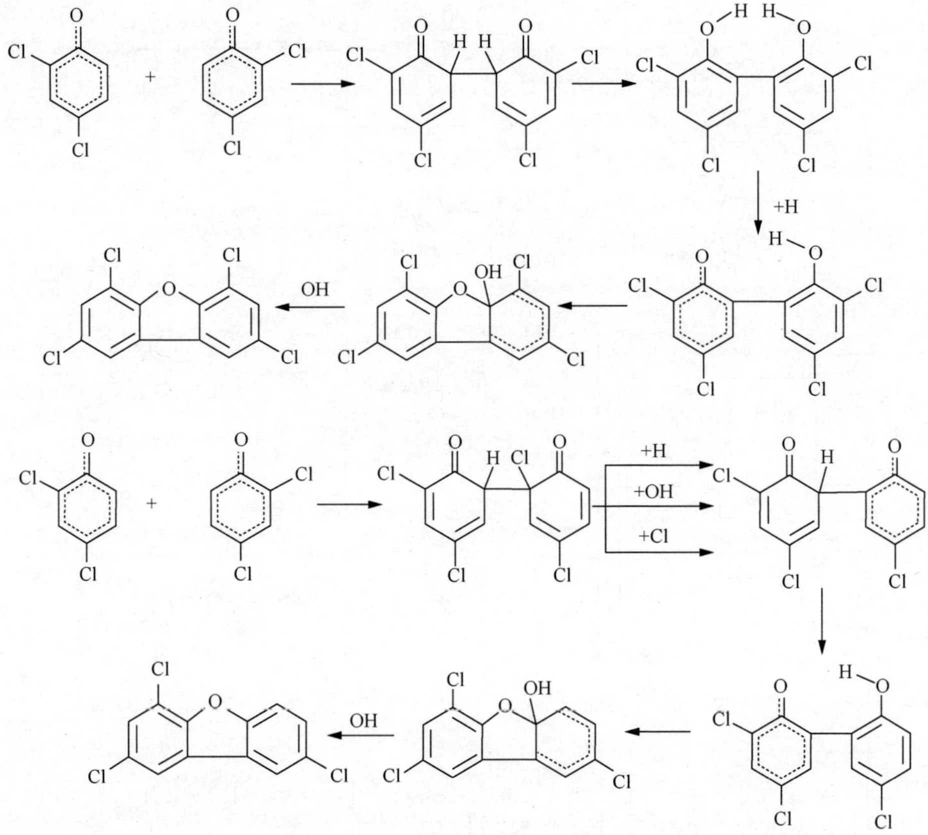

图 3-2 由 2,4-DCP 生成 PCDFs 的可能途径(Zhang et al., 2010)

Weber 等(2001b)开展了热过程中由多环芳烃(PAHs)提供碳源生成 PCDFs 和 PCDDs 的模拟实验。研究通过分析 PCDFs 同类物的分布,给出由 PAHs 生成这些化合物过程中可能的转化机制,即依次为开环、加氯和加氧(参见图 3-3)。同时,结合流化床焚烧炉焚烧生活垃圾过程中 PCDD/Fs 和氯苯的排放特征,认为流化床焚烧炉中 PCDD/Fs 生成的另一个途径为 PAHs 的从头合成。

一些研究应用量子化学和动力学计算阐释了由 2,4,6-三氯苯酚和 2,4-二氯苯酚作为前驱体生成 PCDD/Fs 的机理,结果发现:邻位上至少有 1 个氯取代的氯酚才能缩合生成 PCDDs (Zhang et al., 2010)。

过渡金属,如铜、铁、锌等被认为能够作为催化剂促进 PCDDs 和 PCDFs 碳骨架的形成以及芳香烃类化合物的氯化反应(Weber et al., 2001a; Fujimori and Takaoka, 2009; Fujimori et al., 2013; Ryu et al., 2013)。当前,较多的研究探讨了垃圾焚烧过程中铜化合物、氯化物作为催化剂对 PCDD/Fs 生成的影响(Weber et al., 1999a; Weber et al., 2001a)。Olie 等研究了生活垃圾焚烧过程中不同金属对 PCDD/Fs

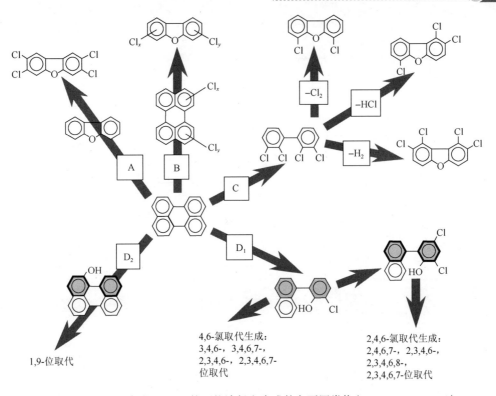

图 3-3 由 PAHs 生成 PCDFs 的可能途径和生成的主要同类物(Weber et al., 2001b)

生成的影响,结果表明,相较于其他金属,铜对 PCDD/Fs 生成的催化效率最高(Olie et al., 1998)。Nganai 等研究了焚烧过程中 2-氯酚和 1,2-二氯苯在 CuO 表面发生催化反应生成 PCDD/Fs 的路径,并给出了详细的生成途径,如图 3-4 和图 3-5 所示(Nganai et al., 2008; Nganai et al., 2010; Nganai, 2010; Nganai et al., 2012)。Stieglitz 等提出飞灰表面的铜在氯化作用中起关键性作用,能够有效地催化大分子残碳的氯化反应,进而通过从头合成途径生成 PCDD/Fs(Stieglitz et al., 1989a; Schwarz and Stieglitz, 1992)。Ryu 等推测高含量的氯元素能够在铜的催化下转化为氯气,并且在此过程中会释放大量的氯自由基,进而催化芳香烃类化合物的氯化反应,最终生成高氯代芳香烃类化合物(Ryu et al., 2003; Ryu et al., 2004)。氯自由基的存在也可能引发逐级氯化反应,低氯代 PCDD/Fs 同类物不断进行氯取代反应最终生成高氯代 PCDD/Fs 同类物 (Altarawneh et al., 2009)。研究表明,再生铜冶炼过程中低氯代 PCDD/Fs 同类物的氯化作用是高氯代 PCDD/Fs 同类物生成的重要途径,并且认为冶炼过程中存在的大量的铜化合物对氯化反应起着至关重要的作用(Wang et al., 2015a)。此外,一些研究也分析了胺类化合物、H_2O 和 SO_2 等因素对 PCDD/Fs 生成的影响(Xhrouet et al., 2002; Ryan et al., 2006; Ke et al., 2010; Shao et al., 2010)。

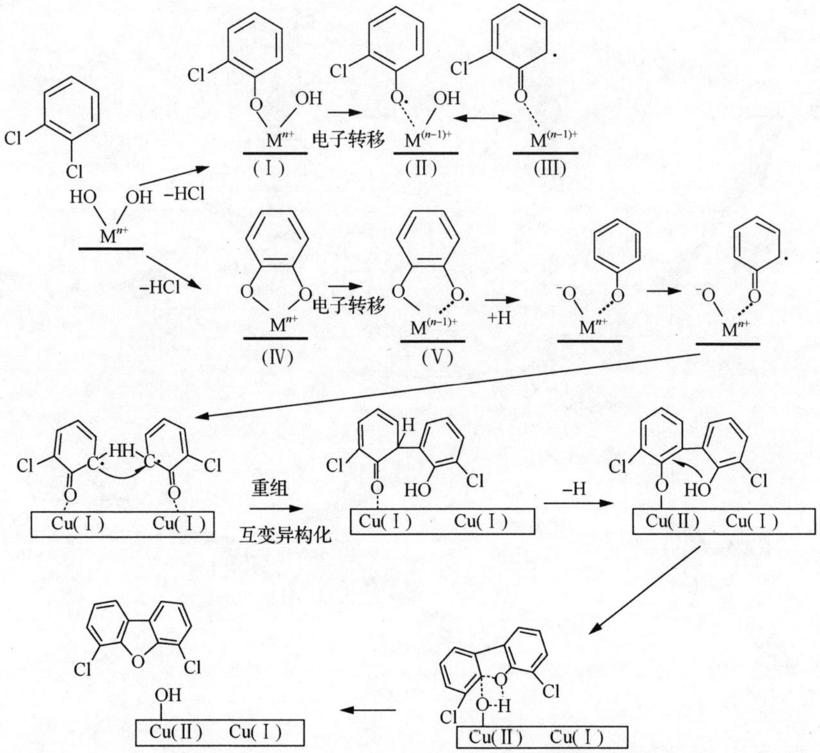

图 3-4　CuO 表面催化 1,2-DCBz 生成 4,6-DCDF 的可能途径(Nganai et al., 2010)

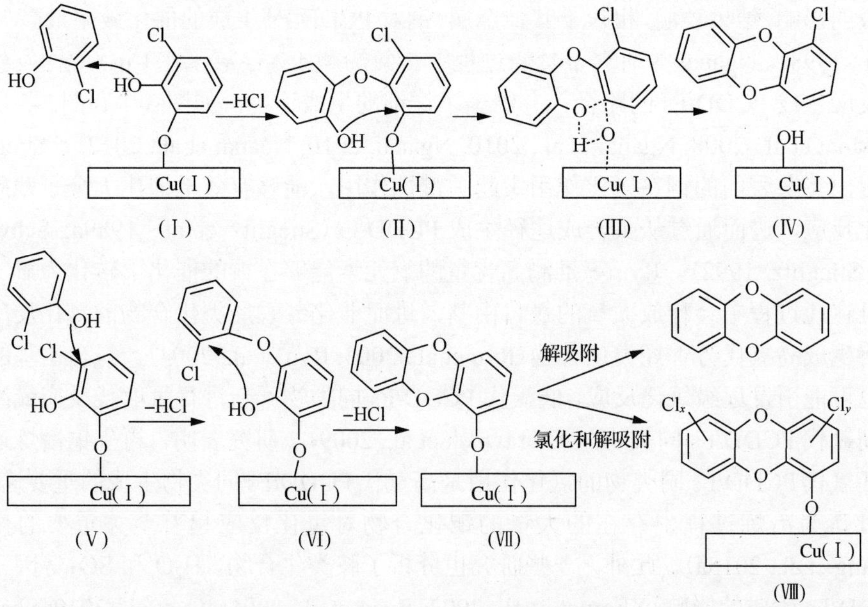

图 3-5　CuO 表面催化 2-MCP 生成 PCDDs 的可能途径(Nganai, 2010)

3.1.2　二噁英生成过程中的自由基机理

目前对于二噁英类的生成机理研究已广泛开展，主要是用 GC-MS 等检测中间产物和终端产物，通过提出具体的反应模型并结合实验结果来详细描述由前驱体生成的反应机理(Stanmore, 2002; Khachatryan et al., 2003b)，对自由基这种重要中间产物的监测研究则非常少。

氯酚被广泛认为是 PCDD/Fs 的重要前驱体，工业热过程中，氯酚浓度与无意生成的 PCDD/Fs 的浓度呈显著相关性，因此可作为烟气中二噁英的指示物(Blumenstock et al., 1999; Lavric et al., 2005)。氯酚具有与二噁英相似的结构，并且广泛地存在于热过程的烟气中(Ryu et al., 2005; Fernandez-Castro et al., 2016)。有研究表明，氯苯或氯酚能够在金属氧化物或木质素过氧化物酶等的催化作用下生成PCDD/Fs(Munoz et al., 2014; Nganai et al., 2014; Fernandez-Castro et al., 2016; Mosallanejad et al., 2016)。分子轨道理论计算也表明三氯苯酚(TrCP)，如 2,3,6-TrCP，具有更多的氯原子取代数和更低的空间位阻，更易发生碳氧耦合二聚化而生成PCDD/Fs(Zhang et al., 2008b; Zhang et al., 2010)。热工业过程中，烟气冷却区的烟尘中含有大量的氯代有机物以及金属氧化物，易生成 PCDD/Fs(Altwicker et al., 1992; Tuan, 2012)。然而，由于飞灰基质复杂，很难检测飞灰表面催化产生的自由基中间体的种类。因此，有研究采用金属氧化物、颗粒物和氯代有机物混合来模拟热过程中的飞灰(Nwosu et al., 2016)。氧化铜和氯化铜被认为是催化 PCDD/Fs生成的最强的催化剂。再生铜冶炼产生的烟气中 PCDD/Fs 的浓度远高于其他金属冶炼厂(Liu et al., 2015b)。已有研究表明，在金属氧化物-颗粒物催化下，两个氯代苯氧自由基缩合是产生二噁英的主要路径。苯氧自由基除了能够生成PCDD/Fs，还能够稳定地存在于环境空气中，对人体健康和环境构成风险。

从分子层面上解释 PCDD/Fs 生成机理的研究对控制热工业过程中 PCDD/Fs的生成具有重要意义，因此对于自由基等重要中间体的研究显得尤为重要。一些研究采用氧化铜/二氧化硅作为反应基质，三氯苯酚作为前驱体，电子顺磁共振波谱(electron paramagnetic resonance, EPR)原位检测升温时(298～523 K)PCDD/Fs 生成过程中的自由基中间体，并通过理论计算进行了验证(Yang et al., 2017c)。结果表明 EPR 原位检出的三氯代苯氧自由基(TrCPR)中间体是通过三氯苯酚氢抽提产生的，为二噁英生成过程中重要的自由基中间体。推测 TrCPR 耦合、邻位氯抽提、斯迈尔斯重排、闭环以及分子内氯消除五个基元反应是二噁英生成的主要机理。研究还采用管式炉模拟三氯苯酚在氧化铜/二氧化硅高温催化下二噁英的生成过程，反应产物采用气相色谱-飞行时间质谱和高分辨气相色谱-高分辨磁质谱检测，结果表明 4 种四氯代二噁英(TCDDs)包括 1,2,6,9-TCDD，1,2,6,7-TCDD，1,2,8,9-TCDD 和 1,4,6,9-TCDD 是主要的二噁英产物，进一步验证了推测的反应过程。除了生成 PCDD/Fs，TrCPR 还可能经高温促发脱氯反应生成苯氧自由基，而苯氧自由基能够吸附在颗粒物上并长久存在。具体实验过程如下所述。

3.1.2.1 实验方法

1. 原位检测热过程中 2,3,6-TrCP 产生的自由基中间体

采用 ERR 对热过程中产生的自由基中间体进行检测。使用插入式杜瓦管进行 EPR 原位加热监测自由基中间体。将 2,3,6-TrCP 或 2,3,6-TrCP 和 5% Cu(II)O/SiO$_2$ 混合物加入 EPR 石英样品管中（10 mm×4 mm i.d.）进行原位加热检测，升温范围为 298～523 K。加入样品的石英样品管置于有加热丝的杜瓦管中加热，检测加热过程中产生的自由基中间体。加热后，将固体样品降温至 298 K，避光保存 48 h，采用 EPR 波谱检测样品中的自由基，从而分析热过程中产生的自由基寿命。

采用布鲁克 EMX-plus X 波段电子自旋共振谱仪（布鲁克仪器公司，德国）检测自由基浓度。仪器和操作参数如下：中心磁场：3520 G；微波频率：9.36 GHz；功率：0.63 mW；调制频率：100 kHz；调制幅度：1.0 G；扫场宽度：200 G；接收增益：30 dB。根据自旋定量理论，采用 Bruker's Xenon 软件对样品中的自由基进行准确定量。

2. 管式炉模拟热过程中二噁英生成

采用管式炉模拟热过程中二噁英和自由基的生成条件及过程，热化学反应装置为配有石英加热管的管式炉（GSL-1100X, 科晶材料科技有限公司，合肥，中国），反应装置图详见图 3-6。空气以 50 mL/min 的恒定流速通过石英管。SiO$_2$ 是飞灰的主要成分，占飞灰质量的 5%～50%，通常在催化系统中作为金属催化剂的分散剂（Mosallanejad et al., 2016）。本节采用了 5% Cu(II)O/SiO$_2$ 模拟工业热过程中产生的飞灰，与 0.1 g 2,3,6-TrCP 标准品充分混合作为反应物。将反应物置于瓷舟中，瓷舟放置于石英样品管中间，15 min 内升温至 523 K，升温速率为 10℃/min。基于前期的研究结果，90% 以上的 PCDD/Fs 在气相产物中（Wang et al., 2015a）。气相产物经管路被置于冰浴槽内的甲苯吸收液捕获。反应结束后，反应器（一个石英管）和所有的配件均用甲苯清洗，以回收在管道表面附着的任何化学物质。将清洗溶液与吸收瓶中的甲苯混合，对瓷舟中的固体样品和吸收瓶中的气相样品进行提取和净化（Wang et al., 2015a）。此外，每批样品中均包含了空白样品和对照样品。空白样品为 SiO$_2$ 或 CuO/SiO$_2$ 作为反应物加入瓷舟进行管式炉加热后产生的气相和固相样品，用以说明 SiO$_2$ 和 CuO 对实验样品中产生的 PCDD/Fs 有无污染；对照实验样品为 2,3,6-TrCP 和 SiO$_2$（不含 CuO）混合物加入瓷舟进行管式炉加热后的气相和固相样品，用以对照说明 CuO 对于 PCDD/Fs 的催化作用。对照样品和实验样品中 PCDD/Fs 产物的产率根据方程（3-1）进行评估和对比（Nganai et al., 2008, 2012）：

$$Y = \left(\frac{[\text{Product}]A}{[\text{Reactant}]}\right) \times 100\% \qquad (3\text{-}1)$$

式中，[Product]是生成的 PCDD/Fs 的浓度；[Reactant]是加入管式炉的反应物的浓度；A 是反应系数，由于本实验中两个反应物分子(2,3,6-TrCP)能够产生一个 PCDD 分子，因此，本研究中的 A 值为 2。

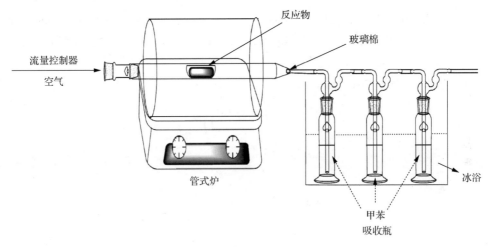

图 3-6　管式反应炉及吸收系统的示意图(Yang et al., 2017c)

3. 气相色谱-飞行时间质谱和高分辨质谱分析热反应产物

90%以上的 PCDD/Fs 存在于气相产物中，采用复合硅胶柱(含 44%硫酸和 33%氢氧化钠)净化样品，采用旋转蒸发仪和氮气将溶于正己烷的样品浓缩至 20 μL，采用气相色谱-飞行时间质谱(GC/Q-TOF/MS)和高分辨气相色谱-高分辨质谱(HRGC-HRMS)分析热反应产物。色谱柱为 DB-5(30 m×0.25 mm i.d., 0.25 μm)。升温程序如下：80℃(1 min)；80~120℃(20℃/min)；120~200℃(8℃/min)；200~250℃(20℃/min)；250~310℃(5℃/min)；310℃(15 min)，溶剂延迟时间为 4 min。飞行时间质谱扫描的质量范围为 50~650，采集速率为 5 次/秒。化合物定性由 NIST 谱库对照完成。"未知化合物分析"软件在 Mass Hunter 工作站也被用作共流出化合物的解卷积、分类和定性。该方法能够改善未知的化合物与谱库的匹配精度，匹配的化合物质量碎片匹配误差小于 2.3 ppm[①]。采用 HRGC-HRMS 对产物中的 PCDD/Fs 进行准确的定性和定量。HRGC 的气相色谱柱为 DB-5MS(60 m×0.25 mm i.d., 0.25 μm；安捷伦科技有限公司)。HRMS 采用选择离子模式，分辨率大于 10 000。

———————————

① ppm, parts per million, 表示 10^{-6}。

3.1.2.2　结果与讨论

1. 热过程中 2,3,6-TrCP 生成自由基的 EPR 原位检测和动力学计算

PCDD/Fs 生成的最直接途径是氯酚等前驱体的高温均相反应(Khachatryan et al., 2003a)。因此，作为对照，首先将 2,3,6-TrCP 标准样品加入样品管中进行原位加热检测，温度由 298 K 升至 523 K。如图 3-7 所示，温度的升高能够促发自由基的大量产生，在 423 K 和 523 K 时样品中的自由基浓度分别为 1.906×10^{17} spins/mm^3 和 1.559×10^{17} spins/mm^3。当温度降至 298 K 时，有机自由基的浓度是 523 K 时的 2 倍，表明自由基主要生成于热过程的冷却阶段。将加热后的固体样品于常温放置 48 h 后，EPR 信号没有被检测到。

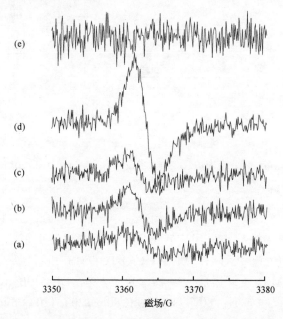

图 3-7　不同温度下 2,3,6-三氯苯酚作为前驱体的 EPR 谱

(a) 298 K；(b) 423 K；(c) 523 K；(d) 加热后降温至 298 K；(e) 加热后避光放置 48 h(Yang et al., 2017c)

氯代苯氧自由基的耦合是以氯酚为前驱体的二噁英生成的主要路径，因此，氯代苯氧自由基的生成是形成二噁英的初始步骤。此外，前期的研究表明，只有邻位有氯取代基的氯酚才能形成 PCDDs，而邻位不含氯取代基的氯酚主要形成 PCDFs(Evans and Dellinger, 2005)。对氯酚发生氢抽提和脱氯反应过程进行分子轨道理论计算，在 mpwb1k/6-31+G(d，p)水平上计算了反应过程的势垒(ΔE，包括零点能校正)和反应热(ΔH)，如图 3-8 所示。结果表明氢抽提是无垒反应且反应放热，能够较容易地通过单分子反应、双分子反应或非均相反应等路径发生(Evans and Dellinger, 2003; Altarawneh et al., 2008)。双分子反应是通过 H、OH、Cl 等自由基与

氯酚的 O—H 键反应，使 O—H 键断裂生成苯氧自由基。理论计算结果表明脱氯过程所需的反应热高，是高度吸热过程。因此，2,3,6-TrCP 在温度升高过程中更容易生成三氯代苯氧自由基，当温度达到脱氯反应条件时可能发生脱氯生成苯氧自由基。

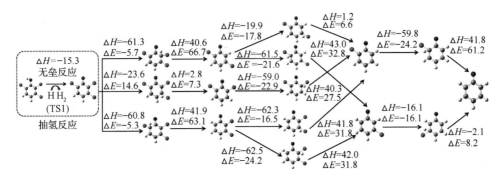

图 3-8　以 2,3,6-三氯酚为前驱体的三氯代苯氧自由基和苯氧自由基形成的势垒（ΔE, kcal/mol）和反应热（ΔH, kcal/mol）（Yang et al., 2017c）

2. 2,3,6-TrCP 在 CuO/SiO$_2$ 催化下产生的有机自由基

将含 5%质量浓度的 CuO 与 SiO$_2$ 充分混匀，用以模拟热过程中产生的飞灰基质，置于 EPR 专用石英样品管中约 1 cm。在常温下，2,3,6-TrCP 和 CuO/SiO$_2$ 混合物不产生有机自由基（见图 3-9）。当温度升高至 423 K 或 523 K 时，EPR 检测出较强的有机自由基信号，浓度为 6.158×10^{17} spins/mm^3，为同等单位质量的 2,3,6-TrCP 标准样品产生自由基浓度的 38 倍，说明了 Cu(II)O/SiO$_2$ 对于有机自由基生成的催化作用。当温度降至 298 K 时，样品中自由基浓度为 4.427×10^{18} spins/mm^3，为高温（523 K）条件下产生自由基浓度的 7 倍，进一步说明有机自由基可在热过程的冷却阶段产生。将加热后的固体样品于常温避光放置 48 h 后，依然检出较强的有机自由基信号，浓度为 2.187×10^{18} spins/mm^3。前驱体(2,3,6-TrCP)和金属氧化物颗粒物混合样品与同等质量的 2,3,6-TrCP 标准样品产生的有机自由基不同，放置 48 h 后仍能被检出，说明金属氧化物颗粒物的存在能够延长有机自由基的存在寿命。样品中的有机自由基在 423 K 时的 g 值为 2.0042，在常温避光放置后，样品中的自由基的 g 值为 2.0035（Dellinger et al., 2007）。

如图 3-10 所示，Dela Cruz 等提出了被五氯苯酚污染的土壤中，五氯苯酚作为前驱体在氧化铁(Fe$_2$O$_3$)的作用下生成有机自由基的三种可能机理（Dela Cruz et al., 2011），而该机理也能用于 CuO 催化下 2,3,6-TrCP 的热转化机制。2,3,6-TrCP 和 CuO 颗粒物形成弱的键合，通过去除一个水分子或氯化氢，形成强的化学键，并从金属上获取电子，形成持久性自由基，金属离子被还原，生成的以氧原子为中心的自由基和以碳原子为中心的自由基能够通过电子转移而相互转化。如

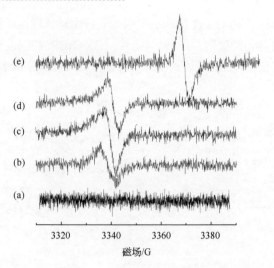

图 3-9 2,3,6-三氯苯酚和 Cu（Ⅱ）O/SiO₂ 混合物在不同温度下的 EPR 谱
(a)298 K；(b)423 K；(c)523 K；(d)加热后降温至 298 K；(e)加热后避光放置 48 h（Yang et al., 2017c）

图 3-10 所示的三条路径均被分子轨道理论证明是合理的，而 EPR 原位检测发现：路径 1 产生的 2,3,6-三氯代苯氧自由基(2,3,6-TrCPR)浓度高于路径 2 和路径 3 产生的自由基浓度，说明路径 1 是氧化铜催化 2,3,6-TrCP 产生有机自由基的主要路径，当然在 Dela Cruz 等研究的土壤基质中，前驱体经过长年的相互作用和催化作用，其他路径也不能完全被排除(Dela Cruz et al., 2011)。

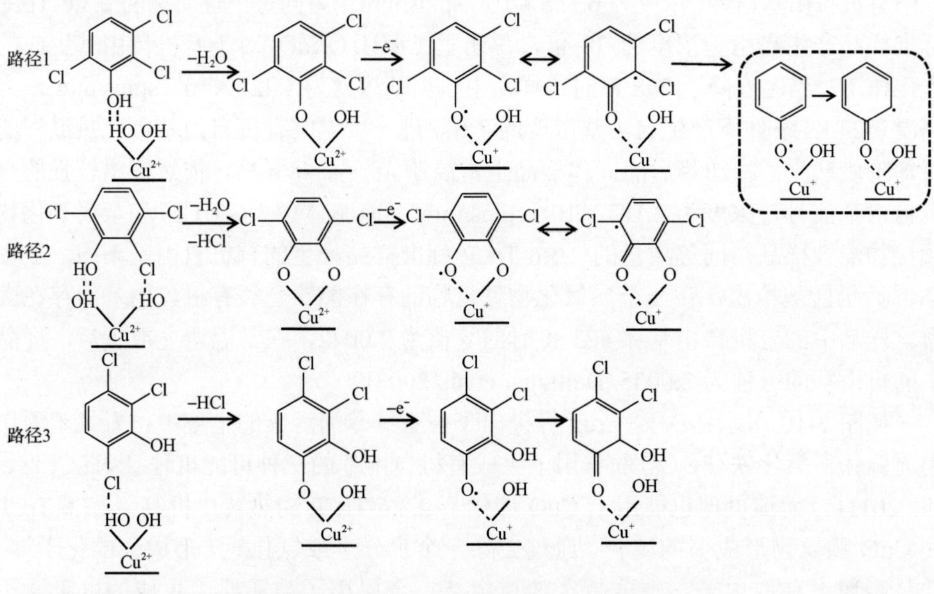

图 3-10 2,3,6-三氯苯酚在 Cu（Ⅱ）O/SiO₂ 表面产生的长寿命自由基的三种可能路径
（Dela Cruz et al., 2011; Yang et al., 2017c）

3. 管式炉加热模拟 TrCPR 生成 PCDDs 的过程

对管式炉模拟热反应过程的产物进行 GC/Q-TOF/MS 全扫描分析，如图 3-11 所示。正电离模式下，2,3,6-TrCP 等氯苯、氯酚类物质主要在 17 min 前出峰，17 min 后流出的产物主要是 PCDDs、PCDFs、多氯二苯醚等（见表 3-1），17 min 后在气相产物中共检出 29 种化合物。其中响应最高的产物为 4 种四氯代二噁英（TCDDs），约为五氯代和六氯代二噁英的 100 倍，七氯代二噁英的 1000 倍，八氯代二噁英的 10 000 倍，其他产物如 PCDFs、多氯二苯醚等的响应更低。已有研究表明，PCDDs 是通过氧原子和碳原子为中心的两个自由基相互耦合生成多氯代二苯醚自由基中间体，并进一步反应产生的（Zhang et al., 2008b）。而由于 2,3,6-TrCPR 的不对称性，其耦合主要产生 3 种自由基中间体。如图 3-12 所示，TCDDs 的气相生成机理主要包括 5 种基元反应：碳氧耦合二聚化、邻位氯抽提、斯迈尔斯重排、闭环和分子内氯消除。2,3,6-TrCPR 经过这 5 种基元反应最终生成的主要产物为 1,2,6,9-TCDD、1,2,6,7-TCDD、1,4,6,9-TCDD 以及 1,2,8,9-TCDD。

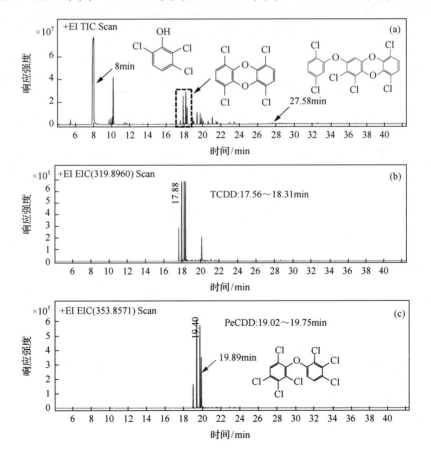

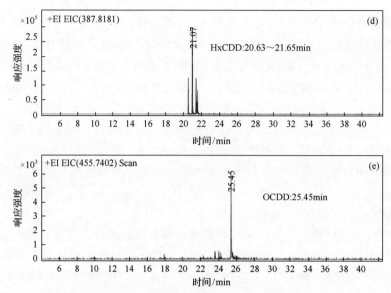

图 3-11　管式炉模拟热反应过程气相产物的 GC/Q-TOF/MS 的总离子流图（TIC）
和选择离子流图（EIC）（Yang et al., 2017c）

表 3-1　管式炉模拟热反应过程的气相产物及用于其结构鉴定的主要参数（Yang et al., 2017c）

化合物名称	保留时间/min	GC-QTOF 离子质荷比（*m/z*）	化学式	误差/ppm	可能结构式
TCDD	17.56	319.896	$C_{12}H_4Cl_4O_2$	−0.5	
	17.88			−0.7	
	18.17			−0.7	
	18.31			−0.2	
多氯联苯	18.02	303.9011	$C_{12}H_4Cl_6O$	—	
	18.91				
PeCDF	18.86	337.8622	$C_{12}H_3Cl_5O$	−1.4	
	19.55			0	
PeCDD	19.02	353.8571	$C_{12}H_3Cl_5O_2$	−1.1	
	19.4			−0.9	
	19.75			−0.7	
多氯联苯	19.89	407.7998	$C_{12}H_3Cl_7O$	—	
	20.31		$C_{12}H_3Cl_7O$		

续表

化合物名称	保留时间/min	GC-QTOF离子质荷比（m/z）	化学式	误差/ppm	可能结构式
HxCDD	20.63	387.818	$C_{12}H_2Cl_6O_2$	−0.4	
	21.07			−0.4	
	21.13			−0.4	
	21.49			−0.5	
	21.59			−0.5	
	21.65			−0.6	
HxCDF	20.44	371.8232	$C_{12}H_2Cl_6O$	0	
	20.92			0	
HpCDD	22.94	421.7791	$C_{12}HCl_7O_2$	−2.3	
	23.45			0	
HpCDF	22.73	405.7842	$C_{12}HCl_7O$	0	
	23.22			0	
OCDD	25.45	455.7401	$C_{12}Cl_8O_2$	−0.7	
多氯联苯	21.26	441.7614	$C_{12}H_2Cl_8O$	—	
3-二氯酚氧代四氯代二苯并-对-二噁英	27.58	479.8456	$C_{18}H_6Cl_6O_3$	—	
3-二氯酚氧代五氯代二苯并-对-二噁英	32.64	513.8058	$C_{18}H_5Cl_7O_3$	—	

　　为了验证基元反应路径的合理性，建立了 1,2,6,9-TCDD、1,2,6,7-TCDD、1,4,6,9-TCDD 以及 1,2,8,9-TCDD 的 HRGC-HRMS 仪器方法，检测管式炉模拟热反应的产物。结果表明，产物中响应最高的 4 个质量色谱峰的保留时间分别为 23.20 min、24.90 min、26.43 min 和 27.20 min，与 1,2,6,9-TCDD、1,2,6,7-TCDD、1,4,6,9-TCDD 以及 1,2,8,9-TCDD 标准样品的保留时间一致，验证了 5 步基元反应产生二噁英的正确性。且实际样品中 1,2,6,9-TCDD 和 1,2,6,7-TCDD 的产率分别为 5.7%和 3.3%，高于 1,4,6,9-TCDD（0.3%）和 1,2,8,9-TCDD，与图 3-12 所示路径产生的不同种类二噁英的产率一致。空白样品中的二噁英产率为实验样品的 0.0017%，

说明反应基质 Cu(II)O/SiO₂ 中不存在能够生成二噁英等有机污染物的杂质。对照组样品中 1,4,6,9-TCDD、1,2,6,9-TCDD、1,2,6,7-TCDD 和 1,2,8,9-TCDD 的产率分别为 0.005%、0.014%、0.010%和 0.006%，均小于实验样品产生的 TCDD 同类物产率的 1.5%。

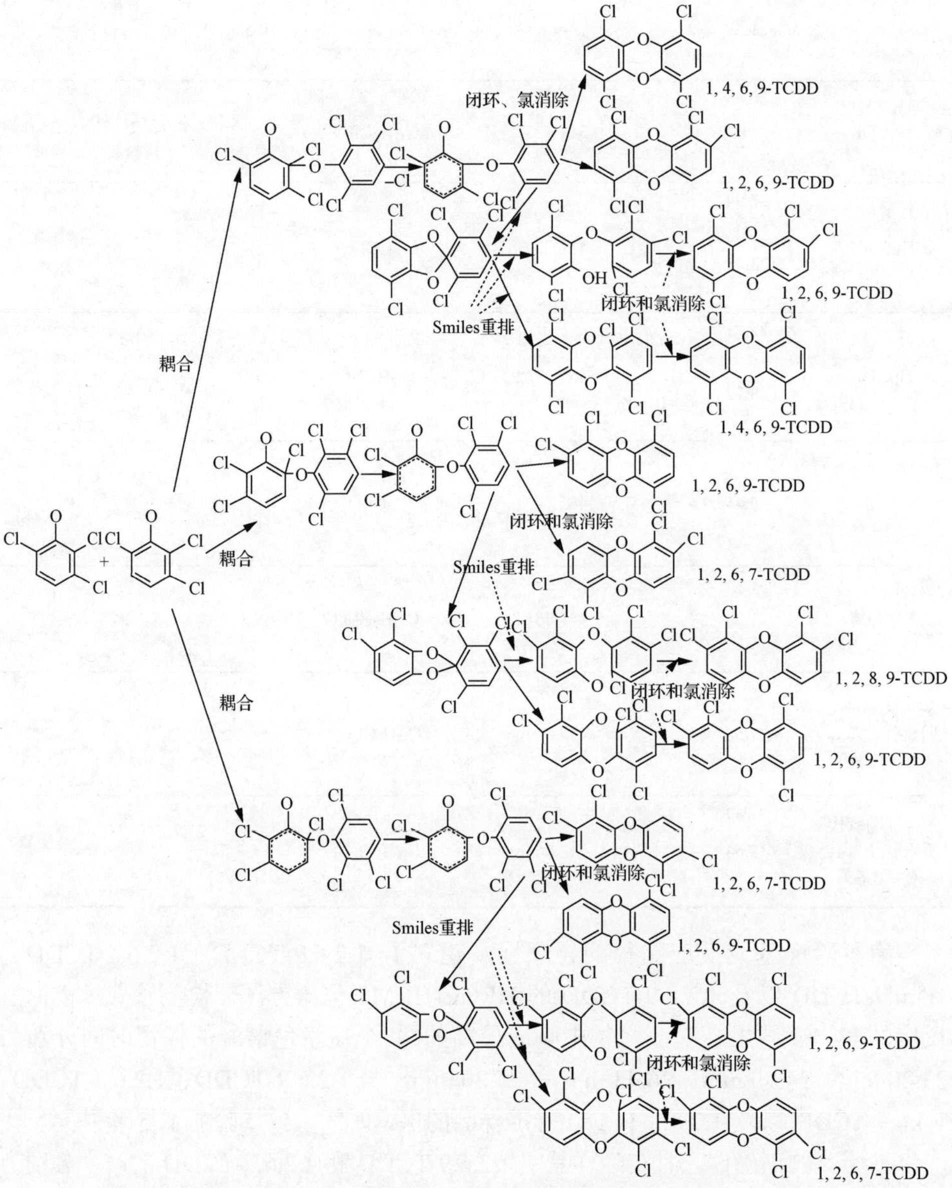

图 3-12　2,3,6-三氯代苯氧自由基经碳氧耦合二聚化、邻位氯抽提、斯迈尔斯重排、闭环和分子内氯消除产生四氯代二噁英的机理（Yang et al., 2017c）

3.2 PBDD/Fs 的生成机理

当前国内外对工业热过程中 PBDD/Fs 生成机理的研究相对较少。有关 PBDD/Fs 的生成机理,一些研究表明,PBDD/Fs 能够通过前驱体的热化学、光化学或者热解等反应产生,或者由含溴有机化合物通过从头合成反应形成。PBDD/Fs 释放到环境中的 4 种潜在方式包括:①在溴代阻燃剂(brominated flame retardants, BFRs)生产过程中的生成和释放;②在添加 BFRs 的聚合物生产过程中生成和释放;③在使用某些含有 BFRs 产品如电子电器设施、电视和电脑等升温导致的 PBDD/Fs 的生成和释放;④垃圾焚烧等工业过程中生成和释放。

当前,对热过程中 PBDEs 等溴代阻燃剂生成 PBDD/Fs 的研究开展较多,Weber 等对热过程中 BFRs 生成 PBDD/Fs 的途径进行了总结,讨论了热反应、气化/裂解、不完全燃烧、可控燃烧条件下 PBDD/Fs 可能的生成途径,指出在 BFRs 生产和回收处理过程中,作为前驱体的 PBDEs 与 PBDD/Fs 的生成有很好的相关性,能够通过简单的消除反应生成 PBDD/Fs;在气化/裂解以及不完全燃烧(火灾或者不可控燃烧)条件下,BFRs 等化合物能够通过前驱体机理生成 PBDD/Fs;在可控(完全燃烧)条件下 BFRs 和 PBDD/Fs 能够被有效的破坏,分解成小分子含溴化合物。在热反应过程中,小分子含溴化合物也可以通过从头合成机理生成 PBDD/Fs。图 3-13 至图 3-15 为热反应过程中 BFRs 生成 PBDDs 和 PBDFs 的可能途径。

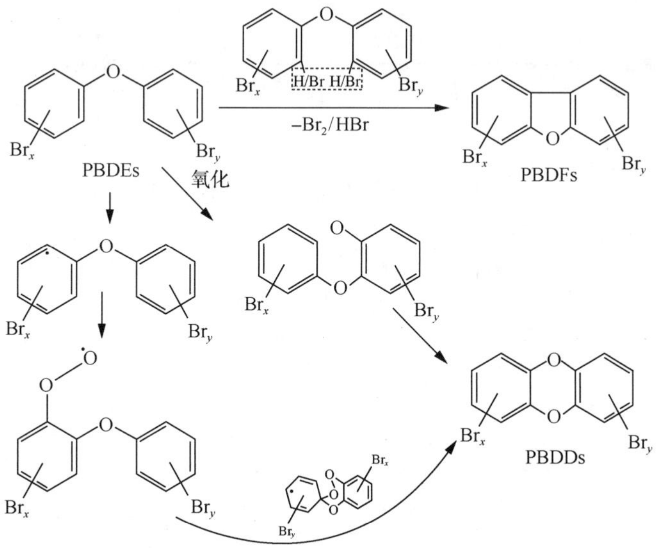

图 3-13 由 PBDEs 生成 PBDFs 可能的途径(Zhang et al., 2016)

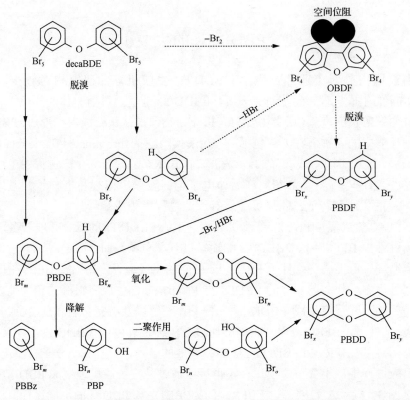

图 3-14 热过程中 decaBDE 生成 PBDDs 和 PBDFs 可能的途径(Weber and Kuch, 2003)

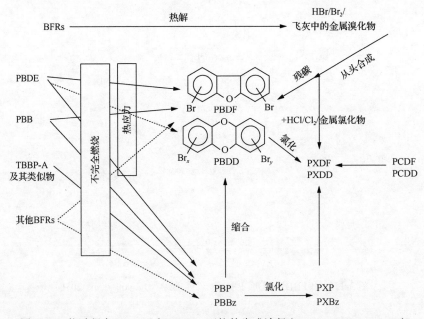

图 3-15 热过程中 PBDDs 和 PBDFs 可能的生成途径(Weber and Kuch, 2003)

　　铜化合物被认为能够作为催化剂促进 PBDDs 和 PBDFs 碳骨架的形成以及溴化反应。Dellinger 等发现 2-溴酚在 CuO 表面发生催化反应生成高浓度的 PBDDs，其生成浓度是 2-氯酚为前驱体产生的 PCDDs 浓度的 20～200 倍，生成途径如图 3-16 所示（Evans and Dellinger, 2006）。Ortuno 等以活性炭和 CuBr$_2$ 作为反应基质，开展了热反应过程中 PBDD/Fs 的从头合成机理研究，分析了 CuBr$_2$ 对含碳物质的催化效果以及温度对 PBDD/Fs 生成的影响，结果表明在 300℃ 时 PBDD/Fs 的生成浓度达到最大值，为 91.7 ng/g，并且随着反应温度的升高 PBDD/Fs 的溴化度增大（Ortuño et al., 2014）。以再生铜冶炼过程中产生的飞灰作为反应基质的实验室模拟研究发现：飞灰可在短的时间内促进 PBDD/Fs 的明显生成，最高生成增量可达对照实验的百倍，并结合 PBDD/Fs 同类物的分布特征，推断低溴代同类物的溴化是再生铜冶炼过程中高溴代同类物生成的重要途径之一（Wang et al., 2016b），并推断了再生铜冶炼过程中 PBDD/Fs 的生成途径（图 3-17）。

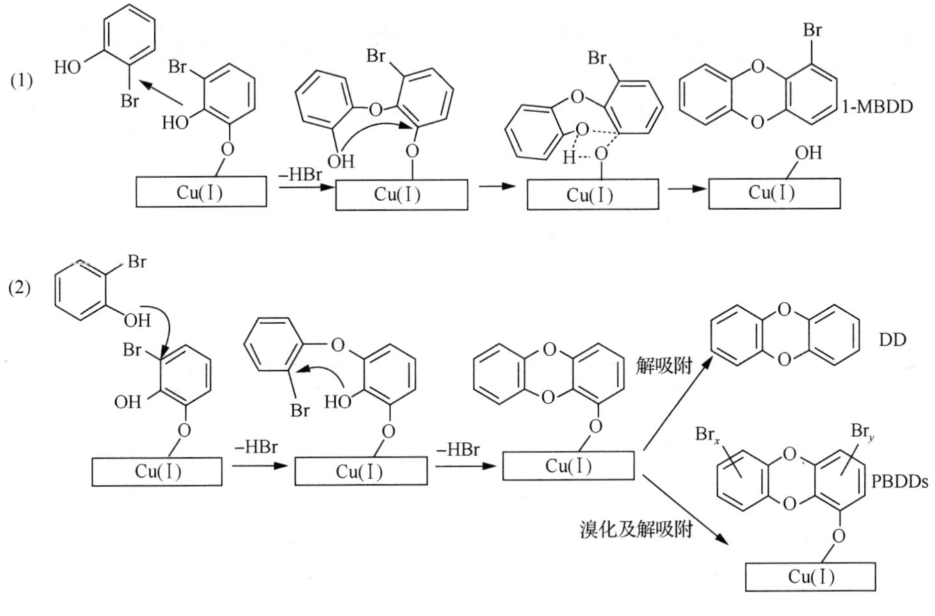

图 3-16　溴酚在 CuO 表面催化反应生成 PBDDs 的可能途径（Evans and Dellinger, 2006）

　　PBDD/Fs 也可能通过生物过程生成，羟基取代或烷基取代的 PBDEs 已经被证明可以在一些酶的催化作用下转化为 PBDD/Fs。此外，PBDD/Fs 的前驱体物质，包括卤代酚、卤代苯、多卤代联苯和多卤代二苯醚等在紫外光的照射下可能直接生成 PBDD/Fs。Kristina 等研究了 2,4,6-三溴苯酚在溴代过氧化酶的催化下通过缩合反应生成 PBDDs 的研究，认为 TeBDDs 的生成主要是通过溴转移以及斯迈尔斯重排反应生成，TrBDDs 的生成则是由于 TeBDDs 脱溴反应生成（Arnoldsson et al., 2012a），相关途径如图 3-18 所示。同时，Kristina 等还研究了

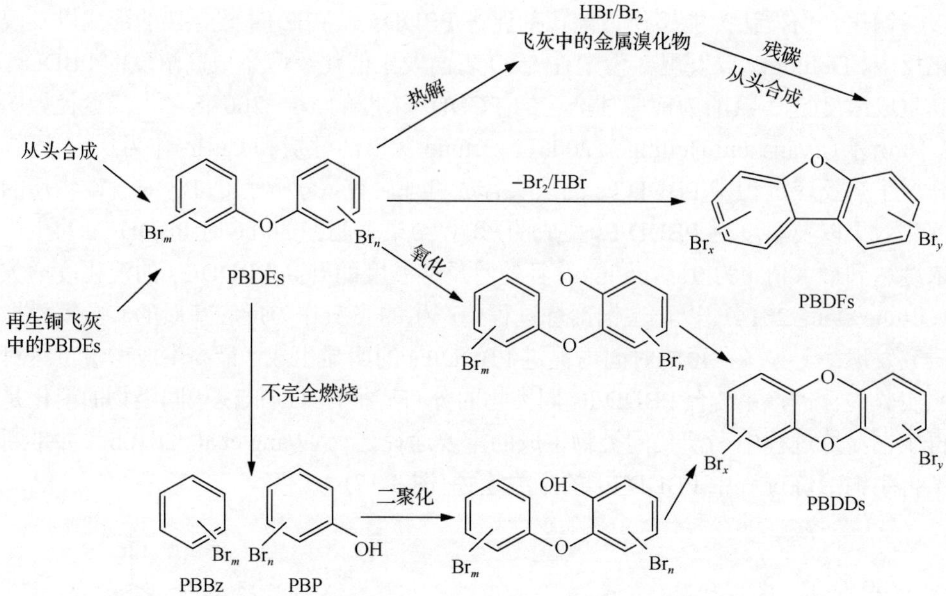

图 3-17　再生铜冶炼过程中 PBDD/Fs 可能的生成途径(Wang et al., 2016b)

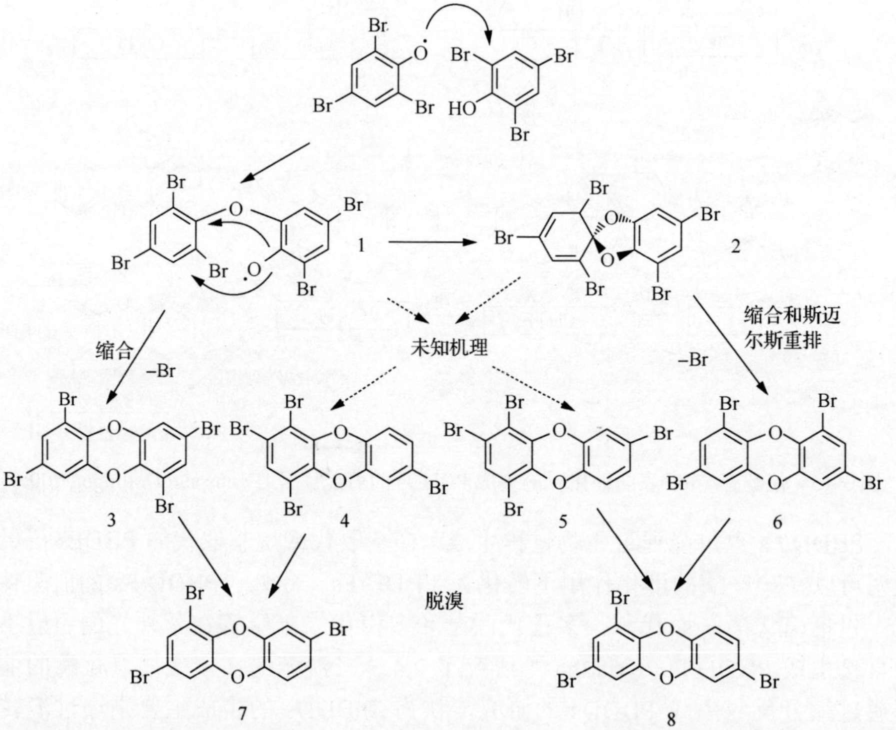

图 3-18　2,4,6-三溴苯酚生成 PBDDs 的可能途径(Arnoldsson et al., 2012a)

OH-PBDEs(OH-PBDEs-47 和 OH-PBDEs-90)在光化学反应条件下生成 PBDDs 的途径(Arnoldsson et al., 2012b)。通过量子化学和动力学计算 2-溴酚、2,4-二溴酚和 2,4,6-三溴酚作为前驱体生成 PBDD/Fs 的机理，发现在溴酚缩合生成 PBDD/Fs 的过程中至少需要具有一个邻位取代的溴(Yu et al., 2011)。

3.3　PCBs 的生成机理

　　PCBs 的工业产品是以联苯为原料在金属催化剂作用下高温氯化合成的混合物，除作为工业化学品有意生产外，PCBs 也可在工业热过程中无意产生和排放。在热相关工业过程中，PCBs 具有与 PCDD/Fs 相似的生成机理，在具备碳源、氯源和催化剂的条件下，在适宜的温度范围内也可以从头生成。另外，PCBs 也可以通过氯苯等前驱体经过缩合反应生成，如氯苯在废弃物掺煤焚烧过程中可以生成 PCBs 和 PCDFs，如图 3-19 所示(Pandelova et al., 2006)。

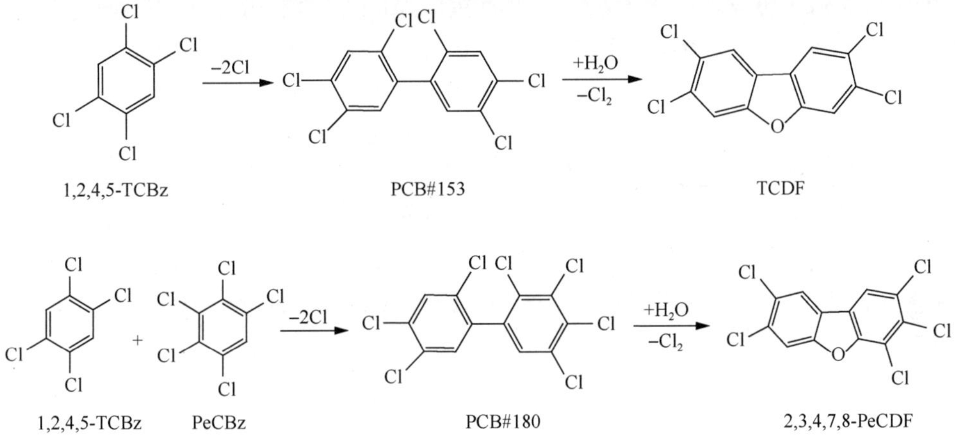

图 3-19　Pandelova 等提出的在焚烧过程中 PCBs 和 PCDFs 的生成机理(Pandelova et al., 2006)

3.4　PCNs 的生成机理

　　对 PCNs 生成机理的研究始于 PCDD/Fs 相关性的发现，一般认为 PCNs 与 PCDFs 在工业过程中的生成具有明显的正相关性(Iino et al., 2001; Imagawa and Lee, 2001; 刘国瑞等, 2013)。对废弃物焚烧厂飞灰中 PCDD/Fs 和 PCNs 的含量分析发现，PCNs 与 PCDD/Fs 的浓度之间具有很好的相关性，PCNs 的生成可能是在含铜催化剂的作用下由飞灰中的大分子碳通过从头机理生成(Imagawa and Lee, 2001)。Oh 等发现废弃物焚烧厂烟道气中 PCNs 与 PCDFs 的排放浓度之间存在显著的正相关性,同时相邻的 PCNs 同系物之间也具有较好的相关性,PCNs 的生成机理可能与 PCDFs 相似并且可能与氯化或者脱氯机制有关(Oh et al., 2007)。炼焦过程烟气样品中 PCNs 和 PCDFs 的浓度也存在正相关性(Liu et al., 2009b; Liu et al., 2010)。对垃圾焚烧和金属冶炼过程等 20 种工业过程采集的 36 份飞灰样品中 PCNs 和 PCDD/Fs 浓度之间的相关分析发现:PCNs 和 PCDD/Fs 浓度之间的相关性显著(Liu et al., 2013a)。相同氯取代数(如五氯代和六氯代)的 PCNs 和 PCDD/Fs 同系物之间的相关系数在 0.58~0.89 之间,平均为 0.74。对飞灰基质作用下 PCNs 生成进行模拟实验发现:热处理之后,PCNs 的总含量以及毒性较强的同类物的含量均明显增加,表明飞灰基质能够极大地促进 PCNs 的生成(Stieglitz et al., 1989b)。

  PCNs 可以由大分子芳香族化合物通过从头合成途径生成(如图 3-20、图 3-21 所示)。一些研究发现废弃物焚烧过程中,PCNs 与 PAHs、PCDD/Fs 等化合物的生成机理存在一定的相关性,发现高氯代同系物与 PAHs 之间具有一定的相关性,说明由 PAHs 起始的从头合成途径可能是 PCNs 生成的重要途径(Iino et al., 1999a)。对日本废弃物焚烧飞灰中产生的 PCNs 和 PCDD/Fs 的关系进行研究发现:飞灰中 PCNs、PCDDs 和 PCDFs 的比值与炭黑和铜混合物热反应产物的比值一致,由此证明了 PCNs 可以在金属催化剂的作用下由母体碳环重新组合而成(Imagawa and Lee, 2001)。Iino(Iino et al., 1999a)和 Weber(Weber et al., 2001b)通过分析 PCNs 的同类物分布特征提出了垃圾焚烧过程中由二萘嵌苯通过从头合成途径生成 PCNs 的机理:二萘嵌苯在 $CuCl_2$ 的催化作用下发生部分裂解并氯化形成 PCNs。也有其他研究发现,一些 PAHs,例如萘可以通过氯化以及碳骨架裂解等方式产生含氯的小分子化合物,最后生成 PCNs(Kim and Mulholland, 2005; Kim et al., 2005; Kim et al., 2007b)。

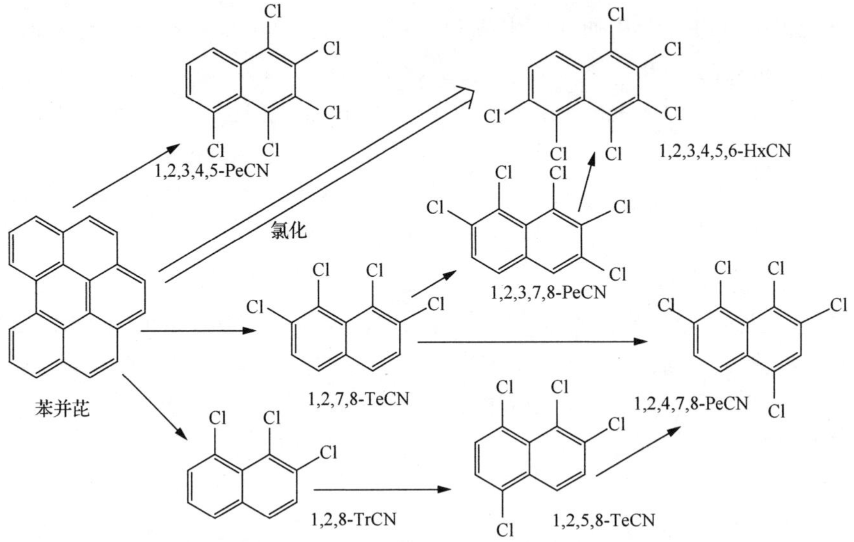

图 3-20　Iino 等提出的由 PAHs 从头机理途径生成 PCNs 的可能途径(Iino et al., 1999a)

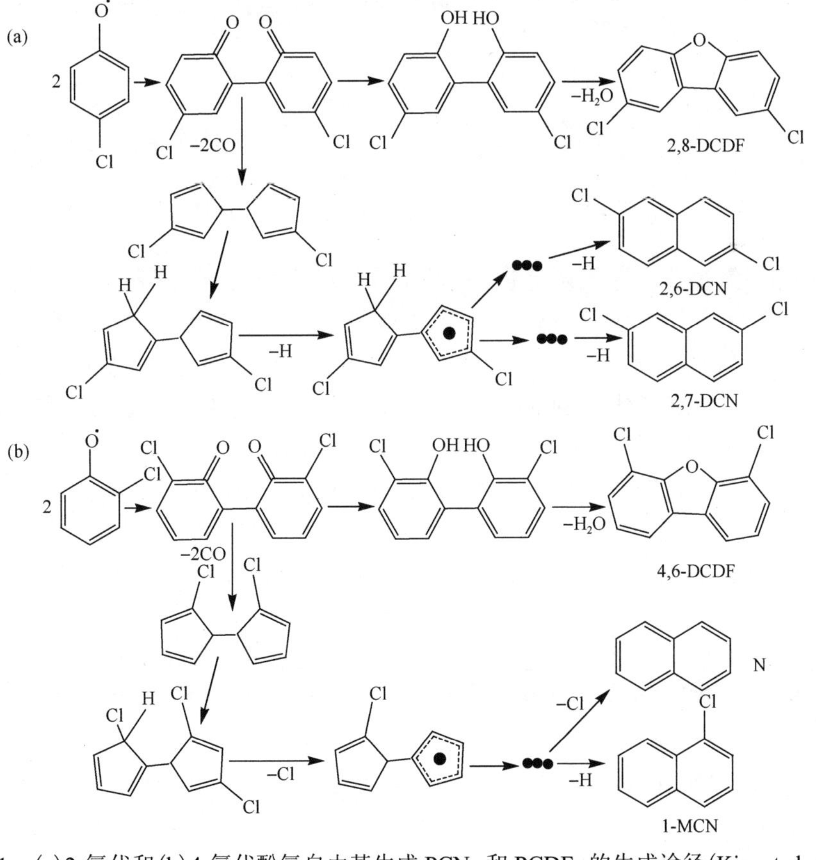

图 3-21　(a)2-氯代和(b)4-氯代酚氧自由基生成 PCNs 和 PCDFs 的生成途径(Kim et al., 2005)

氯酚也可以通过一系列反应生成 PCNs(Kim and Mulholland, 2005; Kim et al., 2005; Kim et al., 2007b)(图 3-22)。除此之外，有研究发现酚也可转化为萘，而萘可被氯化生成 PCNs(Jansson et al., 2008; Liu et al., 2010)。有关 PCNs 生成反应的实验室模拟研究较少，Kim 等(Kim and Mulholland, 2005; Kim et al., 2005)通过模拟垃圾焚烧二次燃烧区，研究了氯酚作为前驱体生成 PCNs、PCDFs 的机理，发现 PCNs 的氯代程度随温度的升高而降低，同类物分布特征与温度也存在一定关系。同时，他们提出了三种氯酚作为前驱体分别经一系列自由基反应生成 PCNs 的可能路径。一些研究采用密度泛函理论(density functional theory, DFT)等分别对 3-氯酚和 4-氯酚作为前驱体生成 PCNs 的生成机理进行动力学计算，提出了几种生成路径，并给出了相应的速率常数等动力学参数(Xu et al., 2015a; Xu et al., 2015b)。

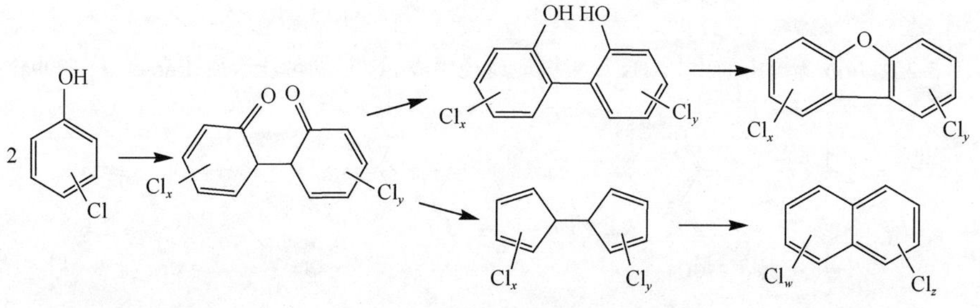

图 3-22　由氯酚生成 PCNs 和 PCDFs 的生成途径(Kim and Mulholland, 2005)

氯化/脱氯也被广泛认为是 PCNs 的主要生成途径之一。对不同氯取代同系物之间的相关性分析有助于了解 PCNs 的生成机理。Oh 等研究了垃圾焚烧厂烟道气中 PCNs 同系物之间的 Pearson 相关系数，结果发现相邻氯取代数目的同系物之间相关性良好，推断氯化和/或脱氯可能是 PCNs 的一个重要生成机制(Oh et al., 2007)。对炼焦过程中 PCNs 的相关性分析结果显示，二氯代同系物和三氯代同系物之间的相关性高于二氯代同系物与四氯代同系物或五氯代同系物之间的相关性，同时三氯代同系物与四氯代同系物或五氯代同系物之间的相关性也比三氯代同系物与六氯代同系物的相关性好。总地来说，相邻氯取代数目同系物间的相关性比非相邻同系物之间的相关性更强(Liu et al., 2010)。

在实验室规模的流化床燃烧反应器后燃烧区注入萘，发现萘的加入使一氯萘的生成量提高，证明萘的氯化是 PCNs 形成途径之一；根据 PCNs 的同类物分布特征，提出了从一氯萘到六氯萘的生成路径；相关性分析结果也表明了氯化机理的存在(Jansson et al., 2008)，如图 3-23 所示。Gao 等对生物质燃料热解过程中的 PCNs 的生成特征和生成机理进行了研究，对同类物分布特征的分析也得出了相似的结果，由萘开始的逐级氯化反应是热过程中 PCNs 的主要生成机理(Gao et al., 2016)。

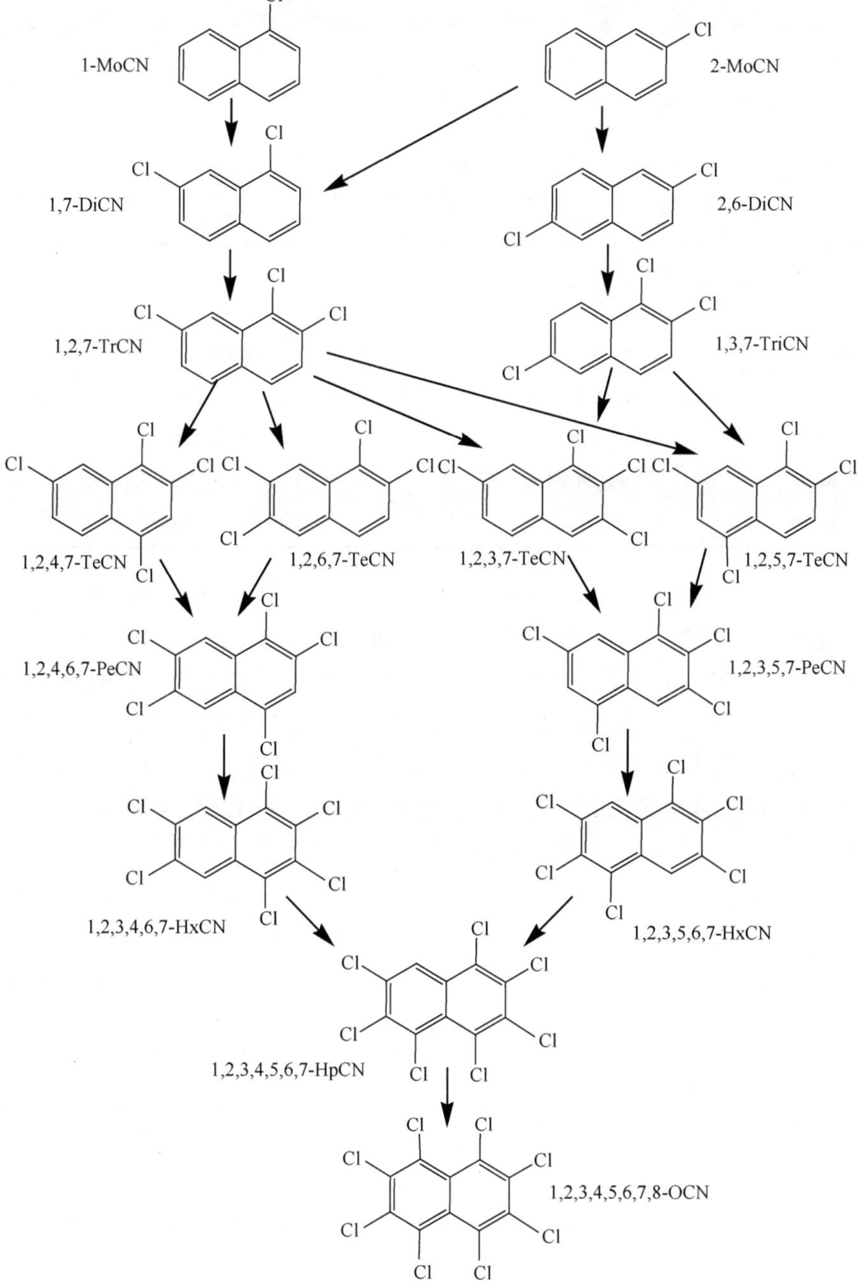

图 3-23 废弃物焚烧过程中 PCNs 的氯化机理(Jansson et al., 2008)

非均相催化反应是 POPs 产生的重要机理，大量研究表明飞灰是非均相催化反应生成 POPs 的一种重要基质。实验室模拟热化学反应发现：以再生铜冶炼产生的飞灰为基质的热化学反应过程中，PCNs 生成的同类物特征与萘的氯化特征非常相似（见表 3-2），并根据 PCNs 的同类物特征提出了再生铜冶炼过程 PCNs 的潜在生成机理（见图 3-24）(Jiang et al., 2015a)。

表 3-2　模拟反应产物和 Halowax 系列产品中 PCNs 的主要同类物 (Jiang et al., 2015a)

同系物	Halowax 系列产品	模拟反应产物
Mono-CN	1	1
Di-CN	1,4/1,6	1,4/1,6
Tri-CN	1,4,6; 1,4,5	1,4,6/1,2,4; 1,4,5
Tetra-CN	1,2,5,7/1,2,4,6/1,2,4,7;1,2,6,8	1,2,5,7/1,2,4,6/1,2,4,7; 1,2,3,5/1,3,5,8; 1,2,5,8/1,2,6,8
Penta-CN	1,2,4,6,8; 1,2,4,5,8	1,2,4,6,8; 1,2,4,5,8
Hexa-CN	1,2,4,5,6,8/1,2,4,5,7,8	1,2,3,5,7,8; 1,2,3,4,5,6
Hepta-CN	1,2,3,4,5,6,8	1,2,3,4,5,6,7; 1,2,3,4,5,6,8

同类物分布特征能够为了解 PCNs 的生成机理提供信息，对铸铁过程 PCNs 生成机理的探讨发现，PCNs 同系物以三氯代同系物为主，二氯代和四氯代同系物次之 (Liu et al., 2014d)。从三氯代同系物开始，随着同系物氯原子数的增加，同系物的浓度依次降低。飞灰和烟道气中多氯萘的同系物分布特征十分相似，表明两种排放介质中的多氯萘可能是通过相似的机理生成的。在四氯代同系物中，1,2,5,7/1,2,4,6/1,2,4,7-、1,4,6,7-、1,3,6,8/1,2,5,6-、1,2,3,4-和 1,2,6,7-CN 占主导，这些同系物中均含有两个 α-位和两个 β-位的氯原子；而在接下来的五、六、七氯代同系物中，β-位的氯原子数目均高于 α-位的氯原子数，说明在铸铁过程中，氯化反应更倾向于在 β-位发生。这些结果也与文献中密度泛函理论的结果相似。基于对铸铁过程中多氯萘的同系物分布特征和同类物分布特征的讨论和分析，推测逐级氯化反应可能是铸铁过程中 PCNs 生成的主要机理。图 3-25 为四氯代到八氯代萘主要同类物的逐级氯化生成路径。飞灰和烟道气中从四氯代到八氯代的同类物分布特征是十分一致的，说明两种介质中多氯萘的高氯代同系物的生成途径可能是类似的，而二至三氯代的同系物的生成机理可能比较复杂。前期研究已经证实前驱体途径和以多环芳烃开始的从头合成途径都是 PCNs 生成的可能途径。因而在铸铁过程中 PCNs 的生成可能是氯化反应和其他几种机理共同作用的结果。

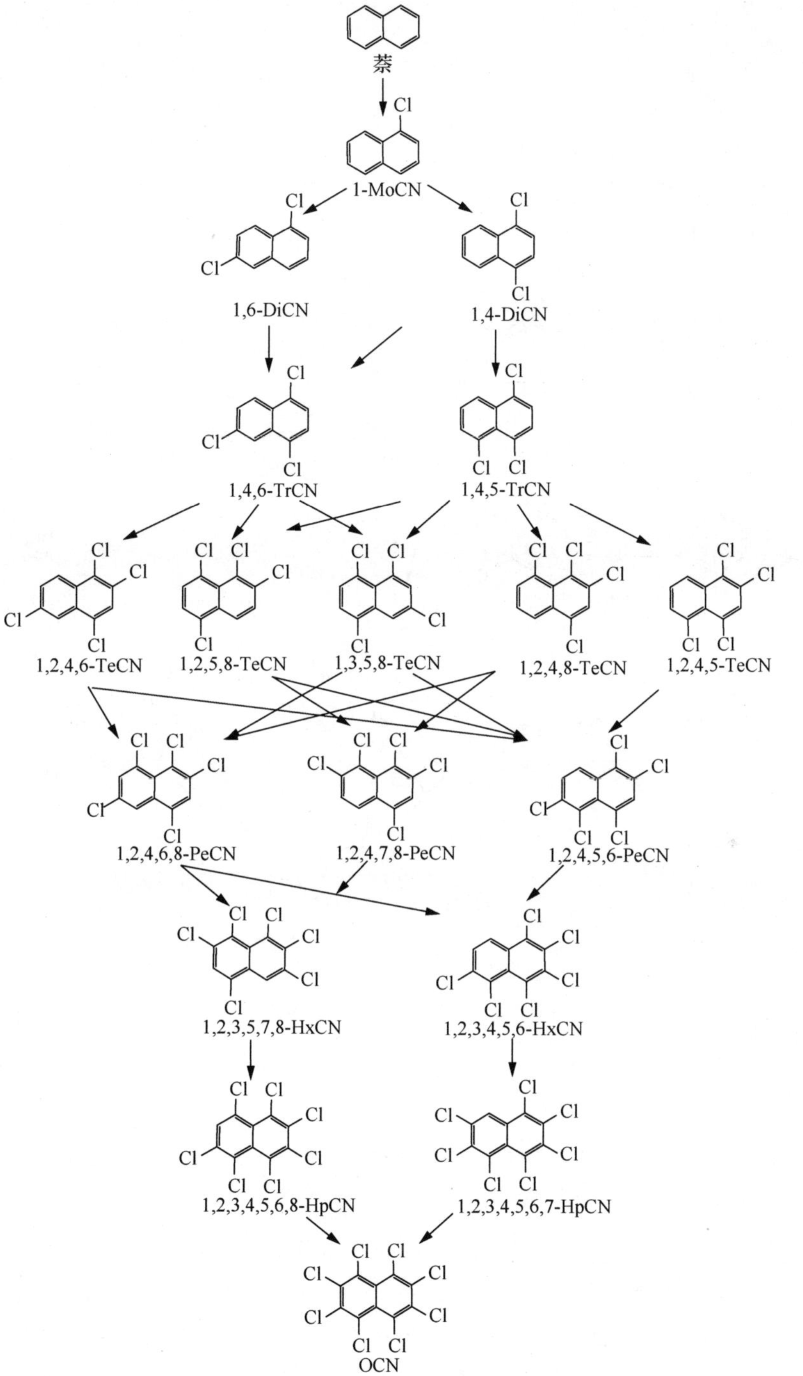

图 3-24　推测再生铜冶炼过程 PCNs 的生成路径(Jiang et al., 2015a)

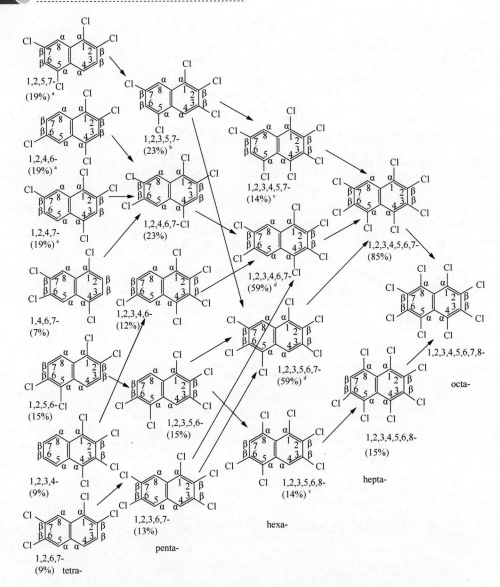

图 3-25　铸铁过程中四氯代到八氯代多氯萘主要同类物的生成路径(Liu et al., 2014d)

注：a、b、c、d 表示共流出同类物，括号里数值表示同类物在相应同系物中的百分比

　　当前大部分研究认为低氯代同类物向高氯代同类物的氯化反应是工业过程中 PCNs 生成的重要途径之一(Jansson et al., 2008; Ba et al., 2010; Liu et al., 2010; Kim et al., 2012; Hu et al., 2013e)。然而，Ryu 等(2013)通过对比氯化反应与实际垃圾焚烧过程中 PCNs 的同系物分布特征结果，认为氯化反应并不是废物焚烧过程中 PCNs 的主要生成机理。关于工业过程中 PCNs 的生成以哪一种生成机理为主，目前科学界尚未达成共识。一般认为，工业热过程中 PCNs 的生成是多种机理共同

作用的结果。另外，根据 PCNs 与 PCDFs 的相关性研究，认为 PCNs 与 PCDFs 在生成机理方面存在一定的共性特征，并提出了热处理过程中 PCNs 和 PCDFs 的潜在生成途径，如图 3-26 所示，实线箭头代表 PCNs 和 PCDFs 生成过程中的共同步骤，空心箭头表示可能生成 PCNs 的途径，而虚线箭头表示潜在的 PCDFs 生成途径(Liu et al., 2014a)。

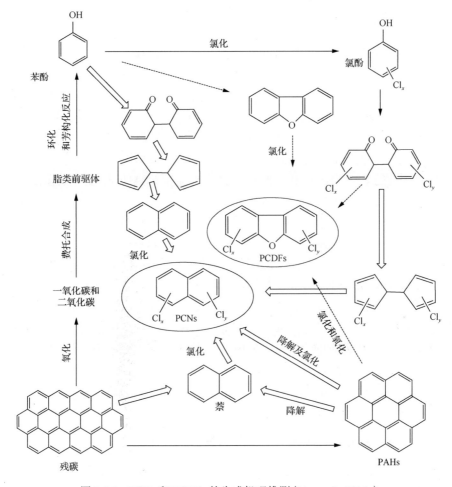

图 3-26　PCNs 和 PCDFs 的生成机理推测(Liu et al., 2014a)

3.5　氯代和溴代多环芳烃的生成机理

Cl-PAHs 和 Br-PAHs 是 PAHs 的卤代衍生物。Cl-PAHs 和 Br-PAHs 的毒理学研究发现：一些 Cl-PAHs 和 Br-PAHs 的同类物毒性高于其相应母环 PAHs 的毒性(Ohura et al., 2007c; Horii et al., 2009; Ohura et al., 2009)。而在环境样品中，比如城市空气、

工业用地土壤中发现 Cl-PAHs 和 Br-PAHs 的毒性当量贡献高于二噁英(PCDD/Fs)(Koistinen et al., 1994; Ohura et al., 2008; Ma et al., 2009b; Sun et al., 2011)。

目前关于 Cl-PAHs 和 Br-PAHs 源和生成机理的研究非常缺乏,有研究报道垃圾焚烧和汽车尾气排放会产生 Cl-PAHs 和 Br-PAHs(Weber et al., 2001b; Ohura T, 2007b; Ma et al., 2009b),电子垃圾拆解过程也会向周边的环境排放 Cl-PAHs 和 Br-PAHs(Ma et al., 2008)。

再生铜冶炼过程的原料中含有有机废物,比如漆包线的油漆、聚氯乙烯等,这些材料会提供碳源(Iino et al., 1999b; Ba et al., 2009a; Hu et al., 2013f),另外,电缆中的聚氯乙烯、溴代阻燃剂等会提供生成 Cl-PAHs 和 Br-PAHs 的氯源和溴源。高含量铜的氧化物还会进一步催化热过程中 Cl-PAHs 和 Br-PAHs 的生成(Ryu et al., 2003; Ryu et al., 2006; Nganai et al., 2010; Jiang et al., 2015a),PCNs、PCDD/Fs 与 Cl-PAHs 和 Br-PAHs 结构和生成机制相似,在再生铜冶炼的过程中,也检测到 PCNs 和 PCDD/Fs 的存在(Ba et al., 2010; Mei et al., 2015)。因此,尽管此前对于再生铜冶炼过程排放的 Cl-PAHs 和 Br-PAHs 未见报道,但 Cl-PAHs 和 Br-PAHs 极有可能在再生铜等金属冶炼过程中生成和排放。

从 2002~2015 年,中国的再生铜产量从约 88 万吨增长到了约 290 万吨,占世界再生铜的 34%,再生铜生产也是 PCDD/Fs 和 PCNs 的重要源(Liu et al., 2014a; Liu et al., 2015b)。因此,再生铜冶炼过程 Cl-PAHs 和 Br-PAHs 的生成机理认识对控制 Cl-PAHs 和 Br-PAHs 的排放非常重要。

有研究采集了 5 个再生铜冶炼工厂的飞灰、烟气以及炉渣样品,并利用同位素稀释高分辨气相色谱-高分辨质谱检测 Cl-PAHs 和 Br-PAHs 的同类物。企业的基本信息见表 3-3。在调查的企业中,使用了由不同比例的废杂铜、粗铜和残极铜为铜冶炼原料。废杂铜原料中有机杂质(如 PVC 或电缆皮等)的含量较高,再生铜冶炼过程包括三个主要的阶段:加料熔融段、氧化阶段和还原阶段,布袋除尘器是主要的除尘设备。

表 3-3 5 个再生铜冶炼企业的基本信息(Jin et al., 2017b)

条目	C1	C2	C3	C4	C5
炉型	反射炉	NGL 炉	反射炉	反射炉	反射炉
原料构成	废杂铜:粗铜:残极铜(1:1:2)	废杂铜:粗铜:残极铜(1:2:0.4)	废杂铜:粗铜:残极铜(1.7:4:1)	废杂铜:铜片(1:3)	废杂铜
燃料	煤焦油	天然气	重油	重油	重油
氧化剂	压缩空气	压缩空气	压缩空气	压缩空气	压缩空气
还原剂	煤	天然气	煤	煤	煤
生产能力	170 t/d	250 t/d	125 t/d	264 t/d	360 t/d
污控设施	布袋除尘器	布袋除尘器;重力沉降室	布袋除尘器	布袋除尘器	布袋除尘器

目前为止，工业热过程中生成 Cl-PAHs 和 Br-PAHs 的主要途径尚不清楚。前期的研究认为环境大气中的 Cl-PAHs 主要是二次生成的结果(Ohura et al., 2013)。在 Cl-PAHs 生成机制的研究中发现，PAHs 在 Cl_2 气氛中生成 Cl-PAHs 的速度显著高于在 HCl 气氛中生成 Cl-PAHs 的速率(Yoshino and Urano, 1997)。另外，在 PVC 燃烧生成 Cl-PAHs 的实验中也提出 PVC 燃烧生成 HCl，HCl 转化成 Cl_2 之后参与了 Cl-PAHs 的生成(Wang et al., 2003a)。两个研究均表明 Cl-PAHs 的生成是通过 PAHs 的氯化反应进行的。再生铜冶炼过程中，铜作为催化剂，参与 Deacon 反应，促进了 HCl 向 Cl_2 的转化(Procaccini et al., 2000)。因此，从 PAHs 氯化产生 Cl-PAHs 是可能发生的。但是，氯化反应是否是再生铜冶炼过程 Cl-PAHs 生成的主要途径仍然未知。

为了验证氯化反应是否是 Cl-PAHs 的主要生成途径，研究计算了 Cl-PAHs 和其母体 PAHs 的相关性。如果 PAHs 的氯化反应是 Cl-PAHs 的主要生成途径，那么 Cl-PAHs 同类物与其母体 PAHs 同类物应该有较好的相关性。然而，对大部分同类物来说，实际的相关性并不显著。通过计算从母体 PAHs 同类物生成 Cl-PAHs 同类物的吉布斯自由能(图 3-27)发现：从蒽(Ant)生成 9-ClAnt 需要的能量高于生成 2-ClAnt 和 1-ClAnt 需要的能量，这表示氯代生成 9-ClAnt 更加困难。氯代生成 2-Cl

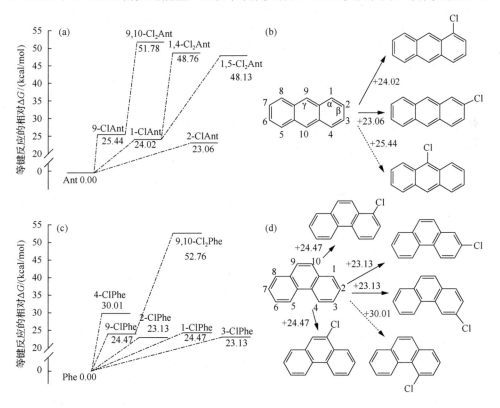

图 3-27　ClAnt 和 ClPhe 从 Ant 和 Phe 氯代生成的相对吉布斯自由能(Jin et al., 2017b)

菲（Phe）和 3-ClPhe 需要的能量小于生成其他 ClPhe 需要的能量，说明生成 2-ClPhe 和 3-ClPhe 相较于生成其他 ClPhe 同类物更加容易。但实际检测表明：9-ClAnt 的浓度高于其他同类物，表明：氯化反应可能并不是 ClAnt 生成的最主要途径。

Br-PAHs 的生成途径与 Cl-PAHs 相似（Wang et al., 2016b），Br-PAHs 与 PAHs 的相关性也并不显著。另外，对于 PAHs 生成 Br-PAHs 的相对吉布斯自由能的结果见表 3-4。结果与 Cl-PAHs 的上述结果类似，推断溴化反应也并不是再生铜冶炼过程中 Br-PAHs 生成的主要途径。

表 3-4　PAHs 母体生成 BrAnt 和 BrPhe 同类物的相对吉布斯自由能(kcal/mol)
(Jin et al., 2017b)

Ant	ΔG	Phe	ΔG
Ant 生成 1-BrAnt	24.3	Phe 生成 1-BrPhe	24.7
Ant 生成 2-BrAnt	23.6	Phe 生成 2-BrPhe	23.6
Ant 生成 9-BrAnt	25.0	Phe 生成 3-BrPhe	23.6
		Phe 生成 4-BrPhe	31.6
		Phe 生成 9-BrPhe	24.5

3.6　PCDD/Fs 与 PCNs 生成的相关性

目前国际上对废弃物焚烧和金属冶炼过程中 PCDD/Fs 的生成机理和控制技术有比较深入的认识，并且，针对一些典型的工业过程，也发展了最佳可行技术/最佳环境实践（BAT/BEP），有助于指导 PCDD/Fs 的排放削减（Tuppurainen et al., 1998; McKay, 2002; Richter and Steinhauser, 2003; Xhrouet and De Pauw, 2004）。然而，相比 PCDD/Fs，对 PCNs 生成机理和控制技术的研究尚不够深入。一些研究通过对工业热过程中 PCNs 与 PCDD/Fs 无意产生的相关性分析，探讨了 PCNs 与 PCDD/Fs 生成的相关性（刘国瑞等,2013）。飞灰是工业热过程中 PCNs 和 PCDD/Fs 等无意 POPs 生成的重要催化基质（Huang and Buekens, 1995; Falandysz, 1998; Schneider et al., 1998; Abad et al., 1999），通过对工业热过程中产生的飞灰中 PCNs 和 PCDD/Fs 的检测，分析了 PCNs 与 PCDD/Fs 的生成特征和相关性，有助于认识 PCNs 和 PCDD/Fs 产生的共性机理及探讨 PCNs 和 PCDD/Fs 协同控制的可能性。

废弃物焚烧和金属冶炼是 PCNs 和 PCDD/Fs 产生和排放的重要源（Fiedler, 2007; Jansson et al., 2008; Ba et al., 2009a; Hu et al., 2013b; Hu et al., 2013c），尽管对于不同类别的源，影响 PCNs 和 PCDD/Fs 产生和排放的主要因素（如原料、工艺技术和污控设施等）可能会有较大的差别，然而，PCNs 和 PCDD/Fs 的产生机制在不同源中仍可能具有一定的共性规律。为了探讨不同工业源 PCNs 和 PCDD/Fs 产生的共性规律，以不同类别工业热过程产生的飞灰样品为对象，探讨了 PCNs 和

PCDD/Fs 的相关性。采集了包括废弃物焚烧和金属冶炼在内的 26 个工业设施的 36 个飞灰样品，样品主要采自烟气尾端净化的布袋或旋风等除尘器，样品的基本信息如表 3-5 所示。

表 3-5　样品采集的基本信息（刘国瑞等，2013）

工业源	设施数目	样品采集点	样品数目
生活垃圾焚烧	4	布袋除尘器	4
医疗废物焚烧	2	布袋除尘器	2
再生铜冶炼	8	布袋除尘器	12
再生铝冶炼	5	布袋或旋风除尘器	8
再生锌冶炼	1	布袋除尘器	2
再生铅冶炼	1	布袋除尘器	2
焚烧金属导线	2	布袋除尘器	2
原生铜冶炼	2	布袋除尘器	2
原生镁冶炼	1	布袋除尘器	2

氯化度可用于分析 PCDDs、PCDFs 和 PCNs 被氯化的整体程度，按公式（3-2）计算了 PCDDs、PCDFs 和 PCNs 的氯化度（Jansson et al., 2008; Liu et al., 2010），结果如图 3-28 所示，PCDDs、PCDFs 和 PCNs 的氯化度逐渐下降，PCDDs 的氯化度比较高，平均氯化度约为 6.5，PCDFs 的平均氯化度为 6，而 PCNs 的平均氯化度约为 5。

$$氯化度 = \Sigma \frac{同系物浓度}{总浓度} \times 氯原子取代数目 \qquad (3\text{-}2)$$

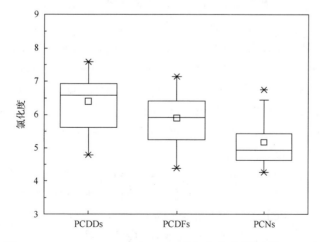

图 3-28　PCDDs、PCDFs 和 PCNs 的氯化度（刘国瑞等，2013）

Imagawa 和 Lee 的研究表明：在废弃物焚烧过程中 PCDD/Fs 和 PCNs 的生成

存在明显的相关性(Imagawa and Lee, 2001)。将废弃物焚烧和金属冶炼过程产生的飞灰中的 PCDDs、PCDFs 与 PCNs 的浓度进行相关性分析,如图 3-29 所示的 PCDDs 和 PCDFs 对 PCNs 浓度的散点图,可以看出:PCDDs 和 PCDFs 的浓度随 PCNs 浓度的增加而增加,并且呈现出较好的浓度正相关趋势。

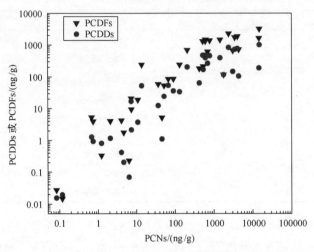

图 3-29　PCDDs、PCDFs 与 PCNs 的浓度散点图(刘国瑞等,2013)

　　一些研究将皮尔逊相关性分析用于污染物间的相关性分析或机理推测(Oh et al., 2007; Li et al., 2009; Liu et al., 2010),本研究也将 PCDDs、PCDFs 与 PCNs 同系物间的相关性进行了皮尔逊相关分析,结果如表 3-6 所示。对于 PCDDs、PCDFs 和 PCNs,共性规律是:相邻同系物间的相关性系数明显高于非相邻同系物间的相关性系数,说明:低氯代同系物的氯化可能是高氯代同系物生成的一类重要途径。不同的规律是:对于 PCNs,非相邻同系物间的相关性也比较好,但对于 PCDDs 和 PCDFs,非相邻同系物间的相关性系数相对较低,说明:PCNs 的氯化过程与 PCDDs 和 PCDFs 存在差别。TeCDD 同系物除了与 TeCDF 和 PeCDD 的相关性良好(皮尔逊相关系数分别为 0.94 和 0.89),与其他同系物间的相关性都非常低。TeCDF 则与 PeCDF、TeCDD 和 PeCDD 的相关性较好,而与其他同系物间的相关性则相对较低。而五、六和七氯代的 PCDDs、PCDFs 和 PCNs 同系物,与其他同系物间的相关性普遍较好。

　　通过皮尔逊相关性分析可以看出:PCNs 的同系物与其他同系物之间的相关性相对较好,为了深入解析 PCNs 与 PCDD/Fs 的相关性,也将皮尔逊相关性系数大于 0.75 的 PCNs 与 PCDD/Fs 同系物进行了线性相关性分析,结果如图 3-30 所示,TeCN、PeCN、HxCN 与 PeCDF、HxCDF 和 HxCDD 的相关系数(R^2)在 0.58～0.89 之间,线性相关性都非常好。说明在工业热过程中,适宜 TeCN、PeCN、HxCN 与 PeCDF、HxCDF 和 HxCDD 生成的条件和关键影响因素具有较大程度的相似性。

表 3-6　PCDDs、PCDFs 和 PCNs 同系物间的皮尔逊相关性分析（刘国瑞等，2013）

	TeCDF	PeCDF	HxCDF	HpCDF	OCDF	TeCDD	PeCDD	HxCDD	HpCDD	OCDD	TeCN	PeCN	HxCN	HpCN	OCN
TeCDF	1														
PeCDF	0.51[a]	1													
HxCDF	0.23	0.83[a]	1												
HpCDF	0.11	0.50[a]	0.79[a]	1											
OCDF	0.05	0.21	0.41	0.86[a]	1										
TeCDD	0.94[a]	0.29	0.05	−0.04	−0.05	1									
PeCDD	0.93[a]	0.66[a]	0.43[a]	0.23	0.07	0.89[a]	1								
HxCDD	0.29	0.91[a]	0.91[a]	0.59[a]	0.21	0.13	0.53[a]	1							
HpCDD	0.15	0.63[a]	0.91[a]	0.90[a]	0.61[a]	0.02	0.35	0.80[a]	1						
OCDD	0.06	0.29	0.58[a]	0.93[a]	0.93[a]	−0.04	0.12	0.36	0.80[a]	1					
TeCN	0.34	0.92[a]	0.82[a]	0.45[a]	0.10	0.17	0.54[a]	0.90[a]	0.61[a]	0.19	1				
PeCN	0.28	0.94[a]	0.82[a]	0.44[a]	0.12	0.07	0.45[a]	0.88[a]	0.57[a]	0.20	0.96[a]	1			
HxCN	0.28	0.87[a]	0.81[a]	0.48[a]	0.15	0.05	0.40	0.76[a]	0.55[a]	0.24	0.87[a]	0.95[a]	1		
HpCN	0.38	0.60[a]	0.44[a]	0.20	0.01	0.09	0.30	0.37	0.19	0.03	0.49[a]	0.60[a]	0.69[a]	1	
OCN	0.27	0.59[a]	0.49[a]	0.27	0.07	0.07	0.25	0.35	0.20	0.08	0.55[a]	0.69[a]	0.86[a]	0.72[a]	1

a. 在 0.01 水平上存在显著的正相关性。

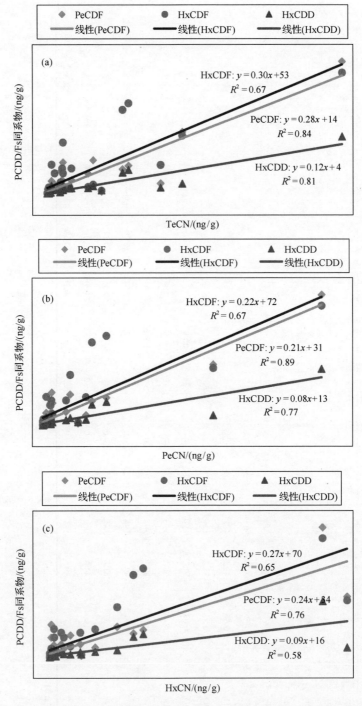

图 3-30　PCNs 同系物与 PCDD/Fs 同系物之间的线性相关性分析(刘国瑞等，2013)

　　有研究指出：在焚烧等工业热过程中，从头合成是 PCDD/Fs 和 PCNs 生成的重要途径，1,2,3,7,8-PeCN 和 1,2,3,7,8,9-HxCDF 是焚烧过程中从头合成途径的指示同类物，且研究发现：1,2,3,7,8-PeCN 与 2,3,4,6,7,8-HxCDF 的相关性也比较好（Imagawa and Lee, 2001）。该研究也将废弃物焚烧和金属冶炼过程中 1,2,3,7,8-PeCN 与 1,2,3,7,8,9-HxCDF 和 2,3,4,6,7,8-HxCDF 的线性相关性进行了分析，结果如图 3-31 所示，1,2,3,7,8-PeCN 与 1,2,3,7,8,9-HxCDF 和 2,3,4,6,7,8-HxCDF 的相关性也比较好，相关系数（R^2）分别为 0.74 和 0.60，说明在废弃物焚烧和金属冶炼等工业热过程中，PCNs 与 PCDFs 的生成途径具有较好的相似性。同时，在本研究中也分析了 PCDFs 与 PCDDs 的相对含量，PCDFs 与 PCDDs 的平均比值为 3.7。从头合成是废弃物焚烧和金属冶炼等工业热过程中 PCDD/Fs 生成的一类重要机理（Everaert and Baeyens, 2002），考虑到 PCNs 与 PCDD/Fs 的良好相关性，推断从头合成也是废弃物焚烧和金属冶炼过程中 PCNs 生成的一类重要机制。

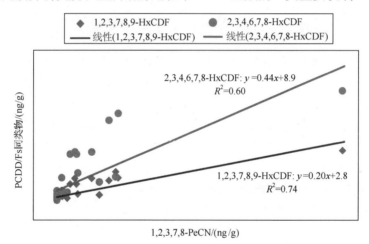

图 3-31　1,2,3,7,8-PeCN 与 1,2,3,7,8,9-HxCDF 和 2,3,4,6,7,8-HxCDF
的相关性分析（刘国瑞等，2013）

3.7　氯溴混合取代二噁英（PBCDD/Fs）的生成机理

　　一些研究表明，BFRs 以及含 BFRs 的电子电器废弃物的焚烧过程会产生 PBCDD/Fs。中试规模的研究表明：在烟气冷却过程中有显著的 PBCDD/Fs 和 PBDD/Fs 生成（Soderstrom and Marklund, 2002）。在焚烧和金属冶炼等工业过程中会有溴元素的存在，一些研究表明在城市垃圾焚烧过程中产生的烟道气和飞灰样品中存在 PBCDD/Fs。PBCDD/Fs 的生成机制可能包括以下几种：溴氯交换反应、PCDD/Fs 的溴化反应以及溴和氯共同参与的从头合成生成机制（Thoma et al.,

1987）。在高温条件下 1,2,3,4-四溴代二噁英同 PVC、HCl 和 NaCl 等含氯化合物的溴氯交换反应，可产生 PBCDD/Fs。

一些研究认为溴在从头合成条件下具有和氯一样的化学行为（Heinbuch and Stieglitz, 1993; Weber and Kuch, 2003），据此可以推断通过从头合成的 PBCDD/Fs，其分布模式应符合二项式分布。而 PBCDD/Fs 的浓度和分布模式也可以通过 PCDD/Fs 的浓度和相应的 $r=C/(B+C)$ 比值根据公式（3-3）进行预测，其中 $r=C/(B+C)$ 为氯总量与溴氯总量的比值。本研究计算了不同工业源中不同卤代（4～6）水平的卤代化合物的 r 值，结果表明同一工业源中不同卤代水平的卤代化合物的 r 值呈现出较强的一致性，而不同工业源中的 r 值差异较大。

$$C(\mathrm{Br}_m\mathrm{Cl}_n\mathrm{DD}/\mathrm{DF}) = \frac{C_{m+n}^n r^n (1-r)^m}{(r)^{m+n}} \times C[(m+n)\mathrm{CDD}/\mathrm{F}]$$

$$= C_{m+n}^n \left(\frac{1-r}{r}\right)^m \times C[(m+n)\mathrm{CDD}/\mathrm{F}] \tag{3-3}$$

Du 等对垃圾焚烧、金属冶炼以及铁矿石烧结等工业过程中的烟道气样品进行分析，结果表明烟道气样品中存在较高浓度的 PBDD/Fs 和 PBCDD/Fs，并且对 PBDD/Fs 和 PBCDD/Fs 同类物的分布特征进行了分析（Du et al., 2010a）。根据先前的研究，PBDD/Fs 主要生成机制可能为 PBDEs 前驱体生成机制，通过初步的数据拟合发现，PBDD/Fs 的浓度并不符合二项式分布，因此 $r=C/(B+C)$ 比值通过 PCDD/Fs 和 PBCDD/Fs 中包含的溴氯计算得到。1B6C DF 和 1B7C DF 的 $C/(B+C)$ 比值可利用 4～6 卤代同系物的平均值计算而得。

按上述公式对所有检测的 PBCDD/Fs 同类物的预测值进行计算。由于浓度差异过大，将预测浓度的对数值与实测浓度的对数值进行了线性拟合，图 3-32 给出了所有具有良好线性关系的同类物以及预测限（95%置信区间），拟合的斜率值、截距及标准误差如表 3-7 所示。结果表明，单溴代、二溴代的 PBCDD/Fs 同类物（对于 7～8 卤代同系物，检测了 6B1C DF 和 7B1CDF）以及 2C3B DF 的浓度分配遵循二项式分布。拟合的斜率均在理论值 1 左右，范围为 0.72～1.20；除 2B3C DD/DF 外，斜率范围为–0.89～1.66，即预测值误差范围在 0.4～5 倍，2B3C DD/DF 的截距分别为 2.29 和 2.77，预测误差在 15 倍以内（Du et al., 2010a）。

对于高溴代水平的 PBCDD/Fs，大多数工业源的实际浓度高于二项式统计期望值。这说明除了从头合成机制以外，还有其他机制参与高溴代 PBCDD/Fs 的生成，如 PBDD/Fs 的溴氯交换反应可能是生成 PBCDD/Fs 的重要途径，特别是高溴代 PBCDD/Fs，需要进一步评估存在于飞灰和烟道气中的 Cl 组分对高溴代 PBCDD/Fs 生成的影响。

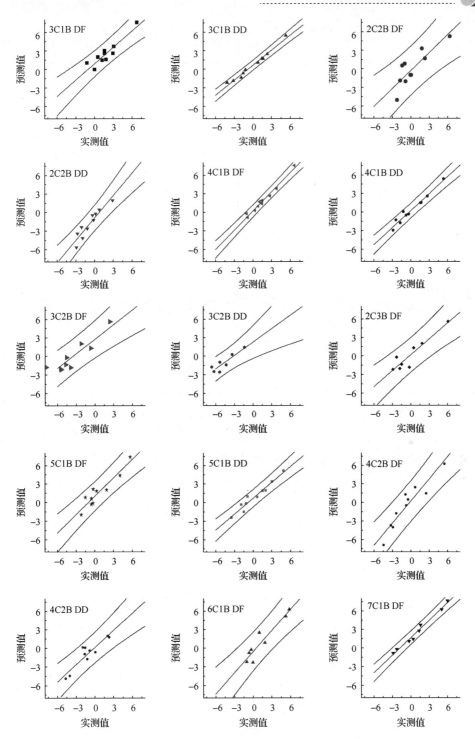

图 3-32　*m*B*n*C DD/DF 预测浓度对数与实际浓度对数线性拟合及预测限(Du et al., 2010a)

表 3-7　***m*B*n*C DD/DF** 拟合斜率与截距（Du et al., 2010a）

		值	标准误差			值	标准误差
3C1B DF	截距	0.90	0.36	2C3B DF	截距	0.19	0.38
	斜率	0.88	0.13		斜率	0.86	0.14
3C1B DD	截距	0.63	0.52	5C1B DF	截距	1.02	0.32
	斜率	0.81	0.21		斜率	0.99	0.13
2C2B DF	截距	−0.27	0.11	5C1B DD	截距	0.70	0.19
	斜率	0.97	0.04		斜率	0.86	0.08
2C2B DD	截距	−0.89	0.29	4C2B DF	截距	0.23	0.44
	斜率	1.20	0.16		斜率	1.20	0.15
4C1B DF	截距	0.19	0.16	4C2B DD	截距	0.14	0.36
	截距	1.04	0.06		斜率	0.92	0.15
4C1B DD	斜率	0.23	0.16	6C1B DF	截距	−0.55	0.49
	截距	0.92	0.07		斜率	1.14	0.17
3C2B DF	斜率	2.77	0.61	7C1B DF	截距	1.66	0.16
	截距	0.79	0.13		斜率	0.95	0.05
3C2B DD	斜率	2.29	0.77				
	截距	0.72	0.16				

　　综上，在工业热过程中，PBDD/Fs 的生成遵循 PBDEs 前驱体生成机制，PCDD/Fs 和低溴代水平的 PBCDD/Fs 遵循从头合成机制，对于高溴代 PBCDD/Fs 而言，可能由从头合成机制和氯溴交换反应同时作用生成。

第4章 典型 UP-POPs 的排放特征

本章导读

- 总结了废弃物焚烧、钢铁冶炼、再生有色金属冶炼和制浆造纸等工业过程二噁英的排放特征，介绍了典型工业过程溴代二噁英、多氯萘和多氯联苯的排放特征，提出了一些具有特异性的同类物指纹谱图，可为环境介质中无意产生的持久性有机污染物的源识别提供重要依据。
- 初步探索了氯代和溴代多环芳烃和氯溴混合取代二噁英的排放源，阐述了再生铜冶炼过程中氯代和溴代多环芳烃的同类物分布特征；对废弃物焚烧、铁矿石烧结、电弧炉炼钢以及再生有色金属冶炼等工业热过程氯溴混合取代二噁英的排放特征进行了总结比较。
- 简要探究了原料和工艺技术等对典型工业过程中持久性有机污染物排放特征的影响。

不同工业源所产生和排放的 UP-POPs 同类物的相对含量不同，导致不同工业源的排放特征具有差异性，UP-POPs 的排放特征可为推断 UP-POPs 的生成机理提供重要依据和验证信息，特异性的排放特征也可为识别环境介质中 UP-POPs 的特定来源提供重要判据。例如：一些研究根据 PCNs 生成的同类物特征谱图推断氯化是 PCNs 的重要生成路径之一(Iino et al., 1999a; Jansson et al., 2008; Jiang et al., 2015a)，另有研究根据典型区域 UP-POPs 的环境污染特征结合周边工业源 UP-POPs 的排放特征，利用主成分分析或正矩阵因子分析等技术对环境介质中 UP-POPs 的来源进行了识别推断(Assefa et al., 2014; Jin et al., 2017b; Yang et al., 2017b)。本章重点讨论了焚烧、金属冶炼、水泥窑共处置固废等几类重要工业源典型 UP-POPs 的排放特征。

4.1 PCDD/Fs 的排放特征

4.1.1 废弃物焚烧过程

废弃物焚烧主要包括生活垃圾焚烧、危险废物焚烧、医疗废物焚烧和污水处理厂的污泥焚烧等。废物焚烧过程中 PCDD/Fs 生成和排放特征研究较为充分，并且废弃物焚烧行业是较早开展二噁英污染控制的工业行业，在严格排放标准的行业政策引导下，废弃物焚烧二噁英排放得到了比较有效的遏制。

有研究调查了 9 家废弃物焚烧企业 PCDD/Fs 的排放特征，包括生活垃圾焚烧厂、航空垃圾焚烧厂、医疗废弃物焚烧厂、危险废弃物焚烧厂和处理危险废物的水泥窑，如表 4-1 所示。焚烧过程中 PCDDs 和 PCDFs 的同系物分布特征如图 4-1 所示。对于编号 WI2、WI3、WI5 和 WI9 焚烧厂，四氯代二噁英(TeCDD)和五氯代二噁英(PeCDD)为最主要的同系物，分别占 PCDDs 总量的 83%、86%、47%和 66%。对于这 4 家焚烧厂，PCDDs 同系物的百分比含量随氯原子数的增加而降低，而对于其他焚烧厂，PCDDs 主要以高氯代同系物为主，并且各同系物的百分比含量随氯原子取代数的增加而增加，七氯代二噁英(HpCDD)或八氯代二噁英(OCDD)浓度最高。对于 PCDFs 来说，WI2、WI3、WI5 和 WI9 焚烧厂烟道气中 PCDFs 同系物的分布具有与 PCDDs 相似的规律。对于这 4 家焚烧厂，四氯代呋喃(TeCDF)和五氯代呋喃(PeCDF)为最主要的同系物，分别占 PCDFs 总量的 86%、90%、75%和 81%。在其他焚烧厂，PCDFs 各同系物的分布比例相当。

表 4-1 调查废物焚烧厂的基本信息

焚烧厂编号	焚烧炉炉型	日处理量/t	污控设施	废物类型
WI1	流化床	350	SDC + AC + BF	生活垃圾
WI2	流化床	480	SDC + AC + BF	生活垃圾
WI3	流化床	350	SDC + AC + BF	生活垃圾
WI4	炉排炉	100	SDC + AC + BF	生活垃圾
WI5	炉排炉	800	SDC + AC + DBF	生活垃圾
WI6	旋转窑+二燃室	25	SDC + AC + BF	航空垃圾
WI7	旋转窑+二燃室	15	SDC + AC + BF + WS	医疗废物
WI8	旋转窑+二燃室	20	SDC + AC + BF	危险废物
WI9	旋转窑	120	SDC + BF	危险废物

注：SDC，半干法除尘；AC，活性炭注射；BF，布袋除尘；DBF，双布袋除尘；WS，水幕除尘。

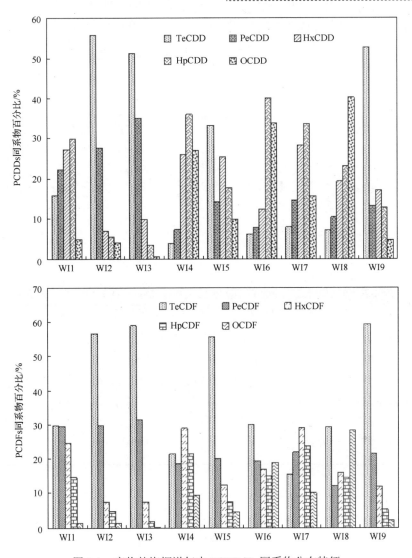

图 4-1　废物焚烧烟道气中 PCDD/Fs 同系物分布特征

4.1.2　钢铁生产过程

一些研究以不同规模的典型铸铁厂为研究对象(Lv et al., 2011a)，采集了多家铸铁厂的烟道气样品和飞灰样品，并对其中的 PCDD/Fs 排放特征进行了分析。如图 4-2 所示，研究发现：烟道气样品中高氯代同系物是 PCDD/Fs 总浓度的主要贡献同系物，包括七氯代二噁英(HpCDD)、七氯代呋喃(HpCDF)、八氯代二噁英(OCDD)和八氯代呋喃(OCDF)；飞灰样品中 PCDD/Fs 同系物的分布特征与烟道气样品中的相似，高氯代同系物是 PCDD/Fs 总浓度的主要贡献者，其中 OCDD、

HpCDDs、HpCDFs 和 OCDF 共占 PCDD/Fs 总浓度的 65%。

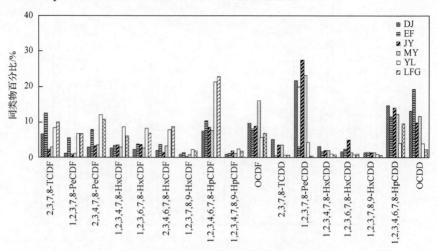

图 4-2　铸铁生产过程中的 PCDD/Fs 同类物排放特征(DJ、EF、JY、MY、
YL 和 LFG 为不同铸铁厂)(Lv et al., 2011a)

　　铁矿石烧结被认为是二噁英的主要排放源,图 4-3~图 4-5 给出了不同地区铁矿石烧结过程中 PCDD/Fs 的同类物分布特征。其中图 4-3 为我国某钢铁厂烧结生产过程中烟道气样品中 PCDD/Fs 的分布特征;图 4-4 为 Anderson 等所调查的英国 Corus 集团钢铁厂烧结生产过程中烟道气样品中 PCDD/Fs 的分布特征(Anderson and Fisher, 2002);图 4-5 为我国台湾某钢铁厂烧结生产过程中烟道气样品中 PCDD/Fs 同类物的分布特征(Wang et al., 2003c)。

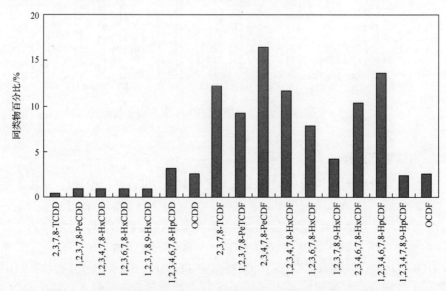

图 4-3　我国某钢厂烧结过程中烟道气样品中 PCDD/Fs 同类物分布

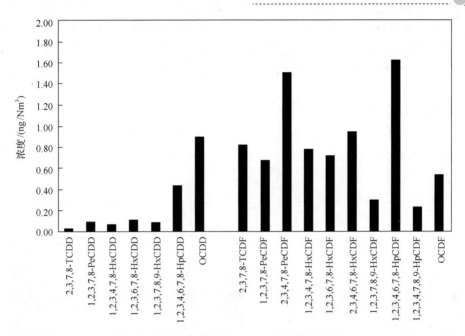

图 4-4 英国 Corus 钢厂烧结过程中烟道气样品中 PCDD/Fs 同类物分布(Anderson and Fisher, 2002)

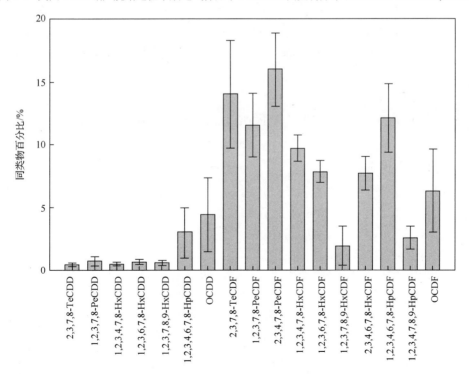

图 4-5 我国台湾某钢厂烧结过程中烟道气样品中 PCDD/Fs 同类物分布(Wang et al., 2003c)

从图 4-3～图 4-5 中，可以看出在工艺条件近似的情况下，这些铁矿石烧结烟道气样品中 PCDD/Fs 呈现出类似的排放特征，17 种 2,3,7,8-PCDD/Fs 中，PCDFs 的总浓度远高于 PCDDs 的总浓度，并且在 PCDDs 中，以高氯代 PCDDs 为主要的同类物。

对我国北方 5 个转炉炼钢生产线（以 SG、RC、TG、XJ、XH 表示）PCDD/Fs 的排放特征研究表明：5 个转炉炼钢过程烟道气中 17 种 2,3,7,8-PCDD/Fs 主要以 1,2,3,4,6,7,8-HpCDD、1,2,3,4,6,7,8-HpCDF、OCDD 和 OCDF 为主要的浓度贡献者，图 4-6 为转炉炼钢过程中 PCDD/Fs 的同类物分布特征图（Li et al., 2014a）。

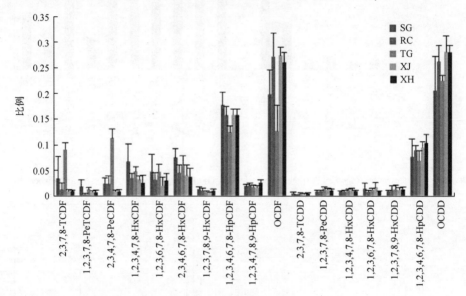

图 4-6　转炉炼钢过程烟道气中 PCDD/Fs 的同类物分布特征（Li et al., 2014a）

4.1.3　有色金属生产过程

对我国 9 家典型再生金属冶炼厂（4 家再生铜冶炼厂、4 家再生铝冶炼厂和 1 家再生铅冶炼厂），科研人员采集了冶炼过程中不同冶炼阶段的烟道气和飞灰样品，并对冶炼过程中 PCDD/Fs 的排放特征进行了分析（Hu et al., 2013c），表 4-2 为 9 家再生金属冶炼厂的基本信息。

再生铜冶炼过程中 PCDD/Fs 同系物的分布特征如图 4-7 所示。从图中可以看出，4 家再生铜冶炼厂中，有 3 家再生铜冶炼厂烟道气样品中 PCDD/Fs 以高氯代同系物为主。在 TD 冶炼厂，PCDDs 和 PCDFs 同系物的百分比含量随氯原子取代数的增加而升高，均是 OCDF 和 OCDD 百分含量最大。HP 和 YF 冶炼厂四～七氯代同系物分布呈现出与 TD 冶炼厂相似的规律，但是 HP 和 YF 冶炼厂 OCDF 和 OCDD 的百分比含量比 TD 冶炼厂低，这可能是因为各冶炼厂所使用的原材料不同。TD、YF 和 WF 3 家冶炼厂烟道气中 HpCDD/Fs 和 OCDD/F 同系物所占总

PCDD/Fs 的百分比含量与其原材料中废铜的含量一致，即原材料中废铜含量高的冶炼厂烟道气中高氯代同系物占总 PCDD/Fs 浓度的百分比含量也较高。

表 4-2 再生有色金属冶炼厂的基本信息（Hu et al., 2013c）

类别	冶炼厂编号	年产量/万 t	原料	燃料	污染控制设施
再生铜	TD	8	废铜(100%)	重油	布袋除尘
	HP	10	废铜(10%),粗铜(80%)和阳极铜电解残片(10%)	重油	—
	WF	1.0	粗铜(100%)	重油	布袋除尘
	YF	20	废铜(30%),粗铜(50%)和阳极铜电解残片(20%)	重油	布袋除尘
再生铝	SC	2.6	废铝	天然气	旋风除尘+布袋除尘
	QY	18	废铝	天然气	静电除尘
	HY	10	废铝(50%)和铝锭(50%)	天然气	布袋除尘
	TF	1.5	废铝	天然气	布袋除尘
再生铅	JA	1.0	铅蓄电池中的铅泥	天然气	布袋除尘

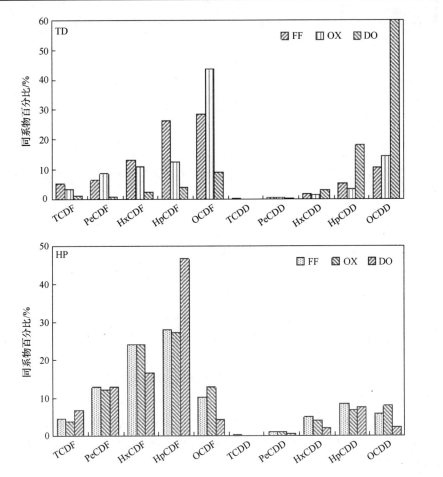

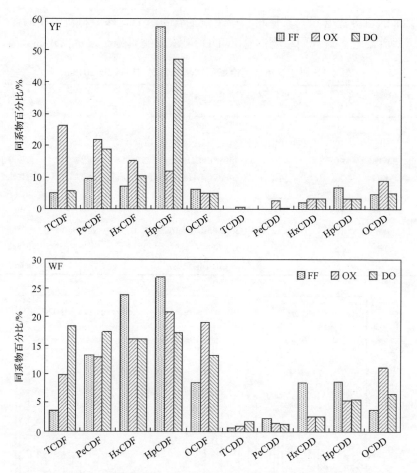

图 4-7　再生铜不同冶炼阶段烟道气中 PCDD/Fs 同系物分布特征(Hu et al., 2013c)

注：TD、HP、YF、WF 为不同的再生铜冶炼厂；FF 为加料熔融段；OX 为氧化段；DO 为还原段

再生铝冶炼过程中 PCDD/Fs 同系物的分布特征如图 4-8 所示。SC 和 QY 冶炼厂烟道气中 PCDD/Fs 以四～七氯代同系物为主，分别占 PCDD/Fs 总浓度的 73%～78% 和 58%～68%。在 TF 冶炼厂，TCDF 的百分比含量较高，占 PCDD/Fs 总浓度的 36%～58%。而在 HY 冶炼厂 PCDD/Fs 同系物的分布呈现出不同的特征，其高氯代 PCDD/Fs 的含量较高，且其同类物的百分比含量随着氯原子的取代数的增加而升高。

再生铅冶炼厂，烟道气采集过程中由于数台冶炼炉同时运行，而且不同的冶炼炉处于不同的冶炼阶段，所以烟道气样品为不同冶炼阶段产生的烟道气的混合样品，图 4-9 显示了再生铅冶炼厂烟道气样品中 PCDD/Fs 同系物的分布特征。从图中可以看出，PCDD/Fs 同系物分布以 TCDF 为主，占 PCDD/Fs 总浓度的 36%～58%。

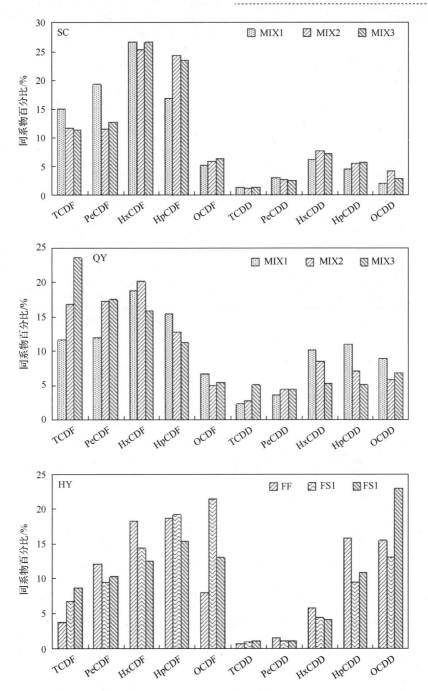

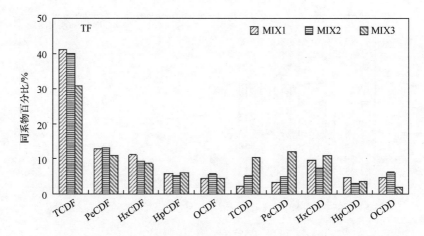

图 4-8　再生铝冶炼过程中 PCDD/Fs 同系物的分布特征（Hu et al., 2013a; Hu et al., 2014）

注：SC,QY,HY,TF 为不同的再生铝冶炼厂；MIX1,MIX2,MIX3 为不同冶炼阶段烟道气的混合样品；
FF：加料熔化阶段；FS1,FS2：熔炼阶段；下同

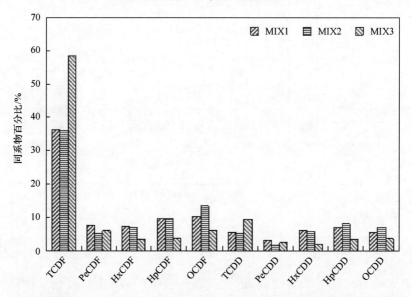

图 4-9　再生铅冶炼厂烟道气中 PCDD/Fs 同系物的分布特征

　　Nie 等对我国两个皮江法炼镁企业在氧化段和还原段烟道气和飞灰样品中的 PCDD/Fs 的排放特征进行了研究（Nie et al., 2011），冶炼厂的基本信息如表 4-3 所示。

　　对我国镁冶炼过程中 PCDD/Fs 同系物的分布特征研究结果如图 4-10 所示（Nie et al., 2011），可以看出，烟道气和飞灰样品中 PCDD/Fs 同系物分布特征相似，其中 PCDDs 同系物的分布特征变化不明显，但是 PCDFs 同系物占 PCDD/Fs 总浓度的百分比含量随着其氯原子取代数目的增加而减少。

表 4-3　镁冶炼厂各工艺段的基本信息（Nie et al., 2011）

工艺段基本信息	氧化段（Ox）	还原段（Re）
炉型	回转窑	蓄热式还原炉
大气污染控制设备（APCD）	静电除尘	布袋
采样点烟气平均温度（℃）	84	91
镁锭生产量（t/h）	4.2	4.2
烟气平均流量（Nm³/h）	149 250	15 290
年操作时间（h）	7 920	7 920
烟气氧含量（%）	13.8	8.9
烟气二氧化碳含量（%）	4.1	6.9

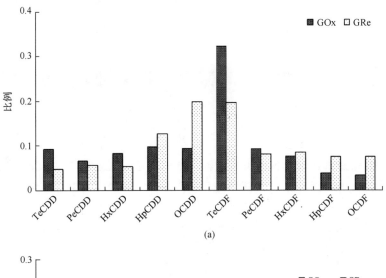

(a)

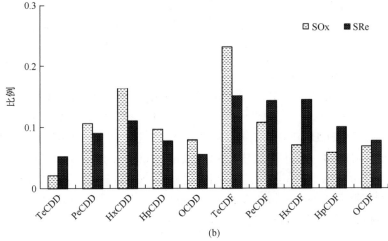

(b)

图 4-10　镁冶炼过程烟道气（a）和飞灰（b）样品中 PCDD/Fs 同系物的分布特征（Nie et al., 2011）

注：GOx、GRe 为氧化、还原阶段的烟道气样品；SOx、SRe 为氧化、还原阶段的飞灰样品

4.1.4 炼焦过程

为了评估烟道气中二噁英类和多氯联苯的排放特征,将二噁英类和多氯联苯同类物的浓度分别归一为二噁英类和多氯联苯总浓度的百分比(Liu et al., 2009a)。图 4-11 是装煤和出焦过程中二噁英类和多氯联苯的排放特征,可以看出,装煤和出焦过程中二噁英类和多氯联苯表现出非常相似的排放特征,表明:在装煤和出焦过程中,二噁英类和多氯联苯生成途径可能是相似的。

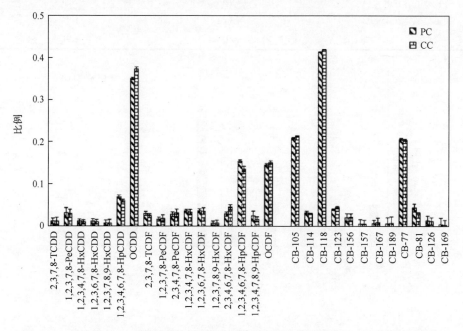

图 4-11   炼焦过程 2,3,7,8-PCDD/Fs 和 dl-PCBs 的同类物排放特征(Liu et al., 2009a)

注:PC:出焦过程;CC:装煤过程;下同

高氯代的二噁英类是 2,3,7,8-PCDD/Fs 总浓度的主要贡献同类物,OCDD、1,2,3,4,6,7,8-HpCDD、1,2,3,4,6,7,8-HpCDF 和 OCDF 占 2,3,7,8-PCDD/Fs 总浓度的 65%左右。许多其他研究也表明:在热相关源中,OCDD、HpCDD、HpCDF 和 OCDF 是 2,3,7,8-PCDD/Fs 总浓度的主要贡献同系物。同系物的排放特征通常和生成途径密切相关的,炼焦过程中二噁英类的同系物分布特征如图 4-12 所示。Everaert 和 Baeyens 也报道了大量热相关过程中 PCDD/Fs 的同系物分布特征,具体如图 4-13 所示(Everaert and Baeyens, 2002),结果发现:炼焦过程中二噁英类同系物的排放特征与其他热源比较相似。

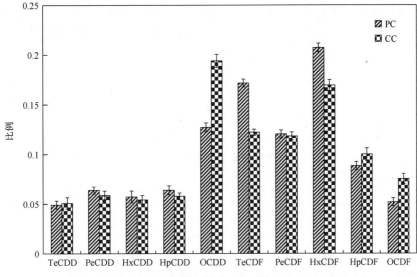

图 4-12 PCDD/Fs 的同系物分布特征(Liu et al., 2009a)

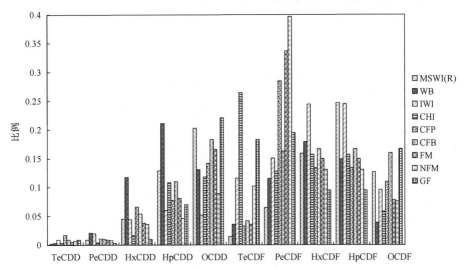

图 4-13   不同热相关源中 PCDD/Fs 的同系物分布特征(Everaert and Baeyens, 2002)

MSWI：城市固体废弃物焚烧；WB：木材燃烧炉；IWI：工业废弃物焚烧；CHI：氯代烃焚烧；CFP：燃煤电厂；
CFB：燃煤锅炉；FM：铁冶炼；NFM：有色金属冶炼；GF：玻璃熔炉

4.1.5 水泥窑

随着我国固体废弃物的产生量日益增大，水泥窑共处置也成为固废处理的一种方式。水泥窑共处置固废过程中不同种类固体废弃物的添加可能会影响 PCDD/Fs 的排放量和排放特征。一些研究报道了水泥窑共处置固废过程中 PCDD/Fs 的排放特征(Liu et al., 2015d; Zhao et al., 2017b)，图 4-14 是以电石渣为原料生产水泥的示意图。对不同工艺节点的固体颗粒物样品和烟气样品进行采集和分析发现(图 4-15)：在颗粒物样品中 1,2,3,4,6,7,8-HpCDF 和 OCDF 在 2,3,7,8-PCDD/Fs 中的比例超过了 47%。在烟道气样品中，1,2,3,4,6,7,8-HpCDD、OCDD、1,2,3,4,6,7,8-HpCDF 和 OCDF 是主要的同类物(Zhao et al., 2017b)。

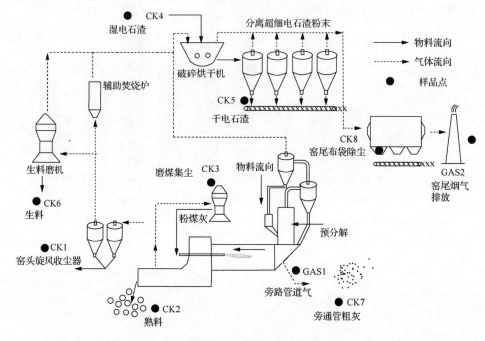

图 4-14 以电石渣为原料生产水泥示意图(Zhao et al., 2017b)

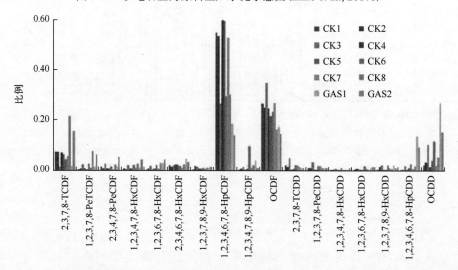

图 4-15 水泥窑使用电石渣为主要原料生产水泥熟料过程中样品中 2,3,7,8-PCDD/Fs 同类物的分布特征(Zhao et al., 2017b)

在窑尾布袋收尘飞灰(CK8)和窑尾烟囱烟气(GAS2)样品中,四～六氯代二苯并呋喃同类物($\sum Cl_{4\sim6}CDFs$)对 2,3,7,8-PCDD/Fs 质量浓度的贡献均为 40%,而其他颗粒物样品(CK1～CK7)中相应的比例为 10%～15%。尽管在该水泥窑的绝大多数样品中$\sum Cl_{4\sim6}CDFs$同类物的质量浓度贡献要低于之前的报道,在 CK8 和 GAS2 样品中$\sum Cl_{4\sim6}CDFs$同类物对 PCDD/Fs TEQ 的贡献仍然分别达到了 58%和 64%。这说明在以电石渣为主要原料的水泥窑中,生产熟料的窑尾区域的颗粒物和烟气样品中四～六氯代二苯并呋喃同类物仍然是毒性当量的主要贡献者。

图 4-16 是 PCDD/Fs 同系物的分布特征,在采集的大多数的样品中,TeCDF、HxCDF、HpCDF 和 OCDF 所占的比例明显高于其他同系物。窑尾袋收尘飞灰(CK8)样品中 PCDD/Fs 的同系物特征明显不同于其他工艺阶段:四～六氯代二苯并呋喃同系物($\sum Cl_{4\sim6}CDFs$)占到了 PCDD/Fs 总含量的 76%,显著高于其他颗粒物中的比例(23%～46%)。在旁路放风烟气(GAS1)中$\sum Cl_{4\sim6}CDFs$同系物的比例为 27%,在窑尾烟囱烟气(GAS2)中为 55%。$\sum Cl_{6\sim8}CDD$ 同系物在烟气样品中的平均比例是 35%,而在颗粒物样品中的平均比例为 6%。不同工艺阶段颗粒物样品中 PCDFs 与 PCDDs 的比值为 1.7～27.4,而在烟气样品中的比值为 1.2～2.2。PCDFs/PCDDs 在颗粒物样品中的平均值为 10.5,而在烟气样品中的为 1.7。这说明在水泥窑使用氯碱工业电石渣为主要原料生产熟料过程中,PCDFs 是 PCDD/Fs 减排中最应该重视的一类同系物。在工业热过程中较高比值的 PCDFs/PCDDs 被认为是 PCDD/Fs 形成机理是从头合成途径的标志(Huang and Buekens, 1995; Buekens et al., 2000)。可以推测在该行业内从头合成途径较为重要。

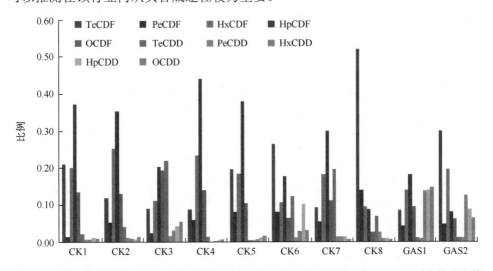

图 4-16　水泥窑使用电石渣为主要原料生产水泥熟料过程中样品中 PCDD/Fs 同系物的分布特征(Zhao et al., 2017b)

另有研究报道了水泥窑共处置城市生活垃圾（MSW）和污水处理厂污泥过程中 PCDD/Fs 的排放特征，样品的采集信息如表 4-4 所示。PCDD/Fs 同类物和同系物的分布特征分别如图 4-17 和图 4-18 所示。在水泥窑共处置 MSW 和污泥窑尾区域的颗粒物样品 CK15、CK19、CK20 和 CK21 中，$\sum Cl_{4\sim6}CDFs$ 在 2,3,7,8-PCDD/Fs 质量浓度中的比例达 51%～78%。

表 4-4　水泥窑不同工艺位置采集的颗粒物样品(Zhao et al., 2017a)

样品的采集点	采样批次		
	1[a]（参考）	2[b]（MSW）	3[c]（污泥）
窑头布袋收尘飞灰	CK1	CK9	CK16
出箅冷机熟料	CK2	CK10	CK17
窑头锅炉回灰 [a]	CK3	CK11	—
煤磨收尘	CK4	CK12	CK18
一级预热器出口	CK5	CK13	CK19
窑尾锅炉和增湿塔灰	CK6	CK14	—
增湿塔灰	—	—	CK20
窑尾布袋收尘飞灰	CK7	CK15	CK21
生料	CK8		CK22
污水厂污泥	—		CK23

a 水泥窑 1，不共处置 MSW，作为对照组；
b 水泥窑 1，共处置 MSW；
c 水泥窑 2，共处置污水厂污泥。

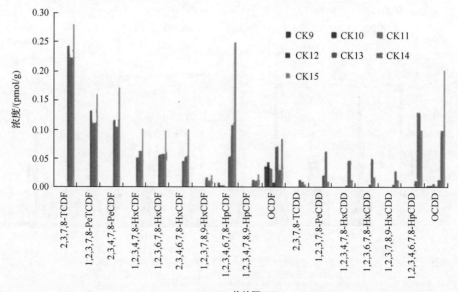

(a) 共处置MSW

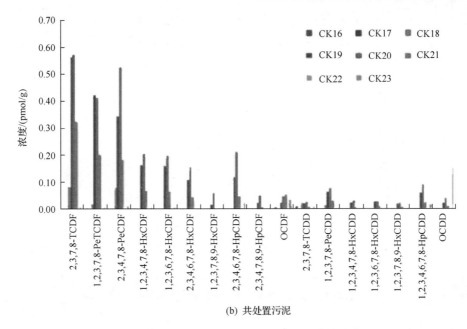

(b) 共处置污泥

图 4-17 水泥窑共处置固废的样品中的 2,3,7,8-PCDD/Fs 同类物浓度 (Zhao et al., 2017a)

在窑尾区域 $\sum Cl_{4\sim6}CDFs$ 占到了同系物浓度总和的较高比例：CK13、CK15、CK19、CK20 和 CK21 中 $\sum Cl_{4\sim6}CDFs$ 占到了总质量浓度的 50%～80%，占到了 I-TEQ 浓度的 62%～87%。这些比例显著高于原生铜和再生铜冶炼行业：原生铜和再生铜行业中，17 种同类物中 $\sum Cl_{4\sim6}CDFs$ 的占比为 8%～15%，同系物中 $\sum Cl_{4\sim6}CDFs$ 的占比为 18%～29% (Nie et al., 2012a)。

这些结果显示 $\sum Cl_{4\sim6}CDFs$ 是主要的同系物，是水泥窑共处置 MSW 和污泥过程中 PCDD/Fs 削减所需要关注的。在此类工业热过程中控制 $\sum Cl_{4\sim6}CDFs$ 的生成是削减 PCDD/Fs 排放的关键点。

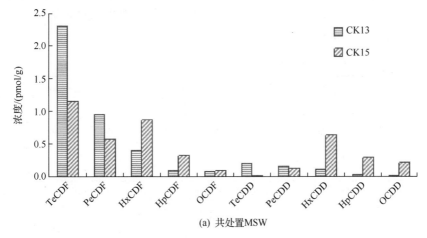

(a) 共处置MSW

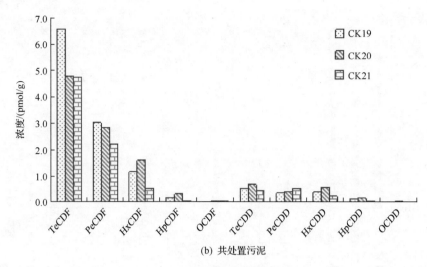

(b) 共处置污泥

图 4-18　C1 出口、窑尾布袋收尘和增湿塔采集的颗粒物样品中 PCDD/Fs 同系物浓度特征
（Zhao et al., 2017a）

4.1.6　制浆造纸

制浆造纸是 PCDD/Fs 的重要排放源，而其中纸浆氯气漂白阶段是 PCDD/Fs 生成的重要工艺段。为有效削减制浆造纸过程中 PCDD/Fs 的生成和排放，已发展多种替代传统氯气漂白的技术，如：酶助漂白技术、ClO_2 漂白技术和全无氯漂白技术（Fang et al., 2017; Yang et al., 2017a）。尽管已有报道认为：酶助漂白可有效减少以木纤维为原料制浆造纸过程中 PCDD/Fs 的产生和排放，但酶助漂白在以非木纤维为原料的造纸厂中应用对 PCDD/Fs 产生影响仍有待深入评估（Fang et al., 2017）。ClO_2 替代 Cl_2 漂白可有效减少 PCDD/Fs 的产生和排放已有多个案例报道。以麦草或芦苇等非木纤维为原料的纸浆造纸在我国仍有较大的比重，一些案例研究也报道了以 ClO_2 替代 Cl_2 漂白过程中 PCDD/Fs 排放特征的变化。表 4-5 是以苇草为原料的造纸厂的基本信息，图 4-19 是 ClO_2 和 Cl_2 漂白过程采集的不同样品中

表 4-5　制浆造纸厂的基本信息（Yang et al., 2017a）

	传统 Cl_2 漂白	ClO_2 漂白
原料	苇草	苇草
工艺阶段	C, E, H	D_0, D_1
采集的固体样品阶段	R, C, E, H, P, S	D_0, D_1, P, S
采集的液体样品阶段	C, W	D_0, D_1, W

注：C，Cl_2 漂白；E，碱抽提；H，次氯酸盐漂白；D_0，ClO_2 漂白阶段 1；D_1，ClO_2 漂白阶段 2；R，原料 1；P，纸产品；S，污泥；W，排放的废水。

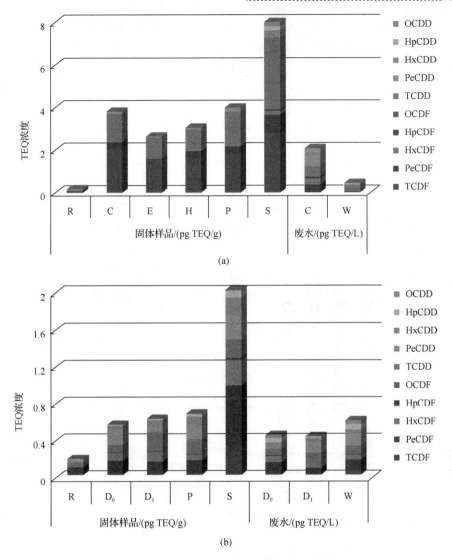

图 4-19　PCDD/Fs 的 TEQ 浓度和同系物特征

(a) 传统 Cl$_2$ 漂白；(b) ClO$_2$ 漂白

(CDD = chlorodibenzo-*p*-dioxin, CDF = chlorodibenzofuran, O = octa, Hp = hepta, Hx = hexa, Pe = penta, T = tetra)

(Yang et al., 2017a)

PCDD/Fs 的同系物特征，可以看出：Cl$_2$ 漂白的 C, E, H 工艺段样品以及纸产品和污泥样品中，TCDF 和 TCDD 的 TEQ 浓度明显高于其他同系物含量；ClO$_2$ 漂白工艺条件下所采集的样品中 PCDD/Fs 的浓度明显低于 Cl$_2$ 漂白工艺下 PCDD/Fs 的浓度，且 TCDF 和 TCDD 的 TEQ 浓度明显降低。

图 4-20 和图 4-21 分别为 Cl₂ 漂白和 ClO₂ 漂白工艺下 PCDD/Fs 的同类物特征，可以看出：在 Cl₂ 漂白条件下，C, E, H 工艺阶段的样品及纸产品中 2,3,7,8-TCDF 的百分含量最高（>60%），说明：Cl₂ 漂白工艺下，在 C, E, H 工艺节点，2,3,7,8-TCDF 是主要的生成同类物，其次是 OCDD。而在原料、污泥和废水样品中，OCDD 是最主要的同类物（Yang et al., 2017a）。

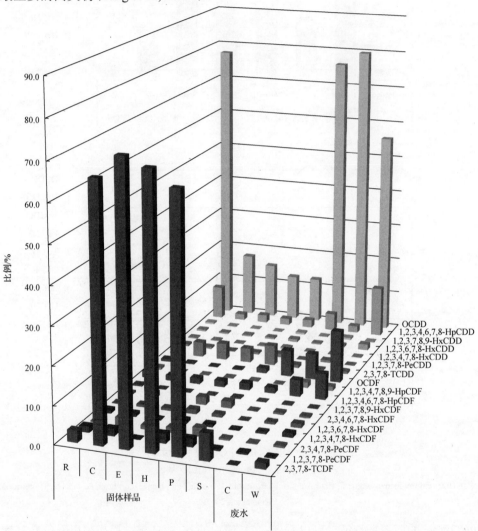

图 4-20　Cl₂ 漂白工艺条件下各工艺段样品中 PCDD/Fs 的同类物特征

(CDD = chlorodibenzo-*p*-dioxin, CDF = chlorodibenzofuran, O = octa, Hp = hepta, Hx = hexa, Pe = penta, T = tetra)

(Yang et al., 2017a)

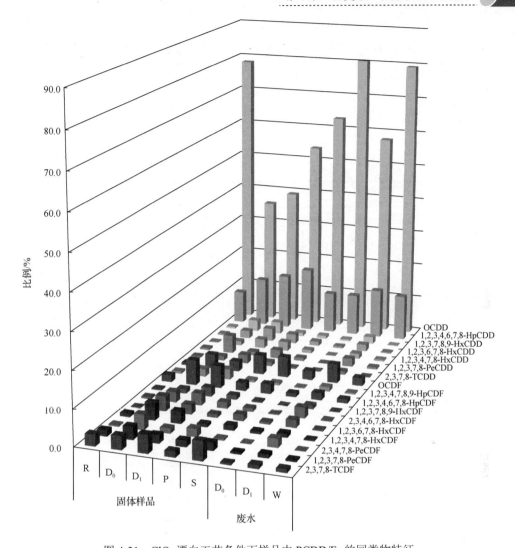

图 4-21　ClO$_2$ 漂白工艺条件下样品中 PCDD/Fs 的同类物特征
(CDD = chlorodibenzo-*p*-dioxin, CDF = chlorodibenzofuran, O = octa, Hp = hepta, Hx = hexa, Pe = penta, T = tetra)
(Yang et al., 2017a)

采用 ClO$_2$ 替代 Cl$_2$ 漂白后，PCDD/Fs 同类物特征有明显的变化，采集的固体和液体样品中，2,3,7,8-TCDF 的百分含量明显降低(均＜10%)，OCDD 是最主要的同类物，其次是 1,2,3,4,6,7,8-HpCDD。对比 ClO$_2$ 与 Cl$_2$ 漂白工艺下不同的 PCDD/Fs 排放特征表明：ClO$_2$ 漂白可明显减少 2,3,7,8-TCDF 的产生和排放，从而降低 ClO$_2$ 漂白工艺下产生的 PCDD/Fs 的毒性当量。综上，ClO$_2$ 作为 Cl$_2$ 漂白的替代技术，可有效减少制浆造纸过程中 PCDD/Fs 的产生和排放(Yang et al., 2017a)。

4.1.7 不同源 PCDD/Fs 排放特征的比较

一些研究对我国不同工业源飞灰样品中 PCDD/Fs 的同类物特征进行了系统比较，飞灰样品来源基本信息如表 4-6 所示，工业源涵盖了城市生活垃圾焚烧、危险废弃物焚烧、焚烧回收金属导线、转炉炼钢、铁矿石烧结、铸铁、炼焦、再生有色金属冶炼、原生铜冶炼、原生镁冶炼和热浸镀锌钢等。

表 4-6 飞灰样品的来源信息(Liu et al., 2015b)

源类别	简写	APCD	样品数量
城市生活垃圾焚烧	MSWI	布袋除尘器	14
危险废弃物焚烧	HWI	布袋除尘器	11
焚烧回收金属导线	TWR	布袋除尘器	3
转炉炼钢	CVF	布袋除尘器	4
铁矿石烧结	IOS	静电除尘器或旋风除尘器	4
铸铁	IC	布袋除尘器	14
炼焦	CP	布袋除尘器	16
再生铜冶炼	SCu	布袋除尘器	14
再生铝冶炼	SAl	布袋除尘器	13
再生锌冶炼	SZn	布袋除尘器	2
再生铅冶炼	SPb	布袋除尘器	2
原生铜冶炼	PCu	布袋除尘器	2
原生镁冶炼	PMg	布袋除尘器	5
热浸镀锌钢	HDG	—	9

图 4-22 是 14 类不同工业源 PCDD/Fs 的同系物分布特征，可以看出：对于再生铜冶炼来说，四氯代同系物(TeCDF 和 TeCDD)所占的百分比很低，而高氯代的 OCDF 和 OCDD 所占的百分比较高。再生锌和再生铅冶炼过程中 PCDD/Fs 同系物的趋势则与再生铜明显不同，四氯代同系物所占的百分比含量明显较高，而高氯代的 OCDF 和 OCDD 的百分含量则相对较低。对于再生铝来说，六氯代二苯并呋喃和六氯代二苯并二噁英分别为 PCDFs 和 PCDDs 的最主要同系物。

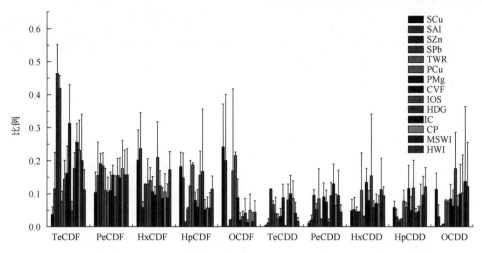

图 4-22　14 种不同工业源飞灰样品中 PCDD/Fs 的同系物分布特征(Liu et al., 2015b)

　　不同工业源 PCDFs 与 PCDDs 的氯化度具有一定的差异，图 4-23 是 14 类不同工业源飞灰样品中 PCDFs 和 PCDDs 的氯化度，再生铜冶炼的氯化度最高，PCDFs 约为 6.7，PCDDs 约为 7.2。再生锌冶炼的氯化度最低，PCDFs 约为 4.3，PCDDs 约为 4.8。

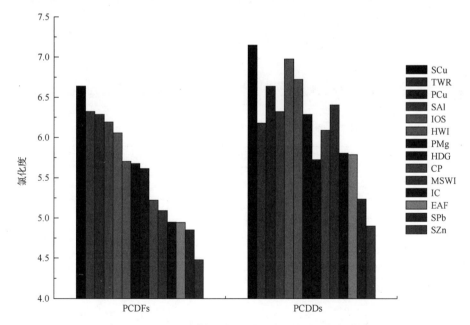

图 4-23　14 种不同工业源飞灰样品中 PCDFs 和 PCDDs 的氯化度(Liu et al., 2015b)

　　图 4-24 是 14 种不同工业源 PCDD/Fs 的同类物特征，再生铜冶炼 2,3,7,8-TCDF 的百分含量非常低(<2%)，而再生锌冶炼 2,3,7,8-TCDF 的百分含量约为 15%，再

生铝冶炼 2,3,7,8-TCDF 的百分含量约为 3%。不同有色金属冶炼过程中 PCDD/Fs
排放特征的明显不同也表明：不同有色金属对二噁英同类物生成的作用可能具有
明显的差异。对于焚烧过程，OCDD 是 17 种 2,3,7,8-PCDD/Fs 中最主要的二噁英
同类物。不同的排放特征可为识别环境介质中 PCDD/Fs 的特定来源提供依据，
表 4-7 是不同工业源 PCDD/Fs 同类物间的比值，可以看出：不同工业源之间同类
物间的比值相差非常大，而这些具有明显差异性的同类物比值可为环境介质中
PCDD/Fs 特定来源的识别提供重要参考判据。

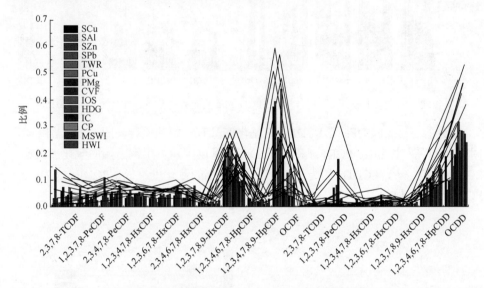

图 4-24　14 种不同工业源飞灰样品中 PCDD/Fs 的同类物特征(Liu et al., 2015b)

表 4-7　不同工业源飞灰样品中二噁英同类物的比值(Liu et al., 2015b)

		SCu	SAl	SZn	SPb	TWR	PCu	PMg	CVF	IOS	HDG	IC	CP	MSWI	HWI
OCDF/2,3,7, 8-TCDF	几何平均值	62	18	0.43	9	17	73	4	1	3	3	1	2	1	7
	中值	61	17	0.43	9	9	77	2	1	2	3	1	2	1	9
OCDF/1,2,3, 7,8-PeCDF	几何平均值	30	19	0.87	7	15	89	4	1	3	3	2	3	1	5
	中值	32	29	0.87	7	9	123	2	1	4	2	2	2	1	5
OCDD/2,3,7, 8-TCDD	几何平均值	479	42	5	44	202	295	23	23	310	15	15	65	41	105
	中值	354	20	5	45	354	303	27	18	432	12	14	67	24	106
OCDD/1,2,3, 7,8-PeCDD	几何平均值	84	13	3	11	29	86	17	6	51	3	2	14	10	25
	中值	74	7	3	11	21	86	24	3	72	2	2	15	6	22

续表

		SCu	SAl	SZn	SPb	TWR	PCu	PMg	CVF	IOS	HDG	IC	CP	MSWI	HWI
1,2,3,4,6,7,8-HpCDD/2,3,7,8-TCDD	几何平均值	129	20	5	21	82	80	13	9	104	5	4	20	27	64
	中值	107	22	5	21	110	88	13	7	221	6	3	16	28	69
1,2,3,4,6,7,8-HpCDD/1,2,3,7,8-PeCDD	几何平均值	23	6	3	5	12	23	9	2	17	1	1	4	6	15
	中值	22	5	3	5	11	24	13	1	20	1	0	3	6	16

4.2　PBDD/Fs 的排放特征

　　电子垃圾拆解及处置、废弃物焚烧、铁矿石烧结、电弧炉炼钢和再生金属冶炼等工业热过程是 PBDD/Fs 的排放源,然而当前对这些工业热过程中 PBDD/Fs 的排放特征尚缺乏系统研究。

4.2.1　废弃物焚烧过程

　　对我国珠江三角洲的两个垃圾焚烧厂(以 A 和 B 表示)烟道气样品进行了采集和 PBDD/Fs 分析(唐雨慧和任曼,2015)。A 厂位于工业发达区,焚烧的固体废物中除了生活垃圾之外,还有一部分的工业垃圾。A 厂有 4 台回转窑型垃圾焚烧炉,空气净化设施为喷雾吸收塔+活性炭吸附装置+布袋除尘器。B 厂位于商业发达区,焚烧的垃圾基本上都是生活垃圾。B 厂有 2 台马丁炉排型垃圾焚烧炉,空气净化设施为选择性非催化还原(selective non-catalytic reduction, SNCR)脱销工艺+半干法吸收工艺+反应塔+布袋除尘器。

　　A 厂焚烧炉两个烟道的排放烟气中 PBDD/Fs 同类物的相对浓度分布如图 4-25 所示,1 号烟囱的烟道气中对总浓度贡献最大的是 2,3,7,8-TBDF,占总浓度的 70%;PBDFs 的浓度占总浓度的 93%。2 号烟囱的烟道气中,对总浓度贡献最大的是 2,3,7,8-TBDF 和 1,2,3,7,8-PeBDF,分别占总浓度的 31%和 28%;PBDFs 的浓度占 2,3,7,8-PBDD/Fs 总浓度的 78%。B 厂两个焚烧炉烟气中 2,3,7,8-PBDD/Fs 的同类物分布特征比较相似。如图 4-25 所示,1 号和 2 号烟囱排放的烟道气中对总浓度贡献最大的是 1,2,3,7,8-PeBDF, 2,3,7,8-TBDF 和 2,3,4,7,8-PeBDF,占总浓度的比重分别为 1,2,3,7,8-PeBDF(36%,39%), 2,3,7,8-TBDF(35%,32%)和 2,3,4,7,8-PeBDF(29%,28%);PBDFs 的浓度占 2,3,7,8-PBDDF/s 总浓度为 99%。

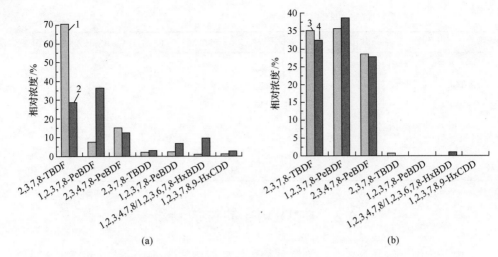

图 4-25　垃圾焚烧过程中 PBDD/Fs 同类物分布特征(唐雨慧和任曼，2015)

(a)A 厂；(b)B 厂。1—A1 号；2—A2 号；3—B1 号；4—B2 号

4.2.2　钢铁生产过程

钢铁生产的各工艺过程中，铁矿石烧结和电弧炉炼钢过程被认为是 PCDD/Fs 的重要排放源，但目前对于铁矿石烧结和电弧炉炼钢过程中产生的 PBDD/Fs 的研究还不够全面和深入，有关这些过程中 PBDD/Fs 的排放特征尚有待深入研究。

一些研究对我国多家钢铁企业的 UP-POPs 排放特征进行了调查(Li et al., 2014; Li et al., 2015a; Li et al., 2015b; Li et al., 2017)，表 4-8 为其中所调查的 6 家铁矿石烧结厂的基本信息。

表 4-8　铁矿石烧结厂基本信息(Li et al., 2017)

烧结厂	XH	HX	XJ	RC	TG	SG
烧结机规模/m²	36	90	200	200	360	500
污染控制设施	陶瓷多管除尘器	静电除尘器	静电除尘器	静电除尘器	静电除尘器	脱硫装置+静电除尘器
总烟气流量/(Nm³/h)	212 368	391 590	325 234	327 199	589 385	1 058 736
烧结矿产量/(t/a)	26 00	8 500	4 500	4 900	9 000	15 278

图 4-26 为铁矿石烧结过程中 PBDD/Fs 的同类物分布特征。对于 PBDD/Fs，6 家铁矿石烧结过程中 PBDD/Fs 的排放特征相似，均以高溴代同类物为主(如 1,2,3,4,6,7,8-HpBDF、OBDF 和 1,2,3,4,6,7,8-HpBDD)，约占总浓度的 84%～93%。其中，PBDFs 的浓度是 PBDDs 的 2.6～13.6 倍。相关研究也表明，在热相关工业过程中，1,2,3,4,6,7,8-HpBDF、OBDF 和 1,2,3,4,6,7,8-HpBDD 是主要的 PBDD/Fs

浓度贡献同类物。

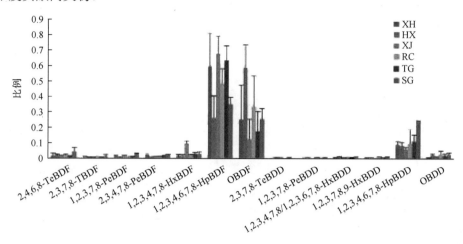

图 4-26 铁矿石烧结过程中 PBDD/Fs 的同类物分布特征(Li et al., 2017)

一些研究还调查了中国北方 5 个转炉炼钢生产线中 PBDD/Fs 的排放,并探究了其排放特征(Li et al., 2015b),转炉炼钢厂基本信息如表 4-9 所示。其中,转炉的规模大小不同,涉及目前国内钢铁企业所采用的主要转炉的类型和规模,转炉炼钢污染控制设施均为布袋除尘器。

表 4-9 转炉炼钢厂基本信息(Li et al., 2015b)

炼钢厂	SG	RC	TG	XJ	XH
炉型	TB	TB	TB	TB	T
规模	300	120	120	120	50
废钢比例/%	20	16	15	12	10
污控设施	布袋除尘器	布袋除尘器	布袋除尘器	布袋除尘器	布袋除尘器
烟气流量/(Nm³/h)	324 279	1 175 206	994 669	543 129	199 229
飞灰产量/(t/a)	2 580	3 192	1 440	732	516

注:TB 为顶底复吹转炉;T 为氧气顶吹转炉。

对于 PBDD/Fs,将 12 种 PBDD/Fs 同类物的浓度归一为 PBDD/Fs 总浓度的百分比。图 4-27 为转炉炼钢过程中 PBDD/Fs 的同类物分布特征,PBDD/Fs 在转炉炼钢烟道气中的主要同类物依次是 1,2,3,4,6,7,8-HpBDF、OBDF、1,2,3,4,6,7,8-HpBDD 和 OBDD。高溴代同类物,如 1,2,3,4,6,7,8-HpBDF、1,2,3,4,6,7,8-HpBDD、OBDF 和 OBDD 占 12 种 2,3,7,8-PBDD/Fs 总浓度的 74%~98%。

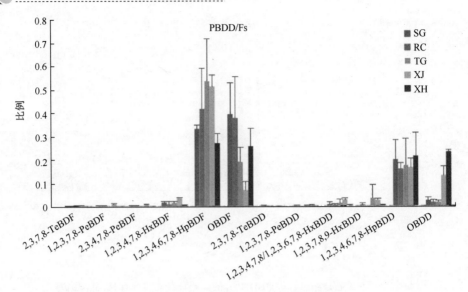

图 4-27 转炉炼钢过程烟道气中 PBDD/Fs 的同类物分布特征(Li et al., 2015b)

4.2.3 有色金属生产过程

当前对再生有色金属冶炼过程中 PBDD/Fs 生成和排放研究报道相对较少。Wang 等对我国 1 家典型再生铜冶炼厂不同工艺段(加料熔融段、氧化段和还原段)的烟道气样品进行了采集和 PBDD/Fs 分析,并研究其排放特征(Wang et al., 2015b),表 4-10 为再生铜冶炼过程中不同工艺段烟道气样品的相关信息。

表 4-10 再生铜冶炼过程中不同工艺段烟道气样品信息(Wang et al., 2015b)

冶炼工艺段	炉温/℃	运行时间/h	样品数量/个	采样体积/Nm³
加料熔融段	900~1300	8~12	5	8.5
氧化段	1350	2~4	2	4.0
还原段	1200	2	1	2.5

图 4-28 为再生铜冶炼过程中加料熔融段、氧化段和还原段 PBDD/Fs 的排放特征,整个冶炼过程中 3 个工艺段排放的烟气中,PBDFs 的排放浓度远高于 PBDDs 的排放浓度。并且,在加料熔融段和氧化段,高溴代呋喃和二噁英类是 2,3,7,8-PBDD/Fs 总浓度的主要贡献同类物。加料熔融段,OBDF 的含量最高,其次是 1,2,3,4,6,7,8-HpBDF、OBDD 和 1,2,3,4,6,7,8-HpBDD,这 4 种共占总 PBDD/Fs 的百分比含量为 89%。氧化段,PBDD/Fs 也主要以高溴代同类物为主。但是,在氧化段,四~六溴代同类物共占总 PBDD/Fs 的含量(22%)明显高于加料熔融段四~六溴代同类物占总 PBDD/Fs 的含量(11%)。从图 4-28 中可以看出还原段 PBDD/Fs 同类物分布特征与加料熔融段和氧化段明显不同。还原段,PBDDs 占总

PBDD/Fs 的含量为 12%，明显低于加料熔融段(31%)和氧化段(45%)中 PBDDs 占总 PBDD/Fs 的百分比含量。并且，相比于其他工艺段，还原段产生的 1,2,3,4,6,7,8-HpBDD 和 OBDD 的百分比含量有明显的降低，而 1,2,3,4,6,7,8-HpBDF 和 OBDF 的含量却有小幅度上升，表明还原段中 PBDD/Fs 的生成途径可能不同于加料熔融段和氧化段。

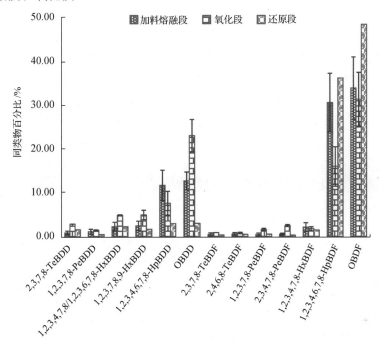

图 4-28　再生铜不同冶炼阶段烟道气样品中 PBDD/Fs 的同类物分布特征(Wang et al., 2015b)

另外一些研究还依据原材料、企业规模、工艺技术的不同选取了 4 家典型的再生铝冶炼厂作为研究对象(Wang et al., 2016a)，采集了冶炼过程中的烟道气样品，并对再生铝冶炼过程中不同原料以及不同工艺段对 PBDD/Fs 生成和排放的影响开展了研究。表 4-11 为所调查的再生铝冶炼厂的基本信息。

表 4-11　所调查再生铝冶炼厂的基本信息(Wang et al., 2016a)

冶炼厂	年产量/万 t	原料	燃料	APCS*
WT	1.0	回收废铝(100%)	重油	布袋除尘
ZF	2.5	回收废铝(50%)和铝材废角料(50%)	轻油	布袋除尘
SC	3.0	回收废铝(80%)和铜包铝(20%)	天然气	布袋除尘
XG	12.0	回收废铝(100%)	天然气	布袋除尘

*APCS，air pollution control system，大气污染控制系统。

再生铝冶炼过程中 PBDD/Fs 的排放特征见图 4-29，WT、SC、ZF 和 XG 冶炼厂烟道气样品中 PBDD/Fs 均以高溴代同类物为主。在 WT 冶炼厂，排放浓度最高的同类物为 1,2,3,4,6,7,8-HpBDF，其次为 OBDF。从 WT 冶炼厂 PBDD/Fs 同类物排放特征可以看出：除 1,2,3,4,6,7,8-HpBDF 和 OBDF 外，其他溴代同类物的排放浓度非常低，并且 PBDFs 的排放浓度远高于 PBDDs 的排放浓度。在 SC 冶炼厂，PBDDs 和 PBDFs 同类物的排放浓度随着溴原子取代数目的增加而升高，均是 OBDF 和 OBDD 浓度最高。ZF 冶炼厂与 SC 冶炼厂具有类似的规律，即烟道气样品中 PBDFs 的排放浓度高于 PBDDs 的排放浓度，其中 OBDF 为最高的排放浓度同类物，其次为 1,2,3,4,6,7,8-HpBDF、OBDD 和 1,2,3,4,6,7,8-HpBDD。XG 冶炼厂，烟道气样品中排放浓度最高的同类物是 1,2,3,4,6,7,8-HpBDF，其次是 OBDF、OBDD 和 1,2,3,4,6,7,8-HpBDD。相比于 SC、ZF 和 XG 三家冶炼厂，WT 冶炼厂烟道气样品中 PBDDs 占 PBDD/Fs 的百分含量（2%~4%）明显低于 SC（39%~45%）、ZF（25%~35%）和 XG（22%~27%）三家冶炼厂。总体上，四家再生铝冶炼厂（WT、SC、ZF 和 XG）烟道气样品中 PBDD/Fs 均以高溴代同类物为主，并且 PBDFs 的排放浓度均高于 PBDDs 的排放浓度。

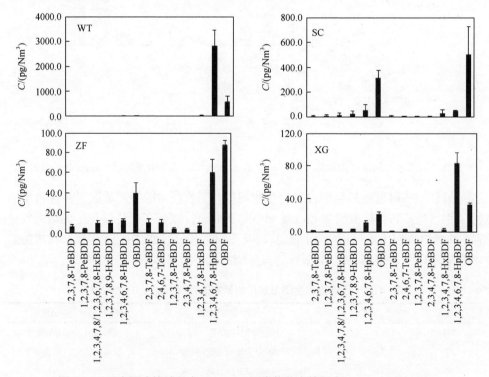

图 4-29　再生铝冶炼过程中 PBDD/Fs 同类物分布特征（Wang et al., 2016a）

对各再生铝冶炼厂 PBDD/Fs 同类物分布特征进一步分析表明：排放特征和浓度的差异可能是由于原材料组成的不同造成的（Wang et al., 2016a）。3 家再生铝冶炼厂高溴代同类物(七溴代和八溴代同类物)所占 PBDD/Fs 总排放浓度的百分比含量如图 4-30 所示。其中 ZF 冶炼厂原材料中回收废铝的含量为 50%，其烟道气样品中 OBDF、1,2,3,4,6,7,8-HpBDF 和 OBDD 排放浓度共占 PBDD/Fs 总排放浓度的 69.8%。在 SC 冶炼厂，其原材料中回收废铝的含量为 80%，所对应烟道气样品中 OBDF、1,2,3,4,6,7,8-HpBDFs 和 OBDD 所占百分比含量为 83.2%。然而，原材料为 100%回收废铝的 WT 冶炼厂，其烟道气样品中 OBDF、1,2,3,4,6,7,8-HpBDF 和 OBDD 所占百分比含量为 97.1%。以上结果表明：WT、SC 和 ZF 冶炼厂高溴代同类物(七溴代和八溴代同类物)所占 PBDD/Fs 总排放浓度的百分比含量与其原材料中回收废铝的含量一致，即原料中回收废铝含量高的冶炼厂其烟道气样品中高溴代 PBDD/Fs(OBDF+1,2,3,4,6,7,8-HpBDF+OBDD)占 PBDD/Fs 总排放浓度也较高。

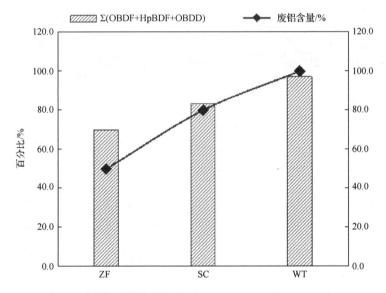

图 4-30　ZF、SC 和 WT 冶炼厂烟道气样品中 OBDF、HpBDF 和 OBDD 占 PBDD/Fs 总排放水平的百分比含量与原料回收废铝含量的关系(Wang et al., 2016a)

4.3　PCBs 的排放特征

4.3.1　废弃物焚烧过程

对我国 9 家典型废物焚烧厂，包括生活垃圾焚烧厂、航空垃圾焚烧厂、医疗废物焚烧厂、危险废物焚烧厂和处理危险废物的水泥窑 PCBs 的排放特征进行了研究，详细信息见表 4-12。

表 4-12　废金属拆解焚烧企业相关信息表(Nie et al., 2012b)

企业	P1	P2
运行模式	批次	批次
大气污染控制设备(APCD)	水冷	无
原料	废电机	废漆包线
批次运行时间/(h/batch)	5	3
生产率/(t/batch)	19	30
燃料	重油	重油
采样点废气平均温度/℃	60.3	506.8
一燃室温度/℃	205~658	220~560
二燃室温度/℃	680~1025	310~720
一燃室中烟气的氧含量/%	5	8
二燃室中烟气的氧气含量/%	12	10
废气的平均流量/(Nm³/h)	5954	4927
采样点废气的氧含量/%	16.8	14
采样点废气的二氧化碳含量/%	2.4	4
采样点烟气中的含水量/%	8.4	2.8
采样体积/Nm³	1.9~2.6	1.9~2.4
年产量/(t/a)	7000	4000

　　废物焚烧厂烟道气中 PCBs 同系物分布特征见图 4-31，可以看出：9 家焚烧厂最主要的同系物为四氯联苯(TeCB)，占 PCBs 总量的 42%~97%。而且 9 家焚烧厂 PCBs 同系物呈现出相似的分布特征，各同系物的百分比含量随氯取代数的增加而降低。

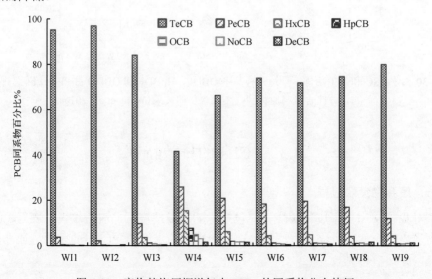

图 4-31　废物焚烧厂烟道气中 PCBs 的同系物分布特征

一些研究以两个通过焚烧工艺回收金属的典型废金属拆解企业(P1 和 P2)为研究对象(Nie et al., 2012b)，共采集了 5 个烟道气和 2 个混合的底灰，两厂的详细信息列于表 4-12 中。P1 以焚烧难拆解的废电机、废转子和锭子为主，采用高温裂解缺氧燃烧，燃烧时间约 5 h；P2 以焚烧漆包线和夹杂的少量电线、废电机为主，采用富氧燃烧，燃烧时间约为 3 h。

CB-118 被认为是工业热过程中 dl-PCBs 生成的主要同类物（Abad et al., 2006; Aries et al., 2006; Liu et al., 2009a; Wang et al., 2010c)。两厂废气和底灰中 dl-PCBs 的指纹分布见图 4-32。废气和底灰中 CB-118 是最主要的浓度贡献同类物，其次是 CB-77 和 CB-105，这三种同类物贡献了总 dl-PCBs 浓度的 45%以上。另外，在废气样品中，CB-81 和 CB-114 的浓度较高，都分别贡献了近 10%。对于 dl-PCBs 的毒性同类物，由于 CB-126 和 CB-169 较其他同类物的相对毒性当量因子高，废气和底灰样品中以这两种同类物为主要特征同类物。在底灰中，以 CB-126 为主要的特征同类物，贡献了总 dl-PCBs 毒性当量浓度的 85%以上。然而，在两厂的废气中却发现其呈现的规律是不一样的。在 P1-Gas 中，最主要的毒性同类物是 CB-169(80.1%)，其次是 CB-126(16.2%)；在 P2-Gas 中，CB-126 是最主要的毒性同类物(92.2%)，其次才是 CB-169(6.9%)。与 PCDD/Fs 在不同废气中的同类物分布特征不同，显示出不同的生成途径，相似的，dl-PCBs 在不同的废气中同类物分布特征不同，表明两厂废气中 dl-PCBs 可能具有不同的生成途径，这可能和两者的炉型、燃烧方式和原料的组成不同有关。

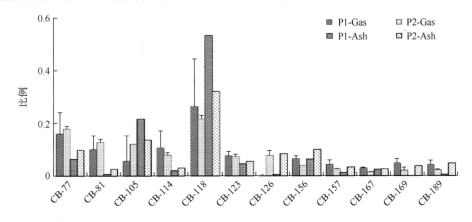

图 4-32 废金属焚烧拆解过程中 dl-PCBs 的浓度归一化分布(Nie et al., 2012b)

4.3.2 钢铁生产过程

Lv 等对我国 14 个不同规模和技术的铸铁厂 dl-PCBs 在烟道气和飞灰样品中的排放特征进行了研究，其中几个典型铸铁厂的烟道气与飞灰样品中的 dl-PCBs

的排放特征结果如图 4-33 所示(Lv et al., 2011a)。可以看出：CB-118、CB-77 和 CB-105 是铸铁过程中 PCBs 的主要同类物。其中 CB-118 的贡献最大,占总 dl-PCBs 浓度 30%以上,为最主要的浓度同类物,其次是 CB-105 和 CB-77,这三种同类物占 dl-PCBs 总浓度的 75%。

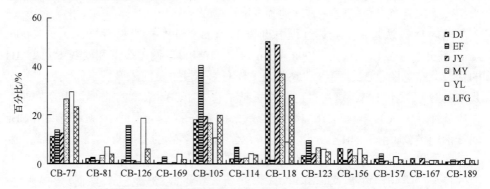

图 4-33　铸铁过程中 dl-PCBs 的同类物排放特征(Lv et al., 2011a)

一些研究选取了两类典型的钢铁生产工艺过程——铁矿石烧结和转炉炼钢作为研究对象(Li et al., 2014; Li et al., 2017),调查了铁矿石烧结和转炉炼钢过程中 dl-PCBs 的排放特征。图 4-34 和图 4-35 分别为铁矿石烧结和转炉炼钢过程中 dl-PCBs 的同类物分布特征。铁矿石烧结过程中,CB-118、CB-105 和 CB-77 是主

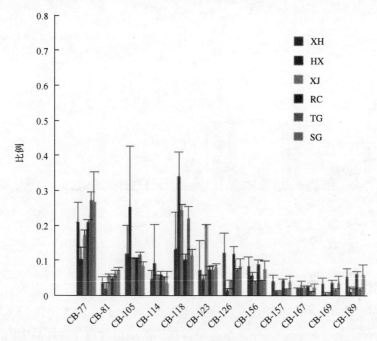

图 4-34　铁矿石烧结过程中 dl-PCBs 的同类物分布特征(Li et al., 2017)

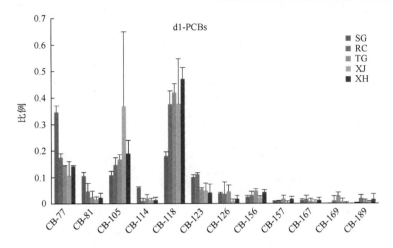

图 4-35　转炉炼钢过程中 dl-PCBs 的同类物分布特征(Li et al., 2014)

要的 dl-PCBs 同类物，贡献了总质量浓度的 42%～70%。CB-126 虽然占 dl-PCBs 总质量浓度的比例很小，但由于其具较高 TEF 值，因此贡献了 dl-PCBs 总 TEQ 浓度的 87%～93%。转炉炼钢过程烟道气中 CB-118 是对总浓度贡献最大的同类物，其次是 CB-77 和 CB-105。

4.3.3　有色金属生产过程

Ba 等研究选取了我国具有代表性的再生铜、铝、铅和锌生产企业作为研究对象，对再生有色金属冶炼过程中产生的 dl-PCBs 进行了研究，探讨了其在烟道气和飞灰中的指纹谱图(Ba et al., 2009b; Ba et al., 2009a)。再生有色金属冶炼过程产生 dl-PCBs 的毒性当量指纹谱图见图 4-36，可以看出，四种再生金属的烟道气和飞灰中,毒性贡献最高的同类物是 CB-126 和 CB-169。其中,烟道气中同类物 CB-126

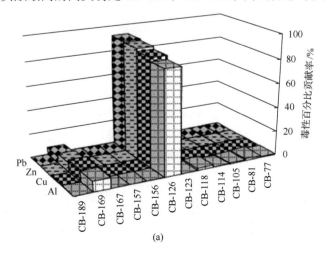

(a)

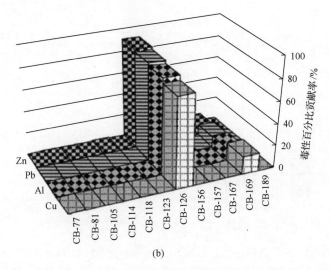

(b)

图 4-36　再生金属冶炼过程中烟道气和飞灰样品中 dl-PCBs 毒性当量分布(Ba et al., 2009b; Ba et al., 2009a)

(a)烟道气样品；(b)飞灰样品

的毒性百分比贡献率分别为 85.4%(铜)、88.6%(铝)、96.3%(铅)和 96.2%(锌)；同类物 CB-169 的毒性百分比贡献率分别为 8.96%(铜)、10.3%(铝)、2.4%(铅)和 3.1%(锌)。CB-126 和 CB-169 的贡献率之和约占烟道气总 TEQ 的 92%以上。

飞灰中同类物 CB-126 的毒性百分比贡献率分别为 82.7%(铜)、86.9%(铝)、96.7%(铅)和 96.1%(锌)；同类物 CB-169 的毒性百分比贡献率分别为 11.4%(铜)、16.7%(铝)、2.5%(铅)和 3.5%(锌)。CB-126 和 CB-169 的贡献率之和约占飞灰总 TEQ 的 98%以上。四种再生金属冶炼过程中烟道气和飞灰样品中 dl-PCBs 的 TEQ 贡献谱图都非常类似，并且这种分布特征也与其他一些热过程，如生活垃圾焚烧、铁矿石烧结的结果非常类似。

其他对再生铜、再生铝和再生铅冶炼企业烟道气中 PCBs 的排放特征(质量浓度折算)的研究结果如图 4-37~图 4-39(Hu et al., 2013c)。再生铜冶炼过程中，低氯代 PCBs 为主要的同系物，而且其百分比含量随氯原子取代数目的增加而降低。同时，TD 冶炼厂高氯代 PCBs 同系物的百分比含量在四个冶炼厂中最高，其次为 YF 冶炼厂，再次为 WF 冶炼厂。应该注意的是，HP 冶炼厂未配备任何污染控制设施，所采集的烟道气未经过除尘等烟气净化设施，从而导致更易吸附于颗粒物上的高氯代 PCBs 同系物在 HP 冶炼厂烟道气中的百分比含量更高。再生铝冶炼过程中，各再生铝冶炼厂烟道气中 PCBs 同系物分布特征相似，主要以低氯代同系物为主，且其百分比含量随氯原子取代数的增加而降低。图 4-39 显示了再生铅冶炼厂烟道气中 PCBs 同系物的分布特征：以低氯代同系物为主，且其百分比含量随氯原子取代数的增加而降低。

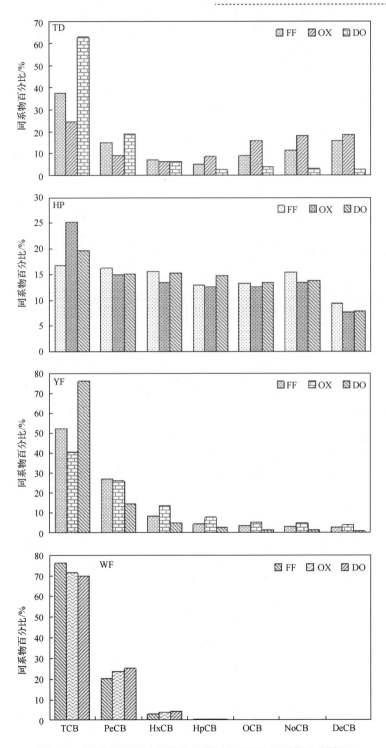

图 4-37 再生铜不同冶炼阶段烟道气中 PCBs 同系物分布特征

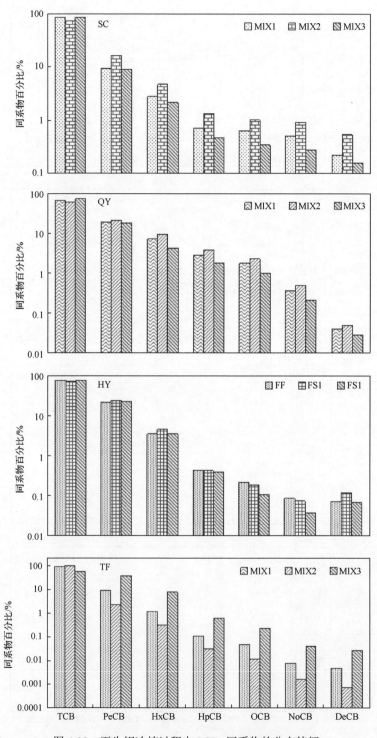

图 4-38 再生铝冶炼过程中 PCBs 同系物的分布特征

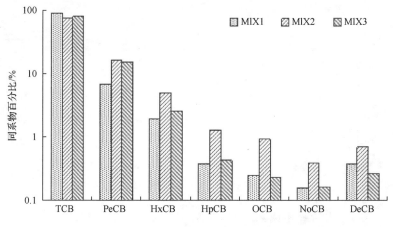

图 4-39　再生铅冶炼厂烟道气中 PCBs 同系物的分布特征

　　对我国 13 种工业热相关过程中 PCBs 的排放特征（包括指示性同类物、同系物和类二噁英同类物）的系统研究和比较如图 4-40 所示（Liu et al., 2013b），这些系统的排放特征比较可为识别环境介质中 PCBs 的特定来源提供指纹谱图。CB-28 是指示性同类物中百分含量最高的，对大部分工业源来说，CB-28 占指示性同类物的 55%～95%；对再生铜和再生锌冶炼过程中，CB-28 占指示性同类物的百分含量低于 35%，但排放的其他指示性同类物的百分含量高于其他工业源。对大部分工业源，三氯代同系物是主要的，其次是四氯代和五氯代同系物：三氯代同系物约占总浓度的 50%～65%（医废焚烧、再生铜和再生锌冶炼除外），四氯代和五氯

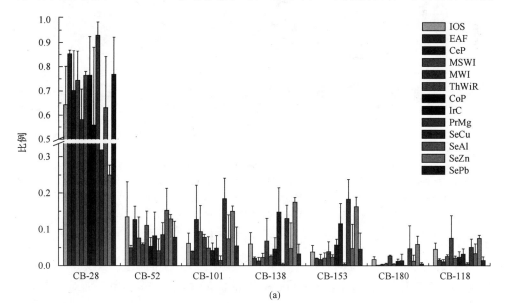

(a)

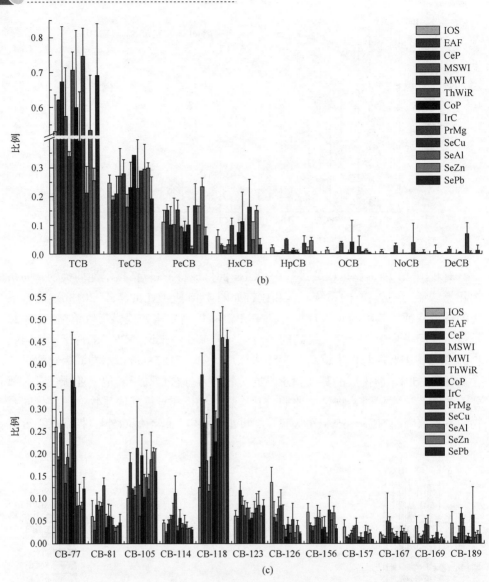

图 4-40　热相关工业过程中 PCBs 的排放特征(Liu et al., 2013b)

(a)指示性 PCBs；(b) PCBs 同系物；(c) dl-PCBs 的排放特征(IOS：铁矿石烧结；EAF：电弧炉炼钢；CeP：水泥窑；MSWI:家庭垃圾焚烧；MWI：医疗垃圾焚烧；ThWihR：导线焚烧回收；CoP：炼焦；IrC：铸铁；PrMg：原生镁冶炼；SeCu：再生铜冶炼；SeAl：再生铝冶炼；SeZn：再生锌冶炼；SePb：再生铅)

代同系物的百分含量分别约为 20%和 10%。CB-118、CB-77 和 CB-105 是主要的 dl-PCBs 同类物，该研究同时还计算了 CB-118 与 CB-77 的比值，结果表明：对再生铜、铝、锌和铅冶炼，CB-118 与 CB-77 的比值在 3.7～5.4 之间，而对于电弧炉炼钢和炼焦，CB-118 与 CB-77 的比值分别约为 2.0 和 2.6。铁矿石烧结过程中，

CB-118 与 CB-77 的比值为 0.48，而对于铸铁、生活垃圾焚烧炉、镁冶炼、医废焚烧、焚烧回收金属导线和水泥窑来说，CB-118 与 CB-77 的比值在 0.62～1.09 之间。这些特征对识别环境介质中 PCBs 的污染来源提供了参考判据。

4.3.4　炼焦过程

我国最早开展了对炼焦过程 PCBs 排放特征的现场研究(Liu et al., 2009a)，发现 CB-118 贡献了 dl-PCBs 总浓度的 40%以上，为最主要的浓度同类物，其次是 CB-105 和 CB-77，这三个同类物总共占 12 种 dl-PCBs 总浓度的 80%。尽管 CB-126 占总浓度的不到 5%，但是由于其相对较高的毒性当量因子（相比其他 dl-PCBs），贡献了 dl-PCBs 总毒性当量的约 80%，为最主要的 dl-PCBs 毒性同类物。Aries 等报道了以焦炭为燃料的铁矿石烧结过程中 dl-PCBs 的排放特征，其排放特征是非常类似于炼焦过程中 dl-PCBs 的排放特征的(Aries et al., 2006)。

4.3.5　水泥窑

图 4-41 是以电石渣为原料的生产水泥熟料过程中 dl-PCBs 和指示性 PCBs 同

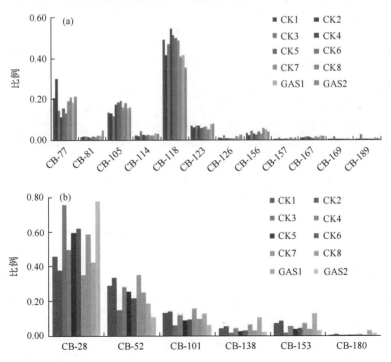

图 4-41　水泥窑使用电石渣为主要原料生产水泥熟料过程中样品中 dl-PCBs 和指示性 PCBs 同类物的排放特征

注：CK1～CK8 为颗粒物样品；GAS1，GAS2 为烟气样品(Zhao et al., 2017b)

类物的排放特征图（Zhao et al., 2017b），可以看出：质量浓度较高的 dl-PCB 同类物主要有 2,3′,4,4′,5-pentaCB（CB-118），3,3′,4,4′-tetraCB（CB-77）和 2,3,3′,4,4′-pentaCB（CB-105）。而 PCBs 的总毒性当量有超过 80% 的是由 3,3′,4,4′,5-pentaCB（CB-126）贡献的，其原因主要是多氯联苯中 CB-126 的毒性当量因子最大。六种指示性 PCBs 的浓度之和占到了颗粒物样品中 PCBs 总浓度的 13%～23%。在颗粒物和烟气样品中，CB-28、PCB-52 和 PCB-101 都是含量较高的同类物。

图 4-42 是 PCBs 同系物的分布特征，可以看出：二氯到五氯联苯同系物对 PCBs 总含量的贡献较大。在颗粒物样品中，四氯代同系物（TeCB）的含量最高。窑尾烟囱烟气中一氯联苯（MoCB）是含量最高的同系物，其他同系物的含量随着氯原子数的增加而降低。

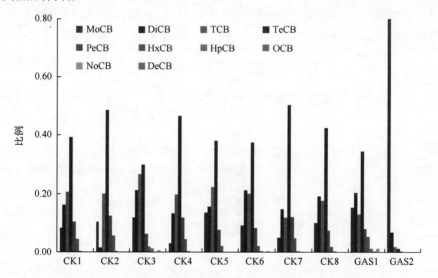

图 4-42　水泥窑以电石渣为主要原料生产水泥熟料样品中 PCBs 同系物的分布特征（Zhao et al., 2017b）

4.4　PCNs 的排放特征

4.4.1　垃圾焚烧过程

对我国 9 家不同类型和规模废弃物焚烧厂 PCNs 排放特征的研究结果如图 4-43 所示，所调查的焚烧厂包括生活垃圾焚烧厂、航空垃圾焚烧厂、医疗废弃物焚烧厂、危险废物焚烧厂和处理危险废物的水泥窑（Hu et al., 2013d）。

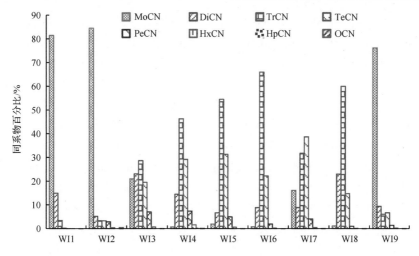

图 4-43　废物焚烧厂烟道气中 PCNs 的同系物分布特征(Hu et al., 2013d)

　　在 WI1、WI2 和 WI9 焚烧厂,一氯萘(MoCN)为最主要的同系物,分别占 PCNs 总量的 81.5 %、84.5 %和 76.2 %。在这三家焚烧厂中,PCNs 同系物的百分比含量随氯原子数的增加而升高。在其他焚烧厂,主要的同系物为二氯萘(DiCN)、三氯萘(TrCN)和四氯萘(TeCN)。总体上,9 家废物焚烧厂烟道气中的 PCNs 以低氯萘同系物(MoCN～TeCN)为主。PCNs 的氯化度范围为 1.22～3.34(表 4-13),与炼焦烟道气中 PCNs 的氯化度相当(Liu et al., 2010)。WI1、WI2 和 WI9 焚烧厂排放的 PCNs 的氯化度(1.22～1.49)较其他焚烧厂低(2.71～3.34)。另一方面,WI1、WI2 和 WI9 焚烧厂烟道气中 dl-PCNs(有 TEF 报道的同类物)的贡献率较大。在这三家焚烧厂中,dl-PCNs/PCNs 比率范围为 0.81～0.88,明显大于其他焚烧厂(0.09～0.31)。这可能是由于焚烧炉类型和所焚烧废物种类的不同导致了 PCNs 氯化度和 dl-PCNs/PCNs 比率的差异。相关研究发现流化床和炉排式生活垃圾焚烧炉 PCNs 的排放特征存在较大差异(Iino et al., 2001; Weber et al., 2001b)。

表 4-13　废物焚烧厂烟道气样品中 PCNs 的浓度、氯化度和 dl-PCNs/PCNs 比率(Hu et al., 2013d)

废物焚烧厂	总 PCNs/(ng/Nm³)	dl-PCNs/(ng/Nm³)	dl-PCN TEQs/(pg TEQ/Nm³)	dl-PCNs/PCNs 比率	氯化度 [a]
WI1	13 000	11 300	198	0.87	1.22
WI2	239	211	6.43	0.88	1.38
WI3	874	275	18.6	0.31	2.71
WI4	786	90.3	32.9	0.11	3.34
WI5	185	16.7	3.09	0.09	3.33
WI6	330	29.1	2.16	0.09	3.17
WI7	97.6	23.4	1.74	0.24	3.08
WI8	379	47.3	1.76	0.12	2.92
WI9	282	228	5.71	0.81	1.49

a.计算方法为 Σ[(PCNs 同系物浓度/PCNs 总浓度)×氯原子数]。

　　不同排放源产生的 PCNs 的排放特征已经被用来识别环境中 PCNs 的来源(Schneider et al., 1998; Helm and Bidleman, 2003; Pan et al., 2011)。目前，环境中PCNs 的主要源有：PCNs 工业品(比如 Halowax 系列)、工业热过程的排放和PCBs等化工品中的杂质(Abad et al., 1999; Yamashita et al., 2000; Ba et al., 2010; Liu et al.,2010)。一些 PCNs 同类物虽几乎不存在于 PCNs 产品和PCBs 工业品中，但却在工业热源的烟道气和飞灰中被大量检测到(Schneider et al., 1998; Helm and Bidleman,2003; Helm et al., 2004)。这些同类物被称为工业热相关 PCNs 同类物，已被用于分析大气中 PCNs 的来源(Helm and Bidleman, 2003; Helm et al., 2004)。此外，特定PCNs 同类物也可以用来进行源解析，如：生活垃圾焚烧厂飞灰中 CN1 与 CN2 含量的比值和 CN5/7 与 CN6/12 含量的比值与其在 PCNs 工业品(Halowax mixtures1000、Halowax mixtures 1001、Halowax mixtures 1099 和 Halowax mixtures 1014)中的比值存在明显的差异。同样，不同源 CN73 与 CN74 的比值也不一样，工业品 PCNs中其比值一般小于 1，而在工业热过程排放的烟道气和产生的飞灰中其比值往往大于 1(Abad et al., 1999; Noma et al., 2004; Takasuga et al., 2004; Liu et al., 2012a)。焚烧过程中 PCNs 特征同类物 CN1 与 CN2、CN5/7 与 CN6/12、CN45/36 与 CN42、CN54与 CN53/55、CN66/67 与 CN71/722 和 CN73 与 CN74 的比值如图 4-44 所示。这些同类物在 PCNs 和PCBs 工业品中的比值也被计算和统计，见图 4-45(Falandysz et al.,2000; Yamashita et al., 2000; Noma et al., 2004; Falandysz et al., 2006a, b)。由图可见：工业品 PCNs 和 PCBs 中的 PCNs 同类物的比值与其在废物焚烧烟道气中的比值间存在明显的差异，该结果可以为 PCNs 源的识别提供有价值的信息。

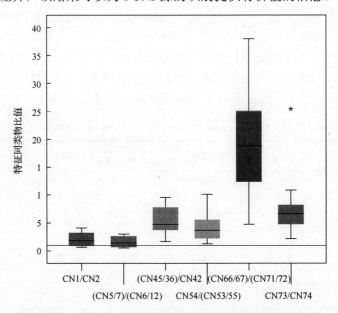

图 4-44　废弃物焚烧烟道气样品中 PCNs 特征同类物的比值

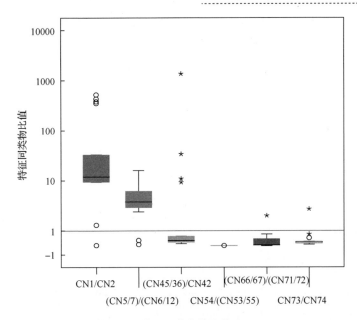

图 4-45　PCNs 和 PCBs 工业品中 PCNs 特征同类物的比值（Falandysz et al., 2000; Yamashita et al., 2000; Noma et al., 2004; Falandysz et al., 2006a, b）

4.4.2　钢铁生产过程

铁矿石烧结过程被认为是 PCNs 的重要排放源，一些研究对我国华北 6 个铁矿石烧结厂 PCNs 的排放特征进行了调查，所调查的烧结机规模不同，几乎覆盖了目前国内钢铁企业所采用的主要烧结机的类型和规模（Li et al., 2017）。不同烧结机的污染控制设施也不同，其中一家钢铁企业（以 XH 表示）烧结生产线采用的是比较落后的陶瓷多管除尘器，另外 4 家钢铁企业（以 HX、XJ、RC 和 TG 表示）采用的是静电除尘器；1 家烧结厂（以 SG 表示）在静电除尘器前设有脱硫装置。图 4-46 为铁矿石烧结过程中 PCNs 的同类物分布特征，可以看出，在铁矿石烧结烟道气中低氯代 PCNs 是主要的浓度贡献者，其中 CN1 和 CN2 占总 PCNs 浓度的百分比含量最高，是主要的 PCNs 同类物。

Li 等还研究调查了华北 5 家钢铁企业（以 SG、RC、TG、XJ、XH 表示）中的 5 个转炉炼钢厂，其中，转炉的规模不同，涉及了国内钢铁企业所采用的主要转炉的类型和规模，这 5 家冶炼厂的污染控制设施均为布袋除尘器（Li et al., 2014）。

这 5 家转炉炼钢过程烟道气中 PCNs 的指纹谱图如图 4-47 所示。对于 PCNs，低氯代的同类物，如 CN1、CN2 和 CN5/7 是 PCNs 在烟道气中主要的浓度贡献同类物。结合垃圾焚烧、铁矿石烧结过程中产生的 PCNs 的同类物分布特征可以看出，转炉炼钢过程中 dl-PCNs 的指纹谱图与其他一些热相关工业过程，如铁矿石烧结、再生铜冶炼和电弧炉炼钢等，比较相似。

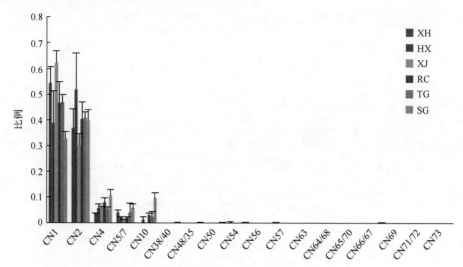

图 4-46　铁矿石烧结过程中 dl-PCNs 的同类物分布特征(Li et al., 2017)

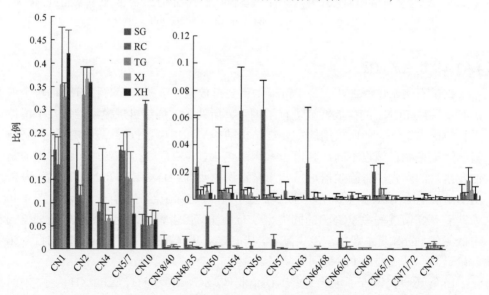

图 4-47　转炉炼钢过程烟道气中 PCNs 的同类物分布特征(Li et al., 2014)

对我国 14 个不同规模和技术的铸铁厂 PCNs 的排放特征研究结果如图 4-48 所示。铸铁厂的基本信息见表 4-14(Liu et al., 2014d)，其中，大部分铸铁厂配有污染控制设施，如布袋除尘和旋风除尘等。

表 4-14　铸铁厂的基本信息（Liu et al., 2014d）

编号	炉型	原料	铸铁产量/万 t	除尘方式
DJ	热气冲天	铁矿石	5	布袋
DX	热气冲天	烧结矿	20	布袋
EF	冷气冲天	废铁	0.7	布袋
ER	热气冲天	废铁	3	袋式
GF	热气冲天	铁矿石	5.95	重力布袋
JY	热气冲天	废铁	2.7	无
QZ	热气冲天	废铁	0.1	—
YL	冷气冲天	废铁	3	袋式
YR	热气冲天	废铁	6.2	袋式
ZW	冷气冲天	废铁	1.24	旋风+布袋

可以看出，不同铸铁厂的 PCNs 的排放特征略有差异，但均以低氯代的同系物为主，其中以 TiCN 为最主要同系物，其次是 MoCN 和 DiCN。但部分样品（EF，YL 和 ZW）中 TeCN 和 PeCN 含量在总 PCNs 浓度中的比例有所增加。

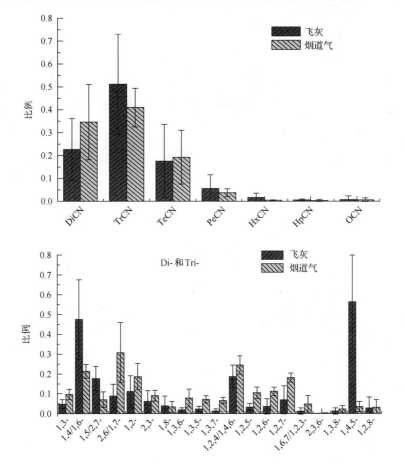

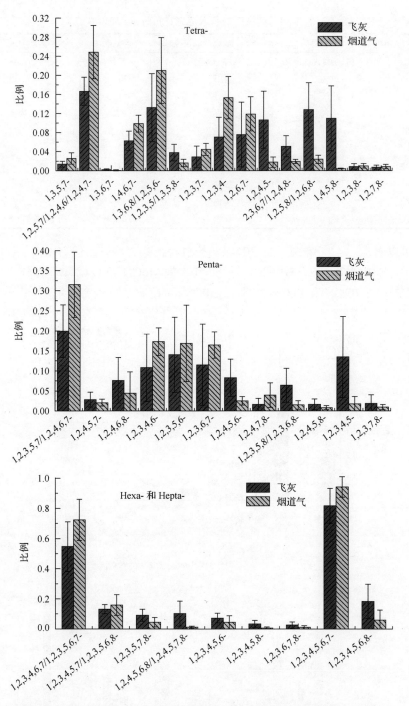

图 4-48　铸铁行业中 PCNs 的同系物和同类物分布特征(Liu et al., 2014b)

当前国际上热浸镀锌钢行业中基本上不再采用溶剂法，但该方法在我国仍有应用。热浸锌钢的基本工艺见图 4-49。为了解热浸镀锌钢行业中 PCNs 的排放特征，研究选取了我国 3 家具有代表性的采用溶剂法热浸镀锌钢企业，并分别采集了镀锌过程的飞灰和水冷池中的废渣样品(Liu et al., 2015c)。

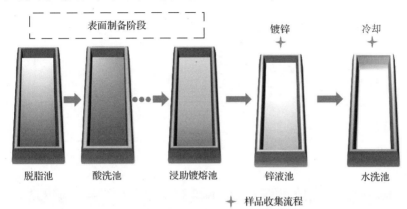

图 4-49　热浸镀锌钢的基本工艺示意图(Liu et al., 2015c)

图 4-50 为热浸镀锌钢行业中 PCNs 同系物的分布特征。对于热镀锌而言，样品中 PCNs 的同系物分布特征与铸铁行业中 PCNs 的同系物和同类物分布特征相类似，以低氯代的同系物为主，其中以 MoCNs 和 TiCN 为最主要的同系物。

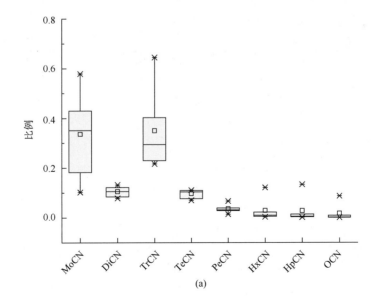

(a)

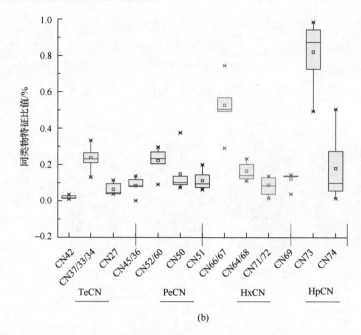

(b)

图 4-50　热镀锌行业 PCNs 的(a)同系物和(b)同类物分布特征(Liu et al., 2015c)

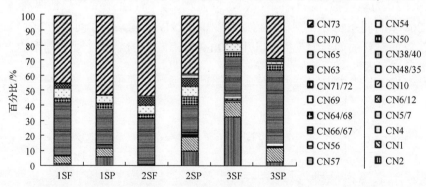

图 4-51　热镀锌不同企业样品中 PCN 同类物对总 PCN 毒性当量的贡献比例

　　图 4-51 为热镀锌厂样品中最主要的毒性同系物也是 CN66/67 和 CN73，部分样品中(以 3SF 最为突出)除 CN66/67 和 CN73 以外，CN1 和 CN2 也贡献了较大百分比的 PCNs 毒性当量，也是主要的 PCNs 毒性同系物。

　　另外一些研究对我国 9 家不同规模的铁矿石烧结厂 PCNs 排放特征进行了现场采样和实验室分析(Liu et al., 2012a)，研究发现烟道气中 PCNs 同系物分布主要以低氯代(一氯代、二氯代、三氯代)同系物为主，四~八氯代同系物的百分含量相对较低，不同烧结厂间同系物特征具有一定的差别(见图 4-52)。从特征同类物的比值来看(图 4-53)，CN73 的百分含量远高于 CN74，CN66/67 的含量明显高于CN71/72，属于典型的工业热过程 PCNs 的排放特征。图 4-54 显示了这 9 家铁矿石烧结企业排放的 PCNs 同类物相对于总 PCNs 毒性当量的贡献比例，如图所示，由于 CN66/67, CN73 和 CN63 的毒性当量因子要高于其他同类物，因此，这三种同类物的毒性当量贡献比例明显高于其他同类物，但由于 CN1 和 CN2 的浓度较高，其相应的毒性当量贡献也相对较高。

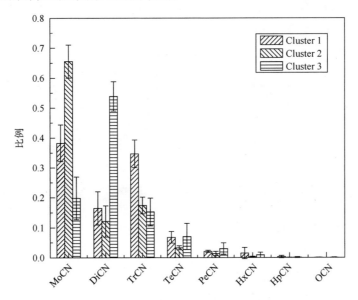

图 4-52　烧结过程中 PCNs 的同系物特征 (Liu et al., 2012a)

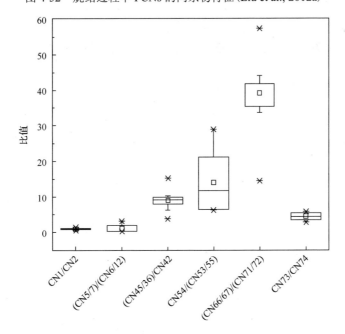

图 4-53　烧结过程几种特征同类物间的比值 (Liu et al., 2012a)

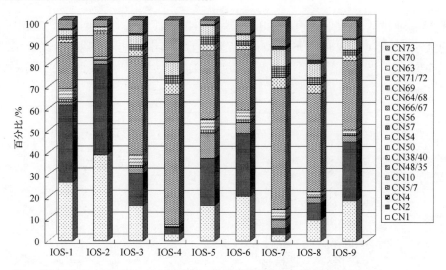

图 4-54　不同烧结厂 PCNs 同类物对总 PCNs 毒性当量的贡献比例 (Liu et al., 2012a)

4.4.3　有色金属生产过程

有色金属冶炼包括再生有色金属冶炼和以矿石为原料的有色金属冶炼。一般认为，以矿石为原料的有色金属冶炼过程 PCNs 的排放水平与再生金属冶炼过程相比是较低的。对我国 1 家典型再生铜冶炼企业开展现场调查发现：不同冶炼阶段 PCNs 排放特征具有较大差异。不同冶炼阶段烟道气中 PCNs 的同系物分布比例如图 4-55 所示。不同冶炼阶段同系物分布特征基本相似，均以低氯代(一氯至四氯代)同系物为主，占 84%~92%。不同冶炼阶段同系物分布特征差异也主要体现在低氯代同系物的差异上。可以看出，随着冶炼的进行，一氯萘、二氯萘、三氯萘和四氯萘都呈现先升高后降低的趋势。而不同冶炼阶段中四氯代以上的 PCNs 同系物的浓度水平没有明显波动，基本保持稳定。

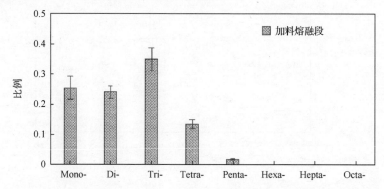

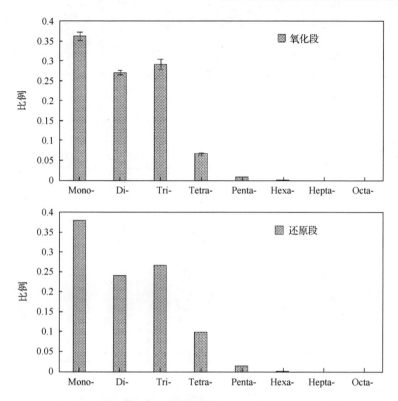

图 4-55　不同冶炼阶段烟道气中 PCNs 的同系物分布比例

　　该研究还对再生铜冶炼过程中不同排放介质中 PCNs 的排放特征做了进一步的分析。图 4-56 为所采集的烟道气、飞灰和沉积灰中的 PCNs 同系物浓度，可以看出，烟道气中 PCNs 的同系物分布以低氯代同系物为主，一氯萘、二氯萘、三氯萘是主要的浓度贡献者，三者贡献了总浓度的 84%～92%。其中一氯萘的占比最高，占总浓度的 32%～51%。而飞灰和沉积灰中 PCNs 的分布规律则与烟道气不同，沉积灰中三氯萘浓度最高，而飞灰中五氯萘的浓度最高。由以上结果可以得出，三种排放介质中，氯化度由小到大为：烟道气＜沉积灰＜飞灰。由于低氯

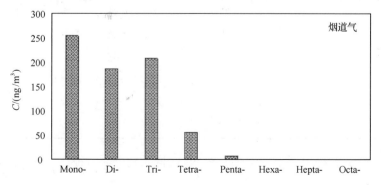

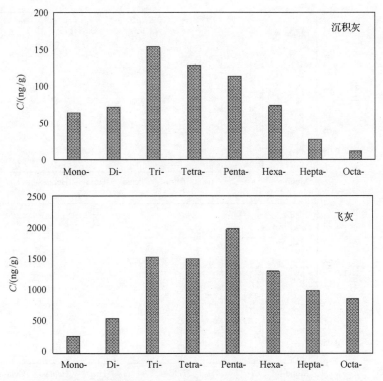

图 4-56 再生铜冶炼过程不同排放介质中 PCNs 的同系物排放特征

代同系物具有更低的沸点和更高的饱和蒸气压，因此更容易分配于气相介质中，这就解释了烟道气中以低氯代同系物为主的现象。

另有研究以我国 4 家典型再生铝冶炼企业为研究对象，对不同冶炼阶段的不同排放介质进行采样和 PCNs 分析，阐明了再生铝冶炼过程中 PCNs 的排放特征。这 4 家再生铝冶炼企业的具体信息如表 4-15 所示(Jiang et al., 2015b)。

表 4-15 再生铝冶炼企业基本信息(Jiang et al., 2015b)

冶炼厂	年产量/万吨	单炉产量/(吨/炉次)	原料	燃料	冶炼模式	同时生产炉数	采样工艺段
AL1	1.5	15	旧废铝	轻油	溶解炉-保持炉	1	加料、熔化、调质
AL2	2.8	12	新废铝(80%)+铜包铝(20%)	天然气	单炉	4	混合
AL3	0.9	15	铝材废角料	煤气	单炉	1	加料、熔化、出铝
AL4	11.7	50	回收废铝	天然气	溶解炉-保持炉	7	混合

图 4-57 为几种主要排放介质中 PCNs 的同系物分布特征，可以看出不同排放

介质中 PCNs 的同系物分布特征明显不同。在 AL1 和 AL2 两厂中，烟道气中的同系物分布以低氯代同系物为主，Mono-CN 浓度最高，基本呈现同系物浓度随氯取代数的升高明显降低的趋势。初级熔渣中的同系物分布特征与相应的烟道气类似，以 Mono-CN 和 Di-CN 为主，但其比例有所下降。次级熔渣中 Mono-CN 和 Di-CN 的比例进一步下降，比例最高的同类物变为 Tri-CN 和 Tetra-CN。飞灰的同系物分布特征则是不同的冶炼厂呈现一定的差异。AL1 厂的飞灰中，主要的同系物以高

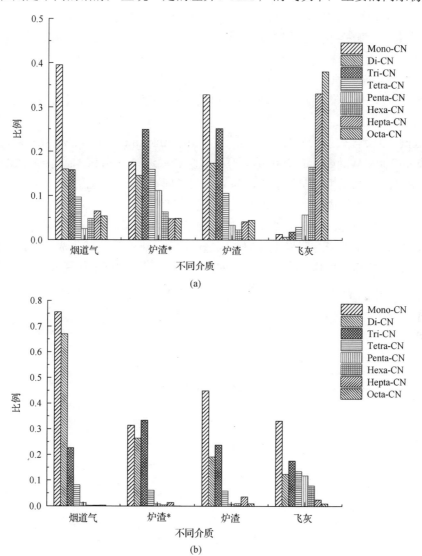

图 4-57　几种主要排放介质(炉渣*：二次精炼之前收集；炉渣：二次精炼之后收集)中 PCNs 的同系物分布特征(Jiang et al., 2015b)

(a) AL1；(b) AL2

氯代同系物为主，八氯代同系物浓度最高。而 AL2 厂的飞灰样品中 PCNs 的同系物分布规律与初级熔渣和次级熔渣十分相似，以低氯代同系物为主。总体上来说，固相排放介质与气相排放介质相比，高氯代同系物的比例更高。这可能是由于高氯代同系物具有更高的沸点和更低的饱和蒸汽压，从而更易分配到固相介质中。

为了进一步了解再生铝冶炼过程中 PCNs 的生成特征，对不同冶炼阶段中 PCNs 的同系物分布特征进行了对比分析。从图 4-58 中可以看出，随着冶炼的不断进行，不同氯代数同系物的浓度发生了不同程度的波动。在 AL1 厂，低氯代同系物的浓度在加料-熔化阶段呈现降低趋势，而高氯代同系物则呈现明显的升高趋势，这说明由低氯代向高氯代同系物转化的氯化反应可能是再生铝冶炼过程中 PCNs 生成的重要机理。AL3 厂与 AL1 厂的趋势有所不同，随着加料-熔化-出铝过程的进行，低氯代同系物呈现先降低后升高的趋势，而高氯代同系物的浓度并没有明显的增加，这可能是其生成机理存在一定的差异所致。已有研究表明金属冶炼过程中会有大量的多环芳烃化合物生成 (Sinkkonen et al., 2004; Booth and Gribben, 2005; Wang et al., 2009b)，可为从头合成途径生成 PCNs 提供碳源，由于在出铝阶段大量无机氯源的引入，为多环芳烃向 PCNs 同类物的转化提供了有利条件。但由于由炉内到炉外的温度发生了较大变化，同时隔热剂滑石粉与熔体的接触有限，从而无法完成由低氯代向高氯代同系物的转化，这可能是造成在出铝阶段高氯代同系物未有明显生成的原因之一。为了进一步了解生成特征，对 PCNs 同系物之间的相关性也进行了研究，PCNs 的相邻同系物间的相关性良好，低氯代同系物间的氯化反应可能是再生铝冶炼过程中 PCNs 的重要生成机理。

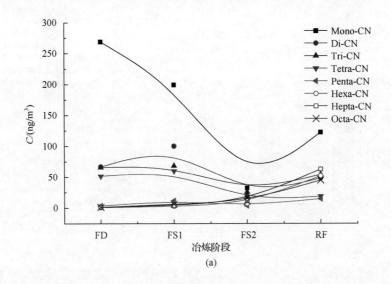

(a)

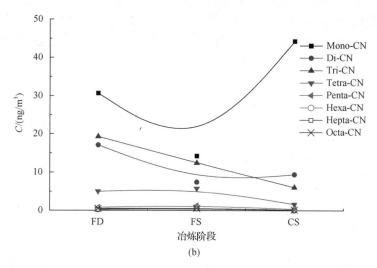

图 4-58　不同冶炼阶段(FD：进料；FS1,FS2,FS：熔炼；RF：精炼；CS：铸造)中 PCNs 的同系物的排放特征(Jiang et al., 2015b)

(a) AL1；　(b) AL3

4.4.4　炼焦过程

Liu 等对我国 11 个炼焦厂 PCNs 排放特征进行了系统研究(Liu et al., 2010)，依据 PCNs 的同类物特征，通过主成分分析(principal component analysis, PCA)对不同企业的排放特征进行了归类(见图 4-59)，发现低氯代萘是最主要的同类物。

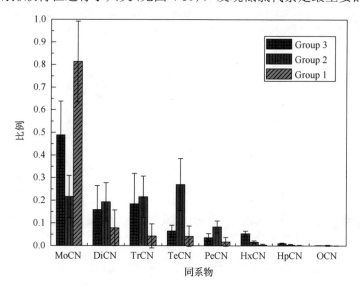

图 4-59　不同炼焦厂 PCNs 的同系物分布特征归类(Liu et al., 2010)

注：Group1 为装煤工艺段；Group2 为出焦工艺段；Group3 为装煤与出焦工艺段

对于 PCNs 的同类物分布，采用了两种不同的定义方式表述 PCNs 同类物的特征。图 4-60 中 PCNs 的同类物百分比计算是以同类物(congener)的浓度除以总 PCNs 的浓度而得到的(同类物特征-1)，而图 4-61 中 PCNs 的同类物百分比是以同类物浓度除以相应的 PCNs 同系物(homolog)浓度而得到的(同类物特征-2)，计算方法如下述方程所示(Liu et al., 2010)：

同类物特征-1：

$$百分比(1)=同类物浓度÷总 PCNs 浓度 \tag{4-1}$$

同类物特征-2：

$$百分比(2)=同类物浓度÷相应的 PCNs 同系物的浓度 \tag{4-2}$$

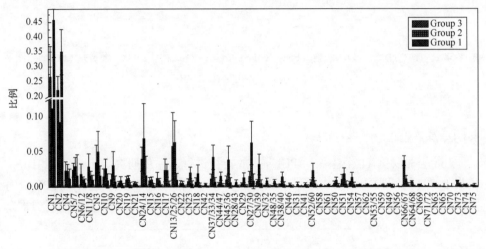

图 4-60　PCNs 同类物相对于 PCNs 总浓度的排放特征(同类物特征-1)

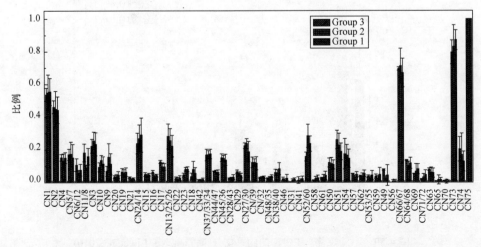

图 4-61　PCNs 同类物相对于 PCNs 同系物浓度的排放特征(同类物特征-2)

对于同类物特征-1，三个主类别的同类物特征还是有明显差异的，出焦和装煤的混合烟气样品中的同类物特征基本介于装煤样品和出焦样品之间。而对于同类物特征-2，三个主类别的特征非常相似，没有明显的差异，表明在 PCNs 同系物内，各同类物的生成比例是相对稳定的。同时也说明，三个主类别中 PCNs 分布特征的差异主要是由于 PCNs 的氯化程度不同而引起的，因此推测：氯化过程可能是炼焦过程中 PCNs 生成的重要途径。

不同排放源 PCNs 的指纹特征可为识别环境中 PCNs 的特定污染来源提供有用的信息。PCNs 化学品的工业生产（如：Halowax 系列）、热相关工艺过程和使用氯的工业化学品生产过程是环境中 PCNs 的主要来源。许多研究比较了热相关过程和 PCNs 工业化学品的同类物特征。几个同类物包括：CN45/36、CN54、CN66/67 和 CN73 在燃烧过程中的生成含量（相对于其他同类物）远高于 PCNs 工业化学品中这几类同类物的含量，因此，这几类同类物被认为是燃烧相关的 PCNs 特征同类物。对于 MoCN 和 DiCN 同系物，废弃物焚烧产生的飞灰样品和 PCNs 工业化学品（Halowax 系列样品）中 CN1 与 CN2 的比值以及 CN5/7 与 CN6/12 的比值是明显不同的。炼焦过程中这几类特征同类物的比值如图 4-62 所示，这对于识别环境中 PCNs 的污染来源，尤其是为判定是否存在焦化行业 PCNs 排放所导致的污染提供了重要参考信息。

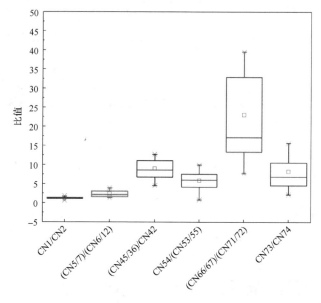

图 4-62 炼焦过程中几种特征 PCN 同类物的比值（Liu et al., 2010）

4.4.5 水泥窑

以电石渣为原料生产水泥熟料过程样品中 PCNs 的同类物特征如图 4-63 所示

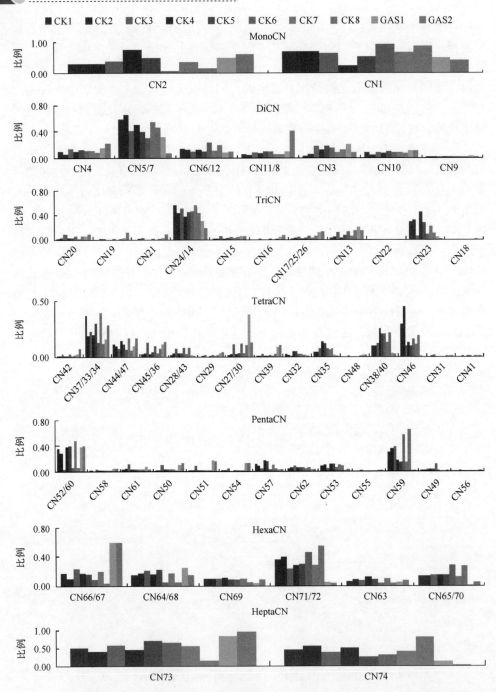

图 4-63　水泥窑以电石渣为主要原料生产水泥熟料过程中 PCNs 的同类物特征（各同系物类别中的百分比）（Zhao et al., 2017b）

(Zhao et al., 2017b)，根据同类物在同系物内所占的比例的差异分析了 PCNs 同类物的分布特征。在颗粒物样品(CK1~CK8)中 2-monoCN(CN2)和 1-monoCN(CN1)的平均比值为 0.77，而在烟气样品(GAS1 和 GAS2)中相同的比值范围是 0.98~1.53。在颗粒物样品中 1,2,3,4,5,6,7-heptaCN(CN73)和 1,2,3,4,5,6,8-heptaCN(CN74)的平均比值为 1.33，而在烟气样品中的范围是 5.32~24.55。可以推测对于烟气中一氯萘和七氯萘，氯原子在萘分子 2,3,6 和 7 取代位(α位)碳原子上发生取代得到的构型更加占优。其他同系物的主要同类物分别是：二氯萘主要是 1,4/1,6-diCN(CN5/7)；三氯萘主要是 1,4,6/1,2,4-triCN(CN24/14) 和 1,4,5-triCN(CN23)；四氯萘主要是 1,2,5,7/1,2,4,6/1,2,4,7-tetraCN(CN37/33/34)，1,2,5,8/1,2,6,8-tetraCN(CN38/40)，1,4,5,8-tetraCN(CN46) 和 1,3,6,7/1,4,6,7-tetraCN (CN44/47)；五氯萘主要是 1,2,3,5,7/1,2,4,6,7-pentaCN(CN52/60) 和 1,2,4,5,8-pentaCN(CN59)；六氯萘主要是 1,2,4,5,6,8/1,2,4,5,7,8-hexaCN(CN71/72)，1,2,3,4,5,8/1,2,3,6,7,8-hexaCN(CN65/70)和 1,2,3,4,6,7/1,2,3,5,6,7-hexaCN(CN66/67)。

在烟气中对 TEQ 贡献较大的 PCNs 同类物主要是 CN2、CN1、CN73 和 CN66/CN67(见图 4-64)。一氯萘(CN2 和 CN1)还没有包含在《斯德哥尔摩公约》附件中。一氯萘在烟气和颗粒物样品中的浓度都很高(图 4-63)。CN66/67 具有较高的相对毒性因子。在烟气样品中，CN66/67 在六氯萘中的比例为 60%，而在颗粒物样品中仅为 15%。同类物 CN2、CN1、CN73 和 CN66/CN67 贡献了 PCNs 毒性当量的绝大部分。

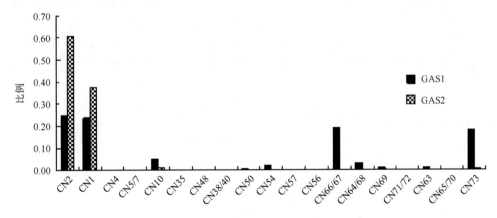

图 4-64　水泥窑以电石渣为主要原料生产熟料过程中烟气样品的 dl-PCNs 同类物对 PCN 毒性当量的贡献(Zhao et al., 2017b)

图 4-65 是 PCNs 的同系物特征，在颗粒物样品中一氯到四氯萘同系物对 PCNs 总含量的贡献较大；在所有的颗粒物和烟气样品中，$\sum Cl_{1~2}CNs$ 同系物占到了 PCNs 总含量的 48%~98%。从二氯萘(DiCN)到八氯萘(OCN)，同系物的含量逐渐降低。根据这一现象可以推测氯化反应可能是 PCNs 生成的重要途径，而输入

原料的热脱附也可能是 PCNs 的一个可能来源。

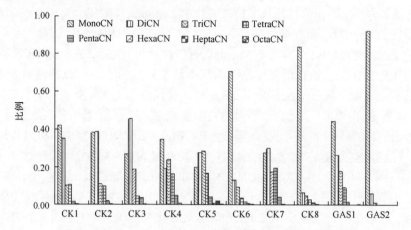

图 4-65 水泥窑以电石渣为主要原料生产水泥熟料样品中 PCNs 的同系物分布特征
（Zhao et al., 2017b）

4.4.6 PCNs 排放特征的统计分析

对 10 类热相关工业源的 122 个烟气样品进行排放特征的统计分析（Liu et al., 2015a），工业过程包括了生活垃圾焚烧、医疗废物焚烧、铁矿石烧结、炼焦、炼钢和原生、再生有色金属冶炼。表 4-16 是样品采集和来源分类的基本信息，烟气样品来自 60 多个厂，$\sum_{2\sim8}$PCNs 的浓度从 0.8 ng/m^3 到 14 492 ng/m^3。其中，17 个样品的浓度范围为 0.8～10 ng/m^3，43 个样品浓度范围在 10～100 ng/m^3，36 个样品浓度范围在 100～1000 ng/m^3，24 个样品浓度范围在 1000～10 000 ng/m^3，2 个样品浓度范围在 10 000～15 000 ng/m^3（图 4-66）。

表 4-16 烟气样品的基本信息（Liu et al., 2015a）

	来源	工厂数	烟气样品数
钢铁冶炼(Fe)	铁矿石烧结	9	9
	钢铁铸造	2	4
	电弧炉	2	2
	炼焦过程	11	12
有色金属冶炼(SM)	再生铜冶炼	12	33
	再生铝冶炼	4	15
	再生锌冶炼	1	3
	再生铅冶炼	1	3
	原生镁冶炼	2	6
	原生铜冶炼	2	5
	焚烧导线热处理	2	5
垃圾焚烧(WI)	垃圾焚烧	16	25

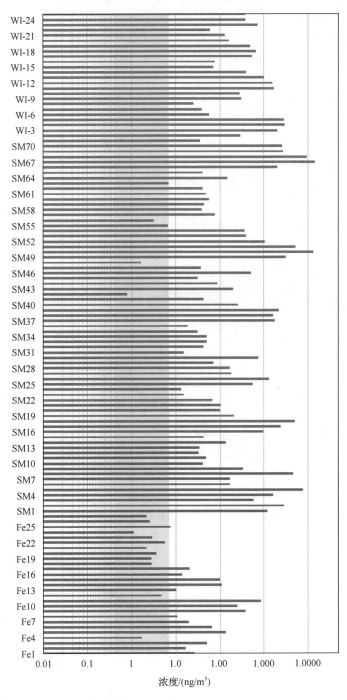

图 4-66　用于数据分析的烟气样品中 PCNs 浓度 (Liu et al., 2015a)

Fe=钢铁冶炼；SM=有色金属生产；WI=垃圾焚烧

1. PCN 同类物与同系物浓度相关关系研究

在四氯代同系物中，CN37/33/34、CN27/30 以及 CN45/36 是主要成分；在五氯代同系物中，CN52/60、CN50 和 CN51 占主导；而在六氯代同系物中，则主要是 CN66/67 和 CN64/68。烟气样品中，PCNs 同类物浓度与相应同系物浓度关系的散点图见图 4-67，而且这些同类物和它们对应的同系物（或者是 $\sum_{2\sim8}$PCNs）之间的线性关系、线性相关等式及系数见表 4-17。CN37/33/34、CN27/30 以及 CN45/36 与四氯代同系物有良好的线性相关关系，相关系数（R^2）分别为 0.87、0.97、0.96。CN52/60、CN50 和 CN51 与五氯代同系物的相关系数分别为 0.96、0.94、0.92。CN66/67、CN64/68 以及 CN71/72 与六氯代同系物的线性相关关系分别为 0.90、0.93 和 0.54。所有的相关系数都显示这些同类物与对应的同系物之间显著相关。而且，这几种同类物在样本中的含量都比较高，所以对它们的分析相对比较容易。因此，以上的几种同类物可以作为对应的同系物浓度的指示性同类物，同系物的浓度可以根据线性相关关系进行计算。

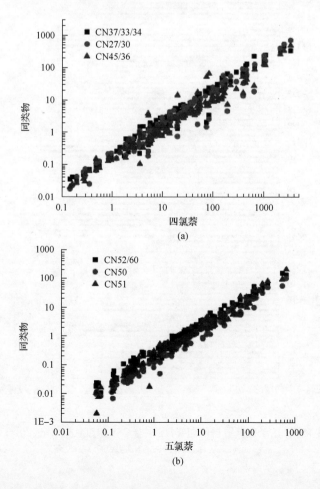

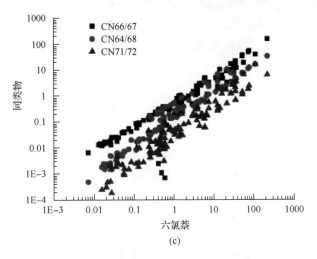

图 4-67　122 个烟气样品中同类物浓度与相应同系物浓度散点图 (Liu et al., 2015a)

表 4-17　总 PCNs $(\sum_{2\sim8}PCNs)$ 或者同系物浓度与 PCNs 同类物浓度的线性关系 $(n=122, p<0.05)$、等式 $(y=a\times x+b)$ (Liu et al., 2015a)

y	x	a	b	R^2
TetraCN	CN27/30	4.65	21.7	0.97
TetraCN	CN37/33/34	5.77	14.7	0.87
TetraCN	CN45/36	7.0	14.5	0.96
PentaCN	CN51	3.56	6.5	0.92
PentaCN	CN52/60	4.08	0.53	0.96
PentaCN	CN50	6.67	1.14	0.94
HexaCN	CN66/67	1.55	2.1	0.90
HexaCN	CN64/68	6.34	−0.65	0.93
HexaCN	CN71/72	11.3	3.85	0.54
∑PCNs	CN16	18.8	431	0.7
∑PCNs	CN37/33/34	26.7	155	0.73
∑PCNs	CN27/30	21	338	0.77
∑PCNs	CN45/36	31.8	301	0.78
∑PCNs	CN52/60	97.2	183	0.80
∑PCNs	CN50	155	216	0.75
∑PCNs	CN51	81.5	348	0.71
∑PCNs	CN66/67	104	407	0.58

注：y=同系物或者总 PCN 浓度；x=同类物浓度；n=样本容量；p=显著性水平；a=斜率；b=截距；R^2=线性相关系数；tetraCN=四氯萘；pentaCN=五氯萘；hexaCN=六氯萘。

2. PCNs 同类物与总 PCNs($\sum_{2\sim8}$PCNs)浓度相关关系研究

总 PCNs($\sum_{2\sim8}$PCNs)浓度对于计算 PCNs 排放因子和排放清单具有重要意义。因此,通过计算 PCNs 同类物与$\sum_{2\sim8}$PCNs 浓度的线性相关关系来确定$\sum_{2\sim8}$PCNs 的指示性同类物。122 个烟气样品中几种同类物与对应$\sum_{2\sim8}$PCNs 的散点图见图 4-68,对应的线性相关关系见表 4-17,CN16、CN27/30、CN37/33/34、CN45/36、CN51、CN50、CN52/60 以及 CN66/67 与$\sum_{2\sim8}$PCNs 相关性较好。氯化程度较高的 CN66/67 同类物与$\sum_{2\sim8}$PCNs 浓度的相关系数(R^2 =0.58,n=122,p<0.05)相对较低。其他同类物与$\sum_{2\sim8}$PCNs 浓度的相关系数则比较高(R^2>0.70,n=122,p<0.05)。由于有相应的 ^{13}C 标记物,CN27/30、CN52/60、CN66/67 可以被准确定性及定量。因此,建议 CN27/30、CN52/60、CN66/67 可作为$\sum_{2\sim8}$PCNs 浓度的指示性同类物。由于这几种同类物在样品中浓度较高,它们的检测相对比较容易,以上建立的这些同类物与$\sum_{2\sim8}$PCNs 的浓度关系可以用于预测工业热源的$\sum_{2\sim8}$PCNs 排放。

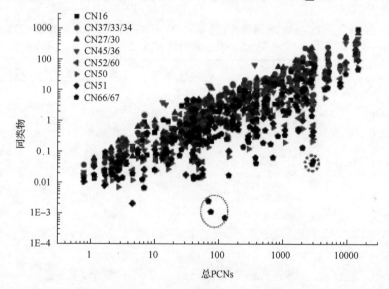

图 4-68 122 个烟气样品中 PCNs 同类物与总 PCNs 浓度散点图(Liu et al., 2015a)

图 4-69 所示为同类物浓度占相应的同系物浓度的比例。在二氯代同系物当中,CN3 的比例略高于 CN10。几种同类物对三氯代同系物的贡献相差不多。CN37/33/34、CN27/30 以及 CN45/36 是四氯代同系物中的主要同类物,约占四氯代同系物的 50%,CN42 对四氯代同系物的贡献相对比较低。五氯代同系物的贡献主要来自 CN52/60,这更加确定了 CN52/60 作为燃烧和其他相关热过程的指示性同类物的可能。CN50 和 CN51 对五氯代同系物浓度的贡献也很大。CN66/67 被作为燃烧源的 PCNs 排放的指示性同类物。在该研究中 CN66/67 是六氯代同系物的主要贡献源,这也更加确定了它是燃烧和其他相关热过程的良好指示性同类物。

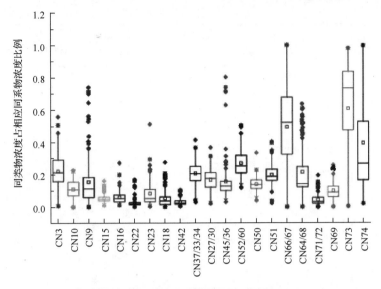

图 4-69　122 个烟气样品中 PCNs 同类物存在模式 (Liu et al., 2015a)

　　对工业热过程、多氯联苯和工业化学品中产生的 PCNs 同类物的主成分分析如图 4-70 所示，可以看出：工业热过程中无意产生的 PCNs 排放特征与多氯联苯中的 PCNs 杂质和工业化学品 PCNs 特征具有明显差别。对不同源类别 PCNs 特征同类物间的比值计算结果见图 4-71，这些具有明显差别的同类物特征比值可为识别环境介质中 PCNs 的来源类别提供重要信息 (Liu et al., 2014a)。

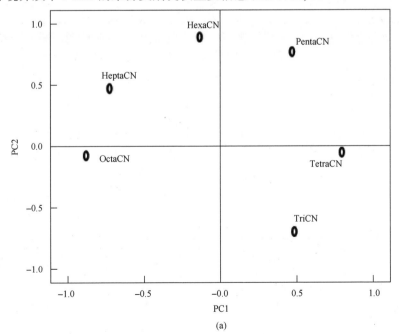

(a)

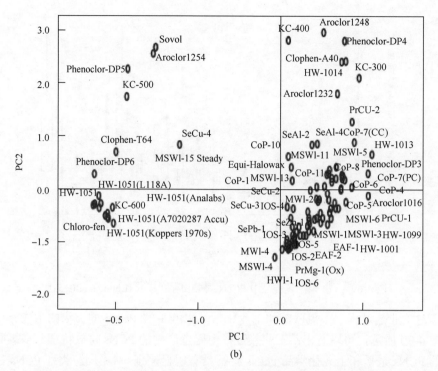

(b)

图 4-70　不同工业源样品 PCNs 排放特征的主成分分析(a)载荷图和(b)得分图(Liu et al., 2014a)

IOS: 铁矿石烧结；EAF: 电弧炉炼钢；CeP: 水泥窑；SeCu: 再生铜冶炼；SeAl: 再生铝冶炼；SeZn: 再生锌冶炼；SePb: 再生铅冶炼；PrCu: 原生铜冶炼；PrMg: 镁冶炼；CoP: 炼焦；ThWiR: 焚烧导线回收金属；MSWI: 城市生活垃圾焚烧炉；MWI: 医疗废物焚烧炉；HWI: 危险废物焚烧炉；Sovol, Aroclor, Phenoclor, KC(Kane chlor), Clophen 分别为苏联、美国、法国、日本、德国工业用 PCBs 的商标名称；Equi-Halowax 为所有类型的三氯萘的等效混合物；Chloro-fen 为氯芬

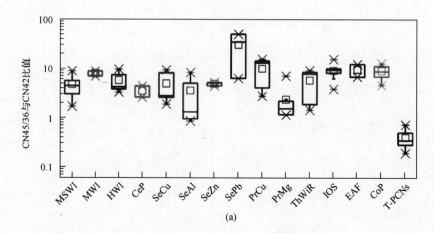

(a)

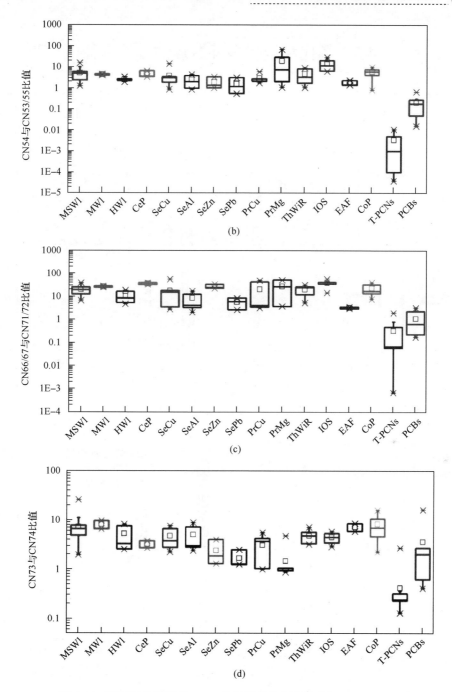

图 4-71 不同工业源样品 PCNs 特征同类物间的比值(Liu et al., 2014a)

IOS：铁矿石烧结；EAF：电弧炉炼钢；CeP：水泥窑；SeCu：再生铜冶炼；SeAl：再生铝冶炼；SeZn：再生锌冶炼；SePb：再生铅冶炼；PrCu：原生铜冶炼；PrMg：镁冶炼；CoP：炼焦；ThWiR：焚烧导线回收金属；MSWI：城市生活垃圾焚烧炉；MWI：医疗废物焚烧炉；HWIL：危险废物焚烧炉；T-PCNs：工业 PCNs 产品

4.5 氯代和溴代多环芳烃的排放特征

再生铜冶炼是 Cl-PAHs 和 Br-PAHs 的重要排放源,其同类物分布特征如图 4-72
所示,在烟气和飞灰中,9-ClPhe/2-ClPhe 是主要的 Cl-PAHs 同类物。其他同类物,

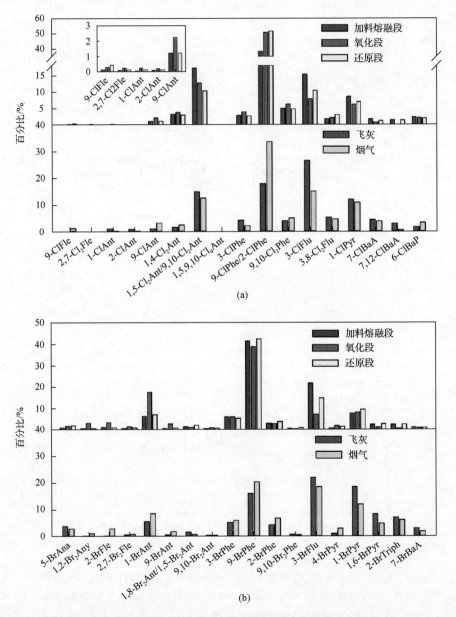

图 4-72 再生铜冶炼过程烟气和飞灰中 Cl-PAHs 和 Br-PAHs 同类物分布特征(Jin et al., 2017b)

比如 1,5-Cl$_2$Ant/9,10-Cl$_2$Ant、9,10-Cl$_2$Phe、3-ClFlu 和 1-ClPyr 等也都是主要的 Cl-PAHs 贡献同类物。分子量较高的 Cl-PAHs 同类物在固体样品中比例高于其在烟气中的比例。再生铜冶炼过程烟气中的 Cl-PAHs 同类物分布特征与垃圾焚烧厂中 Cl-PAHs 同类物分布特征明显不同,比如,在垃圾焚烧厂烟气中,1-ClPyr 的比例达到 50%左右(Ohura, 2007a),再生铜冶炼飞灰中的 Cl-PAHs 同类物分布特征也与垃圾焚烧厂中的不同,在垃圾焚烧厂的飞灰中,6-ClBaP 为 Cl-PAHs 的主要同类物(Jin et al., 2017b)。

已有研究报道,6-ClBaP/1-ClPyr、3-ClFlu/1-ClPyr、7-ClBaA/1-ClPyr、6-ClBaP/3-ClFlu、1-ClPyr/3-ClFlu 和 7-ClBaA/3-ClFlu 比值被用于 Cl-PAHs 的源识别判据(Ohura, 2007a; Horii et al., 2008; Ma et al., 2013),7-BrBaA/1-BrPyr 和 9-BrPhe/1-BrPyr 被用于 Br-PAHs 的源识别(Horii et al., 2008),同时也对 3-BrFlu/1-BrPyr、1-BrPyr/3-BrFlu、7-BrBaA/3-BrFlu 和 9-BrPhe/3-BrFlu 进行了计算,各比值范围见表 4-18。再生铜冶炼过程的飞灰或残渣样品中,1-ClPyr/3-ClFlu 的比值为 0.1~0.35,比垃圾焚烧厂飞灰中的平均值 1.53 低。对再生铜冶炼过程、垃圾焚烧以及电子垃圾拆解焚烧导线产生的 Cl-PAHs 的同类物比值进行了主成分分析,结果如图 4-73 所示。分析发现,三个热相关过程中这些同类物的比值存在显著差异。因此,再生铜冶炼过程 Cl-PAHs 的同类物特征与其他工业源相比较具有较明显的特异性,可用于污染源解析。

表 4-18　飞灰或熔渣和烟气中相关同类物的比值(Jin et al., 2017b)

	本研究		垃圾焚烧		电子废物	
	飞灰或炉渣	烟道气	飞灰	烟道气	粉碎电子垃圾	粉尘
6-ClBaP/1-ClPyr	0.04~0.59	0.09~0.77	2.45	0.39	0.91	2.61
3-ClFlu/1-ClPyr	0.74~10.2	0.22~17.6	0.65	0.08	0.03	0.22
7-ClBaA/1-ClPyr	0.18~0.77	0.06~0.84	0.63	0.05	0.71	1.35
6-ClBaP/3-ClFlu	0.007~0.66	0.02~0.68	3.74	4.69	25.9	11.6
1-ClPyr/3-ClFlu	0.10~1.35	0.06~4.50	1.53	11.8	28.6	4.46
7-ClBaA/3-ClFlu	0.07~0.39	0.03~0.52	0.96	0.62	20.4	6.04
7-BrBaA/1-BrPyr	0.08~0.57	0.06~0.68	0.24			
3-BrFlu/1-BrPyr	0.58~4.01	0.05~21.4				
9-BrPhe/1-BrPyr	0.41~3.93	1.67~38.9	2.22			
7-BrBaA/3-BrFlu	0.04~0.77	0.01~1.79				
1-BrPyr/3-BrFlu	0.25~1.73	0.05~18.6				
9-BrPhe/3-BrFlu	0.36~1.90	0.78~31.2				

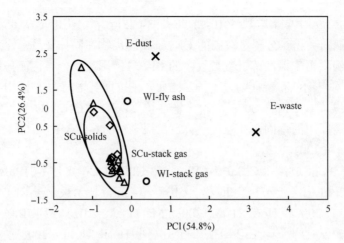

图 4-73　对再生铜冶炼过程、垃圾焚烧厂以及电子垃圾拆解过程 Cl-PAHs 特定同类物的主成分
分析 (Jin et al., 2017b)

E-dust：电子垃圾焚烧厂粉尘；E-waste：粉碎的电子垃圾；WI-fly ash：垃圾焚烧厂飞灰；WI-stack gas：垃
圾焚烧厂烟气；SCu-solids：再生铜冶炼飞灰与粉尘；SCu-stack gas：再生铜冶炼烟气

对烟气、飞灰和残渣样品以及空气中 Cl-PAHs 和 Br-PAHs 的主成分分析结果
见图 4-74。结果发现：空气样品更倾向于受到烟气排放的影响，这说明，降低烟
气中 Cl-PAHs 和 Br-PAHs 的排放以及逸散有助于削减环境空气中 Cl-PAHs 和
Br-PAHs 的暴露水平。另外，车间空气样品中的颗粒物浓度 (103～1025 μg/m^3) 显
著高于厂区空气中的颗粒物浓度 (60～348 μg/m^3)，这也说明了来自冶炼炉逸散的
颗粒物会对车间中的污染物浓度有所贡献。

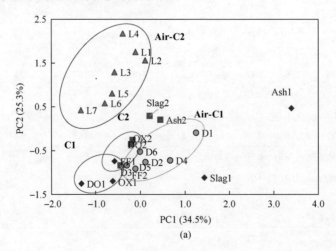

(a)

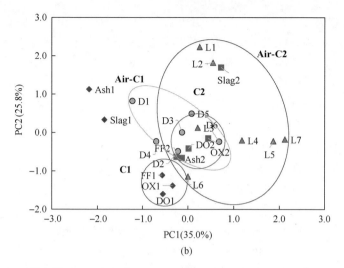

(b)

图 4-74　烟气、固体样品以及空气中 Cl-PAHs 和 Br-PAHs 的主成分分析(Jin et al., 2017b)

在再生铜冶炼厂车间空气中，Cl-PAHs 和 Br-PAHs 的 TEQ 浓度为 40.5～1193 fg TEQ/m³ 和 0.58～18.3 fg TEQ/m³。在厂区空气中，Cl-PAHs 和 Br-PAHs 的 TEQ 浓度为 63.7～192.4 fg TEQ/m³ 和 1.8～3.1 fg TEQ/m³。车间空气中，Cl-PAHs 的 TEQ 浓度略低于 PCDD/Fs，但是与 PCBs 和 PCNs 相似(Hu et al., 2013a)。对于 Cl-PAHs 和 Br-PAHs 呼吸暴露的计算基于其 TEQ 值[式(4-3)]。结果发现，工人对 Cl-PAHs 和 Br-PAHs 的呼吸暴露分别为 121 fg TEQ/(kg·d) 和 1.7 fg TEQ/(kg·d)，居民对 Cl-PAHs 和 Br-PAHs 的呼吸暴露分别为 81 fg TEQ/(kg·d) 和 0.87 fg TEQ/(kg·d)，该呼吸暴露值显著低于 WHO 建议的 Cl-PAHs 和 Br-PAHs 日呼吸暴露限值(van Leeuwen et al., 2000)。

$$ID = (C_{ia} I_r T f_r / BW) \tag{4-3}$$

式中，ID 为成年人的呼吸暴露量，fg TEQ/(kg·d)；C_{ia} 为 Cl-PAHs 和 Br-PAHs 在空气中的 TEQ 浓度，fg TEQ/m³；I_r 为成年人的呼吸速率(中度运动和轻度运动分别为 1.5 m³/h 和 1.3 m³/h)；T 为呼吸暴露时间(工人：中度运动 8 h/d，轻度运动 16 h/d；居民：轻度运动 24 h/d)；f_r 为呼吸吸附因子(0.75)；BW 为体重(成年人平均为 60 kg)。

4.6　氯溴混合取代二噁英的排放特征

同 PBDD/Fs 类似，氯溴混合取代二噁英(PBCDD/Fs)具有相似的生成机制(Weber and Kuch, 2003)。已有少量研究表明，一些 2,3,7,8 位取代的 PBCDD/Fs

和 PBDD/Fs 以及 2,3,7,8 取代的 PCDD/Fs 异构体生物毒性相当或更高。由于分析方法的局限，对 PBCDD/Fs 的排放源和环境水平的研究十分匮乏。一些研究对包括生活垃圾焚烧炉(MWI)、工业垃圾焚烧炉(IWI)、火化机等焚烧过程，铁矿石烧结机设施、电弧炉炼钢设施以及再生有色金属设施等冶金过程在内的工业热过程中 PBCDD/Fs(包括四~六卤代二噁英类($mBnCDD/DF$，$m+n$=4，5，6)以及一溴六氯代和一溴七氯代的呋喃类同系物(1B6C DF 和 1B7C DF)排放特征进行了调查和分析(Du et al., 2010a)。

图 4-75 给出了 PCDD/Fs(四~八氯代同系物)，PBDD/Fs(四~六溴代同系物)以及 PBCDD/Fs(四~六氯溴代同系物，以及 1B6C DF 和 1B7C DF)的同系物分布模式图。四~五氯溴代同系物分布非常相似：对于四氯溴代的同系物而言，一溴代和二溴代的同系物占主要地位。3C1B DF 占四氯溴代呋喃同系物总量的 45%~97%，2C2B DF 占 3%~54%；而 3C1B DD 占四氯溴代二噁英总量的 20%~92%，2C2B DD 占 8%~80%。对于五氯溴代同系物而言，4C1B DD/DF 和 2C3B DD/DF 占五氯溴代呋喃/二噁英总量的 97%~100%。对于铁矿石烧结设施(SNT)、电弧炉炼钢设施(EAF)、再生铝设施(SAl)和再生锌设施(SZn)中的六氯溴代呋喃和铁矿石烧结设施、电弧炉炼钢设施的六氯溴代二噁英而言，一~五氯取代的同系物组成比例相近。PBCDFs 的比例为 5%~34%，PBCDDs 的比例为 15%~33 %。对其他设施中的 PBCDD/Fs 而言，一溴代和二溴代的呋喃和二噁英类占主要比例，其中六氯溴代 PBCDFs 中一溴代和二溴代同系物占 69%~100%，六氯溴代二噁英 PBCDDs 中一溴代和二溴代同系物占 73%~100%。

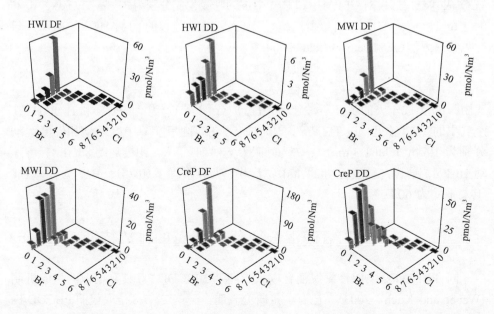

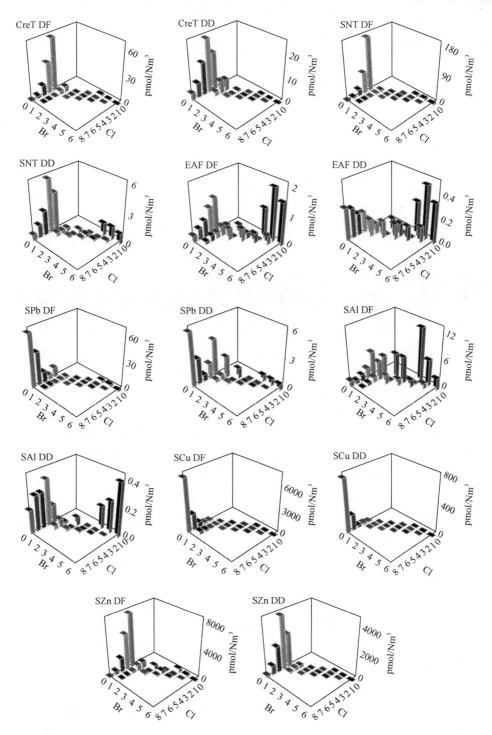

图 4-75　不同工业源 PBDD/Fs, PBCDD/Fs 和 PCDD/Fs 同系物分布模式图 (Du et al., 2010a)

第 5 章　典型 UP-POPs 的排放因子及排放量估算

本章导读

- 简要介绍了 UP-POPs 的主要工业排放源以及工业源 UP-POPs 的排放因子和排放量的计算方法;
- 详细总结了不同工业排放源 PCDD/Fs、PBDD/Fs、PCBs 和 PCNs 等 UP-POPs 的排放因子及其排放量,对初步了解不同工业行业 UP-POPs 的排放情况有所帮助,可为建立排放清单提供基础数据;
- 通过对典型金属冶炼厂不同工艺阶段 UP-POPs 排放因子的比较,提出在金属冶炼过程 UP-POPs 控制时应重点考虑的工艺阶段,提出通过原料中有机杂质的物理去除可明显削减再生金属冶炼过程中 UP-POPs 排放的技术策略。

工业过程 UP-POPs 的主要排放源可分为:燃烧源、金属冶炼源和化工生产源等。燃烧源主要包括废弃物焚烧、燃煤供电和供热等;金属冶炼源主要包括铁矿石烧结、电弧炉炼钢和再生有色金属冶炼等;化工生产源主要包括含氯化学品的生产和使用以及制浆造纸中用氯气漂白纸浆过程等。目前,对 PCDD/Fs 排放源的研究相对较多,而对 PBDD/Fs、PCBs、PCNs、PeCBz 和 HxCBz 排放源的检测数据则相对较少。本章对我国工业过程几类典型 UP-POPs 的排放因子和排放量估算进行了归纳总结,可为评估行业 UP-POPs 排放量和建立 UP-POPs 排放清单提供重要的基础参考数据。

5.1　PCDD/Fs 的排放因子及排放量估算

排放因子可以定义为:对某个指定排放源,特定污染物相对于其生产强度的平均排放量。假定排放量和生产强度呈线性关系,则排放量可以通过排放因子进行估算。通常工业过程烟气中 UP-POPs 排放因子和排放量由下列方程计算(Liu et al., 2009a):

$$排放因子＝(流量×浓度)÷生产率(或装料率) \tag{5-1}$$

$$排放量＝排放因子×生产量 \tag{5-2}$$

我国 UP-POPs 污染源研究起步相对较晚,目前主要的调查集中在废弃物焚烧、钢铁生产、有色金属冶炼和水泥生产等,表 5-1 列出了我国主要工业源 PCDD/Fs 的排放情况。对于目前探明的排放源,有关 PCDD/Fs 生成和排放的研究相对较多。相比 PCDD/Fs,有关 PBDD/Fs、PCBs、HxCBz、PeCBz 和 PCNs 源排放的数据非常少。

表 5-1　我国 PCDD/Fs 的主要排放源及排放量(**2004 年**)(郑明辉等,2008;刘国瑞和郑明辉,2013)

编号	排放源及类别	年排放量/(g TEQ/a)				
		空气	水	产品	残余物	总量
(1)	废弃物焚烧	610.47			1147.1	1757.57
	生活垃圾焚烧	125.8			212.2	338
	危险废弃物焚烧	57.27			186	243.27
	医疗废弃物焚烧	427.4			748.9	1 176.3
(2)	制浆造纸	0.36	22.6	115	22.8	161
(3)	钢铁冶炼	1 647.5			2 167.2	4 667.0
	铁矿石烧结	1 522.5			0.9	1 523.4
	电弧炉	125.0			625.0	750.0
(4)	再生金属生产	73.7			908.8	982.5
	再生铜生产	58.0			730.8	788.8
	再生铝生产	5.8			166.0	171.8
	再生锌生产	8.0				8.0
	再生铅生产	1.9			12.0	13.9
(5)	遗体火化	44			10.9	54.9
(6)	氯酚和氯代杀虫剂生产	0.30	0.60	55.50	46.10	102.47
总计	关键源的总排放	2 376.4	23.2	170.5	2 761.6	5 331.8
	全国总排放(2004 年)	5 042.4	41.2	174.4	4 978.7	10 236.8

5.1.1　垃圾焚烧

我国垃圾焚烧由于规模、工艺和操作控制差异较大,PCDD/Fs 的排放水平也有很大的差别。对我国 19 个城市生活垃圾焚烧炉烟道气中 PCDD/Fs 的排放调查发现:烟道气中 PCDD/Fs 排放的平均值为 0.423 ng TEQ/Nm^3,浓度范围在 0.042～2.461 ng TEQ/Nm^3 之间(Ni et al., 2009),其中 16 个焚烧炉的排放水平低于我国环境保护部当时的限制标准(1.0 ng TEQ/Nm^3),6 个焚烧设施低于欧盟的限制标准

$(0.1\ ng\ TEQ/Nm^3)$。依据 19 个焚烧炉的排放数据，提出了废弃物焚烧 PCDD/Fs 的排放因子平均值为 1.728 μg TEQ/t，范围为 0.169～10.72 μg TEQ/t。依据排放因子，参考 2006 年生活垃圾焚烧量估算我国城市生活垃圾焚烧造成 PCDD/Fs 向大气的年排放量为 19.64 g TEQ。对我国台湾的两家城市生活垃圾焚烧厂烟道气中 PCDD/Fs 检测发现：排放浓度为 $0.025\ ng\ TEQ/Nm^3$ 和 $0.097\ ng\ TEQ/Nm^3$。对我国 14 家医疗废弃物焚烧设施（日处理量为 5～25 t）的 PCDD/Fs 排放水平的研究发现：PCDD/Fs 的浓度范围为 $0.08～31.60\ ng\ I\text{-}TEQ/Nm^3$，其中 9 个医废焚烧炉的排放水平低于我国的排放标准限值 $(0.5\ ng\ TEQ/Nm^3)$，有 2 个医废焚烧设施的 PCDD/Fs 排放水平低于欧盟标准 $(0.1\ ng\ TEQ/Nm^3)$。依据检测数据，提出了医废焚烧 PCDD/Fs 的排放因子为 0.78～473.97 μg I-TEQ/t。依据排放因子估算医废焚烧造成 PCDD/Fs 向大气的年排放量为 4.87 g TEQ（Gao et al., 2009）。对我国废弃物焚烧产生的飞灰中的 PCDD/Fs 分析表明：对于飞灰中 PCDD/Fs 的水平，电厂燃煤焚烧＜城市生活垃圾焚烧＜医废焚烧（Chen et al., 2008; Chen et al., 2009）。

5.1.2 钢铁生产

铁矿石烧结和电弧炉炼钢是 PCDD/Fs 生成和排放的重要工业源，一些研究对一工业园区内几类热相关生产厂家 PCDD/Fs 的排放进行了调查（Wang et al., 2009a），工业园区内包括 5 家电弧炉炼钢厂、4 家铁矿石烧结厂、2 家再生铝生产厂和 1 家再生铜生产厂。对电弧炉炼钢厂，PCDD/Fs 的排放因子在 1.33～7.61 g TEQ/t（原料）的范围；而对铁矿石烧结厂，PCDD/Fs 的排放因子在 0.177～0.869 g TEQ/t（原料）的范围。对我国铸铁和镀锌钢生产过程中 PCDD/Fs 和 dl-PCBs 的排放水平研究发现：铸铁和镀锌钢生产过程中 PCDD/Fs 和 dl-PCBs 的排放水平远低于废弃物焚烧、再生有色金属冶炼、铁矿石烧结和电弧炉炼钢等工业过程中的排放，目前尚不属于我国 PCDD/Fs 排放控制的重点行业（Lv et al., 2011a; Lv et al., 2011b）。

5.1.3 有色金属生产

对 2 家再生铝冶炼厂的 PCDD/Fs 排放因子的案例研究发现：排放因子分别为 2.72 g I-TEQ/t（原料）和 0.0848 g I-TEQ/t（原料）；而再生铜冶炼过程中 PCDD/Fs 的排放因子为 0.735 g I-TEQ/t（原料）（Wang et al., 2009a）。对我国再生铜、铝、锌和铅生产过程中 PCDD/Fs 生成和排放情况进行研究表明：再生铜生产过程中 PCDD/Fs 的排放水平比较高，所调查的再生铜和再生铝冶炼企业，PCDD/Fs 的排放因子分别为：14802 ng TEQ/t 和 2650 ng TEQ/t，利用排放因子可计算出 2007 年再生铜和铝冶炼过程中 PCDD/Fs 的排放量分别为 37.5 g TEQ 和 7.3 g TEQ。对再生锌和铅生产，PCDD/Fs 的排放因子分别为 50571.6 ng TEQ/t 和 611.9 ng TEQ/t，估算再生锌和铅生产过程中 PCDD/Fs 的排放量分别为 4.9g TEQ 和 0.3 g TEQ(Ba et al., 2009b; Ba et al., 2009a)。

对我国原生铜和再生铜冶炼过程中的 UP-POPs 排放因子的案例研究发现：S1 和 S2 厂中 PCDD/Fs 的排放因子为 35.8 μg/t 和 1015 μg/t，而相应的毒性当量排放分别为 1053 ng WHO-TEQ/t 和 8592 ng WHO-TEQ/t(Nie et al., 2012a)。原料中废金属含量的差别是导致两厂的排放因子相差很大的主要原因。原料的预处理技术可以明显降低再生铜冶炼过程中 UP-POPs 的排放因子，从而更好地削减 POPs 排放(Ba et al., 2009a)，上述研究结果低于韩国再生铜厂的调查数据(24 451 ng TEQ/t，水幕或旋风作为除尘器)，也低于来自德国的再生铜厂的检测数据(5600～110 000 ng TEQ/t)，但高于我国台湾金属冶炼厂中 PCDD/Fs 的测定数据(735 ng TEQ/t，布袋作为除尘器)，也高于美国 EPA(779 ng TEQ/t，鼓风炉+二燃室，布袋作为除尘器)和瑞典报道的再生铜厂的数据(24～40 ng TEQ/t)(LUA, 1997; USEPA, 2001; UNEP, 2005; Yu et al., 2006; Wang et al., 2009a)。值得注意的是，应用岩土与环境服务公司(Applied Geotechnical and Environmental Services Corp., AGES)报道了一家再生铜厂中 PCDD/Fs 的排放因子非常高，其值为 16 618 ng I-TEQ/t 投料，追溯原因是采用了低品位的废杂铜、废旧电话交换机和炉渣等高有机质含量的原料(AGES, 1992)，这也说明原料是影响 UP-POPs 产生和排放的一个关键因素。

依据四个铜冶炼厂(以 P1、P2、S1 和 S2 表示)的铜产量和排放因子，估算了 UP-POPs 的年排放量分别为 2.0 mg TEQ/a、36.5 mg TEQ/a、36.3 mg TEQ/a 和 469.3 mg TEQ/a(见表 5-2)。

表 5-2 四个铜冶炼厂 UP-POPs 的年排放量

年排放总量/(mg TEQ/a)	P1	P2	S1	S2
PCDD/Fs	17.3	501	1 074	50 727
dl-PCBs	2 257	2 087	4 267	46 437
PCNs	5 027	3 451	7 316	457 696
HxCBz	1 697	14 713	23 213	90 878
PeCBz	2 390	20 638	52 057	226 865
ΣTotal	4 832	39 512	84 087	830 810
WHO-TEQ (PCDD/Fs)	1.7	32.6	31.6	429.6
WHO-TEQ (dl-PCBs)	0.07	2.0	1.6	16.6
TEQ (dl-PCNs)	0.009	0.7	1.1	13.2
TEQ (HxCBz)	0.2	1.2	2.1	9.9
ΣTotal	2.0	36.5	36.3	469.3

以 2010 年的精炼铜产量为例，我国精炼铜产量大概为 457 万 t，其中来自矿

产的精炼铜占到62.4%（China Nonferrous Metals Industry Association, 2011）。因此，依据表中 UP-POPs 排放因子的范围，初步估算了我国 2010 年原生铜和再生铜行业中 UP-POPs 的排放量分别为 0.13～2.1 g TEQ/a 和 2.1～16.1 g TEQ/a，其中，原生铜和再生铜冶炼过程中 PCDD/Fs 的年排放量为 0.11～1.9 g TEQ/a 和 1.8～14.8 g TEQ/a。PCDD/Fs 的排放量低于文献报道的其他国家或地区的排放量：德国为 26.8 g TEQ/a，英国为 24 g TEQ/a，韩国为 31.7 g TEQ/a，我国台湾为 26.5 g TEQ/a（Chen, 2004; Yu et al., 2006; Ba et al., 2009a）。

我国皮江法炼镁过程中 UP-POPs 排放因子的案例研究结果如表 5-3 所示（Nie et al., 2011），可以看出：氧化段烟气中二噁英类、五氯苯和六氯苯的平均排放因子分别为 366 ng WHO-TEQ/t，1314 μg/t 和 814 μg/t，而对还原段烟气中二噁英类、五氯苯和六氯苯的平均排放因子则分别为 45.9 ng WHO-TEQ/t、11.7 μg/t 和 8.3 μg/t。计算皮江法炼镁过程中总的排放因子为氧化段和还原段的排放因子之和，由此提出皮江法炼镁过程中二噁英类、五氯苯和六氯苯的平均排放因子是：412 ng WHO-TEQ/t、1326 μg/t 和 826 μg/t。该案例研究所提出的 PCDD/Fs 的排放因子约为 UNEP 2005 PCDD/Fs 工具包建议的排放因子（3000ng TEQ/t）的 1/7（UNEP, 2005）。以 2009 年的原镁产量为例，全球原镁产量大概为 50.1 万 t。依据提出的排放因子，初步估算我国炼镁行业二噁英和多氯联苯、多氯萘、五氯苯和六氯苯的年排放量分别为 12.6 g（0.46 g WHO-TEQ）、1651 g、652 g 和 403 g。

表 5-3　皮江法炼镁过程中 UP-POPs 的排放因子（Nie et al., 2011）

	GOx		GRe	
	μg/t	ng TEQ/t	μg/t	ng TEQ/t
PCDD/Fs	6.3	366	0.8	45.9
dl-PCBs	4.5	14.2	13.8	4.4
PCNs	3319	32.0	9.0	0.1
PeCBz	1314	—	11.7	—
HxCBz	814	81.7	8.3	0.7
总计	5458	494	44	51

5.1.4　炼焦生产

我国焦炭的生产量非常大，是世界最大的焦炭生产国。2007 年全球焦炭产量约 5.58 亿 t，而我国当年焦炭产量约占全球总产量的 60%。但我国焦化企业的规模、工艺和设施有较大的差别。尽管多环芳烃在炼焦过程中的排放是大家所熟知的，但炼焦过程作为 UP-POPs 的排放源还没有被广泛地认知和了解。有研究对我国炼焦过程不同工艺段 UP-POPs 的排放水平和排放因子进行了系统调查（Liu et al.,

2009b; Liu et al., 2009a; Liu et al., 2010），发现二噁英类的生成和排放主要发生在炼焦过程的装煤和出焦工艺段。为了估算焦化行业 UP-POPs 的排放，Liu 等选取了 8 家典型的中国焦化企业（基本信息见表 5-4），对于这些企业，两套单独的污染控制设备（布袋除尘）分别用于装煤和出焦工艺段的烟道气排放控制（图 5-1），依据所检测的数据，提出炼焦不同工艺段典型 UP-POPs 的排放因子，结果列于表 5-5。

表 5-4　炼焦企业的基本信息（Liu et al., 2009a）

炼焦企业	CP-1	CP-2	CP-3	CP-4	CP-5	CP-6	CP-7	CP-8
年产能/万吨	100	220	240	100	100	96	60	70
装煤方式	TC[a]	TC	TC	SC[b]	TC	SC	TC	TC
焦炉高度/m	4.3	7.3	4.3	4.3	6	4.3	4.3	4.3
熄焦方法	水	氮气	水	水	水	水	水	水
污控设施	BFs[c]	BFs	BFs	BFs	BFs	BFs	BFs	BFs
平均流量/(Nm³/h)	60 000	245 800	87 100	89 000 (PC) 46 900 (CC)	81 000	105 900	70 800	78 500
年操作时间/h	8 760	8 760	8 760	8 760	8 760	8 760	8 760	8 760
生产率/(t/h)	114	251	75	114	114	75	52	80
采样点	B[d]	B	B	A[e], B	B	B	A	A

a.TC 表示顶装；b.SC 表示捣固；c.BFs 表示布袋；d.B 表示出焦过程排放的废气；e.A 表示装煤过程排放的废气。

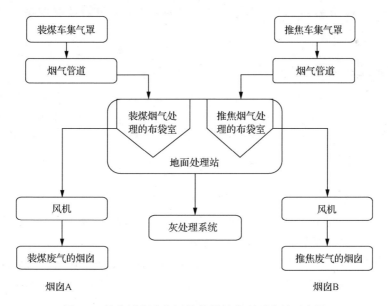

图 5-1　炼焦过程大气污染物排放控制系统的示意图

表5-5 炼焦过程几类典型 **UP-POPs** 的排放因子（ng/t 原煤或 ng TEQ/t 原煤）（Liu et al., 2009a）

炼焦企业	CP-1	CP-2	CP-3	CP-4（PC）	CP-4（CC）	CP-5	CP-6	CP-7	CP-8
PCDD/Fs（WHO-TEQ）	13.5	10.9	12.9	10.7	36.8	8.3	7.0	7.4	10.9
PCDD/Fs（I-TEQ）	12.7	9.4	8.3	8.5	32.7	6.9	5.9	6.7	7.9
dl-PCBs（WHO-TEQ）	0.54	0.72	0.59	1.10	1.97	0.35	0.38	0.41	0.76
HxCBz	231	344	362	637	202	228	256	249	307
PeCBz	243	647	557	278	165	287	296	373	347

注：PC 表示出焦过程；CC 表示装煤过程；下同。

CP-4（CC）、CP-7 和 CP-8 厂采集的是装煤过程中排放的烟道气样品，通过计算可以看出：装煤过程中二噁英类平均排放因子为 18.4 ng WHO-TEQ/t（15.8 ng I-TEQ/t）。而对 CP-1、CP-2、CP-3、CP-4（PC）、CP-5 和 CP-6 厂，采集的是出焦过程中排放的烟道气样品，其中二噁英类的平均排放因子为 10.6（8.6 ng I-TEQ/t）。因此，对于出焦和装煤两个工艺段二噁英类的总排放因子是：28.9 ng WHO-TEQ/t。

该研究提出的二噁英类的排放因子比 UNEP 2005 PCDD/Fs 工具包建议的排放因子大概低一个数量级（0.3 μg I-TEQ/t）。至于六氯苯和五氯苯，与其他工业源相比，炼焦过程的排放因子是比较低的，如：废弃物焚烧、再生铜生产、水泥生产等（Ba et al., 2009b; Ba et al., 2009a）。以 2007 年的焦炭产量为例，全球焦炭产量约为 5.58 亿 t。依据提出的排放因子，初步估算全球焦化行业二噁英类的年排放量为 15.8 g WHO-TEQ（13.3 g I-TEQ）。

5.1.5 电力生产和供热

对我国台湾燃煤电厂 PCDD/Fs 排放的研究结果表明：燃煤电厂 PCDD/Fs 的平均排放因子为 0.62 μg I-TEQ/t，明显高于英国、美国和西班牙等国，并且燃煤电厂 PCDD/Fs 的排放量约占台湾地区各类源排放总量的 28%，是该地区一类重要的 PCDD/Fs 排放源（Lin et al., 2007）。

5.1.6 水泥生产

水泥生产也是 PCDD/Fs 的一类排放源。由于水泥窑的温度较高，近些年也在发展一些水泥窑共处置危险废弃物的技术，在保证水泥质量的前提下，通过掺烧来处置一些危险废弃物。然而，一些研究表明：在共处置危废时，PCDD/Fs 的排放有增加的可能，但通过合理的控制，可明显降低废弃物添加对 PCDD/Fs 排放所造成的影响。

我国是水泥生产第一大国，然而，我国对水泥窑 UP-POPs 生成和排放的研究相对较少。张婧等（2009）对我国 3 种类型水泥窑（机械立窑、湿法旋窑和新型干法旋窑)除尘器捕集灰中 PCDD/Fs、PCBs 和 PCNs 的含量研究表明：水泥窑除尘器捕集灰中 PCDD/Fs、PCBs 和 PCNs 的总毒性当量分别在 4.0~62 ng TEQ/kg、0.069~3.9 ng TEQ/kg 和 0.47~2.8 ng TEQ/kg 之间。同时与生活垃圾焚烧炉和医疗垃圾焚烧炉的除尘器捕集灰中 PCDD/Fs、PCBs 和 PCNs 的含量进行了比较，发现水泥窑除尘器捕集灰中 PCDD/Fs、PCBs 和 PCNs 的含量明显低于垃圾焚烧炉除尘器捕集灰中这些污染物的含量。

水泥窑协同处置固废作为一种固废处置技术正被逐渐推广。一般认为固废协同处置过程可能导致 PCDD/Fs、PCBs 和 PCNs 等 UP-POPs 的生成和排放，而我国的水泥生产规模约占全世界的 50%，因此研究我国水泥窑协同处置固废过程 UP-POPs 的排放因子比较重要。

已有研究报道了水泥窑协同处置垃圾焚烧飞灰、生活垃圾以及污泥过程中 UP-POPs 的排放情况(Liu et al., 2015d; Jin et al., 2016; Liu et al., 2016a; Liu et al., 2016b; Zhao et al., 2017a; Zhao et al., 2017b)，具体信息见表 5-6，水泥窑协同处置固废过程 UP-POPs 的排放因子见表 5-7。

表 5-6　**水泥窑协同处置固废厂的基本信息**(Liu et al., 2015d; Jin et al., 2016; Liu et al., 2016a; Liu et al., 2016b; Zhao et al., 2017a; Zhao et al., 2017b)

参数	水泥窑 1	水泥窑 2(对照组)	水泥窑 2	水泥窑 3
预热器	5 级	5 级	5 级	5 级
预分解炉	有	有	有	有
用于发电的余热回收	窑头和窑尾锅炉	窑头和窑尾锅炉	窑头和窑尾锅炉	窑头和窑尾锅炉
主要燃料	煤粉	煤粉	煤粉	煤粉
协同处置的固废	生活垃圾焚烧炉飞灰	无	生活垃圾	污泥
固废处理量/(t/d)	20	—	72	338
其他设施	生活垃圾焚烧炉飞灰清洗和风干预处理线	—	垃圾焚烧炉	污泥干化系统
熟料量/(t/d)	2 000~2 500	3 012	2 090	2 754
生料量/(t/d)	4 246	4 879	3 389	4 406
煤粉/(t/d)	374.4	352.4	430.5	421.9
烟气流量/(Nm³/h)	233 599	251 424	227 828	221 476

表 5-7　**水泥窑协同处置固废过程 UP-POPs 的排放因子**(Liu et al., 2015d; Jin et al., 2016; Liu et al., 2016a; Liu et al., 2016b)

排放因子(熟料)	水泥窑 1	水泥窑 2(对照)	水泥窑 2	水泥窑 3
PCDD/Fs/(μg I-TEQ/t)	0.084	—	0.0390	0.0280
PCBs/(μg WHO-TEQ/t)	0.028	0.0110	0.0230	0.0010
PCN TEQ/(μg TEQ/t)	0.035	0.0210	0.0230	0.0006
PCNs/(μg/t)	1990	760	725	170

文献中关于水泥窑协同处置固废过程 PCDD/Fs 的排放见表 5-8，除一个水泥窑协同处置危险废物的过程外(Du et al., 2011)，大多数水泥窑协同处置固废过程 PCDD/Fs 的浓度低于 0.1 ng I-TEQ/m^3。关于西班牙的水泥窑协同处置污泥和垃圾衍生燃料(refuse derived fuel, RDF)过程的一项研究报道了该过程 PCBs 的排放浓度为 0.29 pg WHO-TEQ/m^3(Rivera-Austrui et al., 2014)。关于水泥窑生产过程 PCNs 的排放研究非常缺乏，在一项未处置垃圾的水泥窑生产过程调查中，烟气中 PCNs 的浓度为 1.7 pg TEQ/Nm^3，PCNs 的排放因子为 4.6 ng TEQ/t 熟料。

表 5-8　水泥窑协同处置固废过程 PCDD/Fs 排放

国家	主要燃料	固废	加入位置	设备情况	PCDD/F 浓度/(ng I-TEQ/m^3)	PCDD/F 排放因子/(μg I-TEQ/t)	参考文献
西班牙	石油焦	污泥；轮胎；肉骨粉；RDF	废轮胎加入窑尾，其他的加入主体燃烧炉	—	0.004 49～0.008 48	—	(Conesa et al., 2011)
葡萄牙	煤粉/石油焦	木材废料；RDF;轮胎；其他固废		4 级预热器、预分解炉、静电除尘器和布袋除尘器	0.003～0.013	—	(Zemba et al., 2011; Ames et al., 2012)
西班牙	煤粉/石油焦	污泥和 RDF	作为替代燃料	5 级预热器、预分解炉和布袋除尘器	0.001 16	0.002 5	(Rivera-Austrui et al., 2014)
越南	—	危险材料	—	5 级预热器、预分解炉	0.033～0.837	0.089～1.45	(Thuong et al., 2014)
中国	煤粉	RDF	预分解炉	4 级预热器、余热回收、预分解炉和布袋除尘器	0.008 5～0.013 8	0.039	(Li et al., 2015c)
中国	煤粉	作为吸油剂用的硅藻土	与石灰石材料一起加入	5 级预热器和静电除尘器	0.13	0.24	(Du et al., 2011)

5.1.7　化学品生产

含氯化学品生产是环境中 PCDD/Fs 的一类重要来源(张庆华等，2000)，HxCBz、PCBs 和 PCNs 等除了在含氯化学品中以杂质形式存在外，还曾经作为工业化学品批量生产。我国为了控制血吸虫病，曾大量生产含有 PCDD/Fs 杂质的五氯酚钠。包志成等对我国五氯酚及其钠盐中的 PCDD/Fs 进行了分析，估算由于五氯酚及其钠盐的使用，我国 PCDD/Fs 的环境年输入量为 240 kg(相对于 920 g I-TEQ)(包志成等，1995)。对我国 1,4-二氯苯生产过程及成品中 PCDD/Fs 和 PCBs 的含量检测发现：PeCDFs 和 HxCDFs 是主要的 PCDD/Fs 同系物，半成品中 PCBs 的浓度高达 4614 ng/g,成品中为 1797 ng/g(Liu et al., 2004a; Liu et al., 2004b; Liu et al., 2012c)。净化工艺对 PCDD/Fs 的去除效果比较明显，而对 PCBs 的去除效果则不明显。对我国 5 类氯代化学品(酞菁铜、酞菁绿、四氯苯醌和三氯生)中 PCDD/Fs 的含量进行研究表明:几类化学品中 PCDD/Fs 的毒性当量在 5.03～1379.55 ng I-TEQ/kg 的范围(Ni et al., 2005)。对四氯苯醌中的 PCBs 的检测结果表明:PCBs 的含量在 0.014～1.5 μg/g 的范围内 (Bi et al., 2000)。

许多研究表明:氯碱生产也是 PCDD/Fs、PCBs 和 PCNs 的一类重要排放源。我国曾使用石墨电极的氯碱工业产生的废渣中含有大量的 PCDD/Fs,其总浓度高达 378.85 μg/kg(毒性当量为 21.65 μg I-TEQ/kg),指纹特征主要以四氯代到八氯代的 PCDFs 为主。

5.1.8　制浆造纸

制浆造纸是 PCDD/Fs 等 UP-POPs 污染物的一类重要来源。制浆造纸过程中 PCDD/Fs 的排放主要是通过以下介质排放的:焚烧废木材或者树皮生产蒸汽造成的对大气的排放;处理废水造成的排放;通过纸浆污泥的排放;通过产品(纸浆、纸产品)的排放。国外的造纸主要以木浆为主,基本淘汰了元素氯漂白工艺,主要采用无元素氯漂白工艺,并向全无氯漂白工艺过渡。而在我国,草浆和苇浆是制浆造纸的重要原料,并且元素氯漂白工艺仍占较大的比重,因此我国漂白纸浆中 PCDD/Fs 的浓度相对较高。对一家使用元素氯漂白(C-E-H)工序的造纸厂研究表明:纸浆中 PCDD/Fs 的浓度为 24.7 ng I-TEQ/kg。研究还发现:在非木浆工厂的 5 个漂白浆样本中,PCDD/Fs 的浓度范围为 33.5～43.9 ng I-TEQ/kg(Zheng et al., 1997; Zheng et al., 2001)。

Wang 等研究调查了我国六家造纸厂通过混合废水及纸产品途径的 PCDD/Fs 的排放因子(Wang et al., 2012b),混合废水排放因子通过混合废水中 PCDD/Fs 的 I-TEQ 浓度与生产 1t 纸浆时废水排放量相乘得到;纸产品排放因子通过纸产品中 PCDD/Fs 的 I-TEQ 浓度与 1t 纸产品量相乘得到,结果见表 5-9。六家造纸厂的混合废水 PCDD/Fs 的排放因子为 0.15～0.51 μg I-TEQ/t AD 纸浆,平均排放因子为 0.36 μg I-TEQ/t AD 纸浆。计算得到的混合废水 PCDD/Fs 排放因子低于联合国环境保护署(UNEP)PCDD/Fs 排放工具包(2005)中给出的排放因子(该工具包中给出的氯气漂白木浆制浆造纸厂过程废水中 PCDD/Fs 的排放因子为 4.5 μg I-TEQ/t AD 纸浆)。通过纸产品的 PCDD/Fs 的排放因子为 1.31～3.14 μg I-TEQ/t AD 纸,平均排放因子为 1.95 μg I-TEQ/t AD 纸,远低于 UNEP 的 PCDD/Fs 排放工具包(2005)中给出的纸产品 PCDD/Fs 排放因子(该工具包中给出的以氯气漂白木浆厂的纸产品中 PCDD/Fs 的排放因子为 30 μg I-TEQ/t AD 纸)。

表 5-9　检测的六家造纸厂 PCDD/Fs 排放因子（Wang et al., 2012b）

造纸厂	混合废水排放 [a]	纸产品排放 [b]
	(μg I-TEQ/t AD 纸浆)	(μg I-TEQ/t 纸产品)
PM1	0.427	3.136
PM2	0.150	1.983
PM3	0.407	1.313
PM4	0.513	2.618
PM5	0.475	1.319
PM6	0.189	1.335

a. 制造 1t 风干纸浆时，通过混合废水排放的 PCDD/Fs 量；b. 制造 1t 纸产品时，通过纸产品排放的 PCDD/Fs 量。

以 2010 年为例计算我国非木浆制浆造纸行业 PCDD/Fs 年排放量。2010 年我国非木浆的生产量为 1297 万 t，将该数值与混合废水 PCDD/Fs 的平均排放因子相乘，得到 2010 年我国非木浆制浆造纸业通过废水排放到环境中的 PCDD/Fs 量为 4.67 g TEQ。按 1t 纸浆可以生产 1.09 t 纸产品计算，2010 年我国非木浆制浆造纸生产的纸产品为 1414 万 t。根据纸产品年产量及纸产品中 PCDD/Fs 平均排放因子计算，得到 2010 年通过纸产品排放的 PCDD/Fs 的量为 27.59 g I-TEQ（Wang et al., 2012b）。

5.1.9　其他源

除了上述几大类 UP-POPs 污染源以外，仍有许多其他的排放源，如非受控燃烧、遗体火化、交通运输和污水处理排放等（郑明辉等，2008；刘国瑞和郑明辉，2013）。其中，非受控燃烧引起了人们的广泛关注，如农作物秸秆的露天焚烧。Zhang 等对我国大陆在 1997～2004 年间农作物秸秆露天焚烧所排放的 PCDD/Fs 进行了估算，年排放量范围为 1380～1520 g I-TEQ/a，平均值为（1500±80）g I-TEQ/a，约占全国总排放量的 10%～20%（Zhang et al., 2008a; Zhang et al., 2011）。遗体火化也是二噁英类污染物的一类重要来源，对两家火化厂 PCDD/Fs 的排放研究表明：两厂（一家无污控设施，另一家备有布袋除尘）的排放因子分别为 13.6 μg I-TEQ/body 和 6.11 μg I-TEQ/body。据此估算了我国台湾地区所有火化厂 PCDD/Fs 的年排放量，为 0.838 g I-TEQ/a，高于该地区医疗废弃物和生活废弃物焚烧所导致的 PCDD/Fs 排放量（Wang et al., 2003b）。

5.2　PBDD/Fs 的排放因子及排放量估算

当前，已有较多文献对 PBDEs 等溴代阻燃剂生产过程中 PBDD/Fs 的排放进行了报道，对商用多溴联二苯醚中 PBDD/Fs 检测发现：样品中有高浓度 PBDFs 的存在，为 0.257～49.605 μg/g。依据 2001 年全球商用 PBDEs 的产生和使用情况，对该年伴随 PBDEs 生产过程中产生的 PBDD/Fs 的量进行了估算，得出 PBDD/Fs 排放量为 2300 kg (Hanari et al., 2006)。

5.2.1 垃圾焚烧

Gullet 等报道了露天焚烧居民垃圾时 PBDD/Fs 的生成与排放情况，结果表明 PBDD/Fs 的排放因子为 0.087～1.578 ng TEQ/g C_{burned} (Gullett et al., 2009)。我国台湾两个城市生活垃圾焚烧厂的 PBDD/Fs 排放因子检测结果为 (0.69±0.787)μg/t，约为 PCDD/Fs 排放因子的十分之一 (Wang et al., 2010a)。

5.2.2 钢铁冶炼

对我国北方 6 条铁矿石烧结生产线烟道气中的 PBDD/Fs 浓度进行了检测，并提出了排放因子，估算了排放量 (Li et al., 2017)。根据所测的数据，提出铁矿石烧结过程中 PBDD/Fs 排放因子的范围是 72.2～1376 ng/t (2.14～38.7 ng TEQ/t)，平均排放因子是 480 ng/t (13.6 ng TEQ/t)，其结果见表 5-10。2011 年我国的烧结矿产量约为 7.74 亿 t，通过铁矿石烧结向大气中排放的 PBDD/Fs 约为 10.5 g TEQ (Li et al., 2017)。

表 5-10 铁矿石烧结过程中 PBDD/Fs 的排放因子 (Li et al., 2017)

工厂编号	PBDD/Fs/(ng/t)	PBDD/Fs/(ng TEQ/t)
XH	264	5.93
HX	264	3.32
XJ	668	42.4
RC	1376	12.2
TG	235	14.6
SG	72.2	2.98
平均值	480	13.6

通过对我国北方 5 个转炉炼钢生产线中 PBDD/Fs 的排放水平的调查研究，提出了 PBDD/Fs 的排放因子并估算了排放量 (Li et al., 2015b)，得出 PBDD/Fs 在转炉炼钢烟道气中的质量浓度范围为 0.04～0.19 ng/Nm³，TEQ 浓度范围为 0.32～4.33 pg TEQ/Nm³，与已有文献中所报道的城市生活垃圾焚烧、电弧炉炼钢和铁矿石烧结烟道气中的排放浓度相当，但是低于遗体火化、危险废弃物焚烧和再生金属冶炼等过程。对于转炉炼钢过程，PBDD/Fs 的排放因子范围是 75.8～466 ng/t (0.83～17.5 ng TEQ/t)，平均排放因子是 369 ng/t (6.50 ng TEQ/t)。根据世界钢铁协会 2014 年年度报告，中国 2013 年通过转炉生产的粗钢产量约为 7.5 亿 t，根据上述排放因子，可得 2013 年中国通过转炉炼钢向大气中排放的 PBDD/Fs 的量约

为 0.049 kg TEQ。表 5-11 为转炉炼钢过程中 PBDD/Fs 的排放因子。

表 5-11 转炉炼钢过程中 **PBDD/Fs** 的排放因子(Li et al., 2015b)

工厂编号	PBDD/Fs/(ng/t)	PBDD/Fs/(ng TEQ/t)
XH	473	3.05
XJ	492	17.5
RC	340	3.24
TG	466	7.94
SG	75.8	0.83
平均值	369	6.50

5.2.3 有色金属冶炼

对我国几种工业热过程(包括铁矿石烧结、电弧炉炼钢、再生铝、再生铜和再生锌)中 PBDD/Fs(四~六取代同类物)排放因子的研究结果为:铁矿石烧结为 7.91 μg/t,电弧炉炼钢为 8.04 μg/t,再生铝为 17.2 μg/t,再生铜为 18.1 μg/t,再生锌为 169 μg/t;PBDD/Fs TEQ 排放因子的平均值分别为:铁矿石烧结 0.085 μg TEQ/t,电弧炉炼钢 0.059 μg TEQ/t,再生铝为 0.101 μg TEQ/t,再生铜为 0.126 μg TEQ/t,再生锌 0.578 μg TEQ/t(Du et al., 2010b)。

对我国一家典型再生铜冶炼厂不同工艺阶段(加料熔融段、氧化段和还原段)的烟道气样品采集和分析表明:冶炼过程中,加料熔融段、氧化段和还原段 PBDD/Fs 的排放因子分别为 715 ng/t、119 ng/t 和 31 ng/t,总排放因子为 865 ng/t(Wang et al., 2015b),另有研究还依据企业原料、工艺和规模的不同采集了 4 家典型再生铝冶炼厂的烟道气样品,开展了再生铝冶炼过程中 PBDD/Fs 的排放研究,并评估了 3 家再生铝冶炼过程中原材料的组成对 PBDD/Fs 排放水平的影响,计算了每生产 1t 铝 PBDD/Fs 的排放量(3 家再生铝冶炼企业的分别用 ZF、SC 和 WT 表示)。

图 5-2 为再生铝冶炼厂烟道气样品中 PBDD/Fs 排放水平与原料中旧废铝含量的关系。再生铝冶炼厂烟道气样品中 PBDD/Fs 的总排放水平高低与其原材料中旧废铝的含量高低具有一致性。其中,WT 厂所使用的原材料为 100% 的旧废铝,其冶炼厂烟道气样品中 PBDD/Fs 的排放水平最高,为 180.0 ng/t。SC 厂所使用的原材料中含有 80% 的旧废铝,其冶炼厂烟道气样品中 PBDD/Fs 的排放水平为 89.5 ng/t,低于 WT 厂。ZF 厂所使用的原材料含有 50% 的旧废铝,其冶炼厂烟道气样品中 PBDD/Fs 的排放水平最低,为 14.3 ng/t。

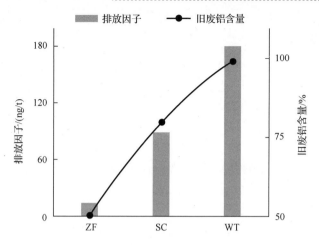

图 5-2　再生铝冶炼厂烟道气样品中 PBDD/Fs 排放因子与原料旧废铝含量的关系（Wang et al., 2016a）

5.3　PCBs 的排放因子及排放量估算

对我国不同工业源 PCBs 排放因子的案例研究结果如表 5-12 所示（Liu et al., 2013b），表中给出了金属冶炼、废弃物焚烧和水泥生产等工业过程中 dl-PCBs 的排放因子，对铁矿石烧结、电弧炉炼钢、生活垃圾和医废焚烧也给出了指示性 PCBs 和 ΣPCBs 的排放因子。

表 5-12　热相关工业过程中 PCBs 的排放因子（Liu et al., 2013b）

工业源	dl-PCBs/(μg/t)	dl-PCBs TEQ/(ng TEQ/t)	指示性 PCBs/(μg/t)	ΣPCBs/(μg/t)
铁矿石烧结	0.89	12.4	2.50	11.4
电弧炉炼钢	16	73	369	897
城市生活垃圾焚烧	4.97	37.9	32.5	135
医疗废物焚烧	604	5670	903	5020
水泥生产	2.2	12	44	209
再生铜冶炼	NR[a]	98.1	NR	NR
再生铝冶炼	NR	194	NR	NR
再生锌冶炼	NR	1464	NR	NR
再生铅冶炼	NR	3.9	NR	NR
原生镁冶炼	18.3	18.6	NR	NR
炼焦	2.24	1.7	NR	NR
铸铁生产	NR	555	NR	NR
焚烧金属导线	513	1281	NR	NR

a. NR 表示相关数据未报道。

5.3.1 垃圾焚烧

对韩国小型垃圾焚烧厂烟道气中 dl-PCBs 的排放水平检测表明：小型城市生活垃圾焚烧厂的排放因子为 24.6 μg/t，小型危险废弃物焚烧厂的为 27.3 μg/t，由于小型垃圾焚烧厂废气净化处理设施不完备，其 dl-PCBs 排放水平高于大型垃圾焚烧厂(Choi et al., 2008a)。

一些研究对我国城市生活垃圾焚烧和医疗废物焚烧过程中产生的 PCBs 的排放因子进行了调查(Liu et al., 2013b)，得出 5 家城市生活垃圾焚烧 dl-PCBs 的排放因子为 2.2~27 μg/t(18~174 ng TEQ/t)，指示性 PCBs 的排放因子为 15~100 μg/t，∑PCBs 的排放因子为 67~603 μg/t。其中 3 家医疗废物焚烧炉 dl-PCBs 的排放因子为 168~1400 μg/t(1073~15900 ng TEQ/t)，指示性 PCBs 的排放因子为 542~1480 μg/t，∑PCBs 的排放因子为 2130~9240 μg/t(Liu et al., 2013b)，远高于生活垃圾焚烧炉的排放因子。依据 PCBs 的排放因子，评估得出我国生活垃圾焚烧炉 dl-PCBs 的年排放量为 100 g(0.77 g TEQ)，指示性 PCBs 的年排放量为 657 g，∑PCBs 的年排放量为 2730 g；医疗废物焚烧炉 dl-PCBs 的年排放量为 260 g(2.4 g TEQ)，指示性 PCBs 的年排放量为 388 g，∑PCBs 的年排放量为 2160 g (Liu et al., 2013b)。

5.3.2 钢铁生产

对我国 4 家典型铁矿石烧结厂 PCBs 排放水平的案例研究表明：由于原料中添加了较多的回收废料，这些铁矿石烧结厂 PCBs 排放水平较高，dl-PCBs 排放因子的平均值为 3.95 μg WHO-TEQ/t(Tian et al., 2012)。对我国 14 家不同规模铸铁厂 dl-PCBs 排放水平的研究结果表明：铸铁行业烟道气和飞灰样品中 dl-PCBs 的平均排放因子为 555 ng WHO-TEQ/t 和 10.9 ng WHO-TEQ/t。结合我国 2008 年铸铁行业的生产数据，对铸铁行业中 dl-PCBs 的年排放量进行了估算，得出全国铸铁行业的 dl-PCBs 年排放量为 25.5 g WHO-TEQ(Lv et al., 2011a)。对烧结过程中脱硫工艺对 PCBs 排放水平和排放因子的影响情况研究表明：脱硫前烟气中 PCBs 排放因子是 79.2 ng WHO-TEQ/t，脱硫后下降到 20.9 ng WHO-TEQ/t，表明：用于脱硫的石膏也同时可吸附烟气中的 PCBs。结合 2012 年铁矿石产量和安装脱硫措施的比例，估算出铁矿石烧结过程中释放到大气和石膏中的 dl-PCBs 分别是 49.0 g WHO-TEQ 和 15.2 g WHO-TEQ(Wang et al., 2016c)。

5.3.3 有色金属生产

对我国再生铜、铝、锌和铅生产过程 PCBs 排放情况研究结果表明：再生铜生产过程中 PCBs 排放水平比较高，再生铜和再生铝冶炼 dl-PCBs 的排放因子分别为 98.1 ng TEQ/t(再生铜)和 193 ng TEQ/t(再生铝)(Ba et al., 2009b; Ba et al., 2009a)。依据 2007 年行业数据，估算的再生铜和铝生产过程中 PCBs 的排放量分别为 0.53 g TEQ 和 0.2 g TEQ。再生锌和铅生产过程 dl-PCBs 总毒性当量的排放因子分别为 1192.1 ng TEQ/t 和 3.2 ng TEQ/t，估算出再生锌和铅生产过程中 dl-PCBs 的总排放量分别为 0.114 g TEQ 和 0.001 g TEQ。对韩国金属冶炼行业 dl-PCBs 排放的研究表明：原生铜冶炼过程中 dl-PCBs 的排放因子为 11.9 ng I-TEQ/t（Yu et al.，2006）；对葡萄牙金属冶炼过程中 PCBs 排放水平的研究表明：再生有色金属冶炼行业 dl-PCBs 的排放因子为 0.49～259 ng I-TEQ/t（Antunes et al.，2012）。

5.3.4　炼焦生产

对我国炼焦厂 PCBs 排放的调查研究表明：装煤过程中 PCBs 的平均排放因子是 1.05 ng WHO-TEQ/t。而对 CP-1、CP-2、CP-3、CP-4（PC）、CP-5 和 CP-6 厂，采集的是出焦过程中排放的烟道气样品，PCBs 平均排放因子是 0.61 ng WHO-TEQ/t。因此，对于出焦和装煤两个工艺段 PCBs 的平均总排放因子是 1.7 ng WHO-TEQ/t。dl-PCBs 的毒性当量排放大概是 PCDD/Fs 毒性当量的 5%，并且 dl-PCBs 的排放因子低于英国一个铁矿石烧结过程中（以焦炭为燃料，0.13 μg I-TEQ/t 烧结物）dl-PCBs 的排放因子。依据提出的排放因子，初步估算出全球焦化行业 PCBs 的年排放量为 0.93 g WHO-TEQ（Liu et al.，2009a）。

5.4　PCNs 的排放因子及排放量估算

PCNs 的排放浓度是计算 PCNs 排放因子的必要数据，图 5-3 是不同工业源 PCNs 排放浓度的比较，再生锌冶炼和焚烧金属导线过程中 PCNs 的质量排放浓度（mass

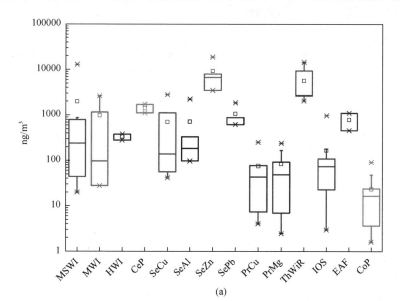

(a)

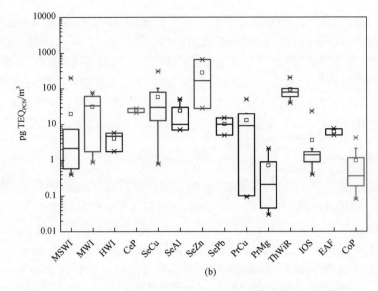

(b)

图 5-3　不同工业源 PCNs 排放浓度(a)和毒性当量(b)的比较

IOS：铁矿石烧结；EAF：电弧炉炼钢；CeP：水泥窑；SeCu：再生铜冶炼；SeAl：再生铝冶炼；SeZn：再生锌冶炼；SePb：再生铅冶炼；PrCu：原生铜冶炼；PrMg：镁冶炼；CoP：炼焦；ThWiR：焚烧导线回收金属；MSWI：城市生活垃圾焚烧炉；MWI：医疗废物焚烧炉；HWI：危险废物焚烧炉

emission concentration)明显高于其他工业源，而炼焦、烧结和原生铜及镁冶炼过程中 PCNs 的排放浓度相对较低。从毒性当量的排放浓度比较来看，再生有色金属冶炼、焚烧金属导线和医废焚烧过程中的毒性当量排放浓度相对较高。表 5-13 系统总结了我国十几种典型工业源 PCNs 的排放因子情况，对建立 PCNs 的排放清单提供了重要的基础参考数据。

表 5-13　主要排放源 PCNs 的大气排放因子(括号内为平均值)(Liu et al., 2014a)

排放源	排放因子/(μg/t)	毒性当量排放因子(ng TEQ/t)	全年排放量/mg TEQ
铁矿石烧结	14~1749(84)	0.5~41.5(2.1)	1390
电弧炉炼钢	1970~4475(3223)	21.6~30.1(25.9)	—
水泥窑	242	3.7	—
再生铜冶炼	141~9154(2666)	2.8~1989(349)	860
再生铝冶炼	575~13610(4082)	33.8~316(143)	390
再生锌冶炼	3431	126	10
再生铅冶炼	1336	20.1	9
铜冶炼	11.2~69.0	0.2~13.0	—
镁冶炼	3329	32.1	16.1
炼焦	5.1~50.3	0.77~1.24	430~692
导线焚烧	2715~8650	90~100	—
生活垃圾焚烧	71~53253(8503)	1.4~810(150)	—
医疗废弃物焚烧	981	17	—
危险废物焚烧	269~5763(3016)	5.4~27(16.2)	—

5.4.1　垃圾焚烧过程

尽管对垃圾焚烧过程 PCNs 排放浓度和排放特征的研究相对较多 (Schneider et al., 1998; Helm and Bidleman, 2003; Takasuga et al., 2004; Noma et al., 2006; Wyrzykowska et al., 2009a; Hu et al., 2013d; Weidemann and Lundin, 2015)，但目前有关垃圾焚烧过程 PCNs 排放因子的相关数据并不多，一些研究报道：生活垃圾焚烧 PCNs 的排放因子为 71～53 253 μg/t (1.4～810 ng TEQ/t)，平均排放因子为 8503 μg/t (150 ng TEQ/t)，医疗废弃物焚烧 PCNs 的排放因子为 981 μg/t (17 ng TEQ/t)，危险废物焚烧炉 PCNs 的排放因子为 269～5763 μg/t (5.4～27 ng TEQ/t)，平均排放因子为 3016 μg/t (16.1 ng TEQ/t) (Liu et al., 2014a)。

5.4.2　钢铁生产

有研究以 9 家不同规模的铁矿石烧结厂为研究对象 (表 5-14)，对我国铁矿石烧结过程中 PCNs 的排放水平进行了识别和量化 (表 5-15) (Liu et al., 2012a)。研究发现烟道气中 PCNs 的浓度范围是 3～983 ng/Nm³，毒性当量范围为 0.4～23.3 pg TEQ/Nm³，同系物分布主要以低氯代 (一氯代、二氯代、三氯代) 同系物为主，排放因子的范围为 14～1749 μg/t，排放因子的几何平均值为 84 μg/t (2.1 ng TEQ/t)。依据排放因子，估算出我国铁矿石烧结行业 PCNs 的排放量为 1390 mg TEQ。电弧炉炼钢也是 PCNs 的重要排放源，研究显示电弧炉炼钢烟道气中 PCNs 的浓度范围是 458～1099 ng/Nm³，并且估算出该行业的排放因子为 21.6～30.1 ng TEQ/t (Liu et al., 2012b)。对铸铁过程中 PCNs 的排放进行初步识别，发现铸铁过程产生的飞灰中 PCNs 的排放因子为 10～107 μg/t，烟道气中为 267～472 μg/t (Liu et al., 2014a)。对我国转炉炼钢过程中 PCNs 的排放进行研究表明：5 家钢铁厂的转炉炼钢过程中 PCNs 的排放因子为 229～759 μg/t，毒性当量排放因子为 0.81 ng TEQ/t (Li et al., 2014)。

表 5-14　铁矿石烧结企业的基本信息 (Liu et al., 2012a)

工厂编号	样品编号	样品总体积/m³	生产率/(t/h)	烧结床规模/m²	流量/(m³/h)	除尘器
IOS-1	5	12.0	320	265	465 300	ESP [a]
IOS-2	3	8.9	600	450	463 800	ESP
IOS-3	3	12.0	600	300	328 600	ESP
IOS-4	4	8.7	102	78	460 200	ESP
IOS-5	5	15.5	158	105	318 800	ESP
IOS-6	3	7.1	480	328	600 300	ESP
IOS-7	5	9.5	500	265	101 5900	ESP
IOS-8	3	9.7	500	400	593 800	ESP
IOS-9	5	10.9	200	90	356 100	ESP

a. 静电除尘器。

表 5-15　铁矿石烧结企业 PCNs 的平均排放浓度和排放因子(Liu et al., 2012a)

工厂编号	排放浓度		排放因子	
	ng/m^3	pg TEQ$_{PCN}$/m^3	μg/t	ng TEQ$_{PCN}$/t
IOS-1	74	1.4	107	2.0
IOS-2	57	0.9	44	0.7
IOS-3	79	1.7	44	1.0
IOS-4	3	0.4	14	1.7
IOS-5	178	2.1	360	4.2
IOS-6	109	1.6	137	2.0
IOS-7	23	1.0	46	2.0
IOS-8	15	0.5	18	0.5
IOS-9	983	23.3	1749	41.5

5.4.3　有色金属生产

对我国镁冶炼过程 PCNs 排放因子的案例研究表明：氧化段烟道气中 PCNs 的平均排放因子为 3319 μg/t，而还原段烟道气中 PCNs 的平均排放因子为 9.0 μg/t (Nie et al., 2011)。通过计算皮江法炼镁过程中总的排放因子(氧化段和还原段的排放因子之和)，提出该过程中 PCNs 的平均排放因子是 3328 μg/t。镁冶炼 PCNs 的排放因子大于炼焦过程的，但低于再生金属冶炼过程的(Ba et al., 2010; Liu et al., 2010)。依据提出的排放因子，初步估算出我国炼镁行业 PCNs 的年排放量为 1651 g。对我国再生金属冶炼过程中 PCNs 排放水平的案例调查表明：再生铜生产中 PCNs 的排放因子是四种再生有色金属生产过程中最高的，为 428.37 ng TEQ/t，再生铝次之，为 279.61 ng TEQ/t，再生铅、再生锌分别为 20.14 ng TEQ/t 和 125.69 ng TEQ/t (Ba et al., 2010)。

另有研究对再生铝冶炼过程不同介质中 PCNs 的排放量以及毒性贡献进行了计算，四种不同排放介质(烟道气、飞灰、初级熔渣、次级熔渣)中 PCNs 的质量排放因子和 TEQ 排放因子见表 5-16(Jiang et al., 2015b)。不同排放介质间的质量排放因子差异非常大，在调查的 4 家典型再生铝冶炼厂中，气相介质的排放因子均占所有排放介质排放因子总和的 99%以上，是再生铝冶炼的主要排放介质，说明现有的污控设施对分布在气相排放介质中的绝大部分 PCNs 并未起到有效的控制。

另外，该研究还分别估算了不同固相介质的排放因子以评估 PCNs 在不同固相介质中的分配情况。从表 5-16 中可以看出，在 AL1 和 AL2 厂中，初级熔渣和次级熔渣中 PCNs 的排放因子均远低于飞灰。因此，再生铝冶炼过程固相介质中 PCNs 的排放以飞灰为主，分配在初级熔渣和次级熔渣中的 PCNs 较少。另外，AL1 和 AL2 厂的次级熔渣中 PCNs 的排放因子均低于相应的初级熔渣，表明二次熔炼过程产生的废渣中不会有 PCNs 的大量生成和排放(Jiang et al., 2015b)。

表 5-16　再生铝冶炼过程中不同介质中的 PCNs 排放浓度和排放因子（Jiang et al., 2015b）

排放介质	企业编号	质量浓度/(ng/g 或 ng/m³)	TEQ 浓度/(pg TEQ/g 或 pg TEQ/m³)	排放因子/(mg/t)	TEQ 排放因子/(μg TEQ/t)
烟道气	AL1	363	69.8	29.1	5.6
	AL2	559	9.5	6.8	0.12
	AL3	59.5	2.1	4.3	0.16
	AL4	635	6.5	29.5	0.30
飞灰	AL1	969	1087	4.4×10^{-5}	4.9×10^{-5}
	AL2	372	87.6	1.9×10^{-7}	4.4×10^{-6}
	AL3	425	211	8.5×10^{-7}	4.2×10^{-6}
	AL4	3769	446	1.5×10^{-4}	1.8×10^{-5}
初级熔渣	AL1	16.5	4.1	8.3×10^{-7}	2.1×10^{-7}
	AL2	4.5	0.24	1.6×10^{-7}	8.6×10^{-8}
次级熔渣	AL1	11.8	1.8	1.8×10^{-7}	2.8×10^{-8}
	AL2	6.3	0.53	7.1×10^{-8}	5.9×10^{-8}

注：烟道气样品质量浓度单位为 ng/m³，TEQ 浓度为 pg TEQ/m³。

　　该研究中涉及的再生铝冶炼厂配备的污控设施均是传统的布袋除尘器，这种设施主要去除的是固相颗粒物中附着的 PCNs，而分布在气相排放介质中的绝大部分 PCNs 并没有得到有效的控制，现有的布袋除尘装置对气相排放介质中的 PCNs 的去除效率并不理想。因此，为有效地减少再生铝行业 PCNs 的排放，优先控制气相介质的排放和开发能够有效抑制或消除气相介质中 PCNs 排放的技术是关键。

5.4.4　炼焦生产

　　通过对我国 11 家炼焦厂 PCNs 排放的系统研究，提出了炼焦过程 PCNs 的排放因子，结果如表 5-17 所示。CoP3、CoP7（CC）、CoP10 和 CoP11 焦化厂采集的是装煤过程中排放的烟道气样品，计算得出其平均排放因子是 1.02 ng TEQ/t。CoP2、CoP4、CoP5、CoP6、CoP7（PC）、CoP8 和 CoP9 焦化厂采集的是出焦过程中排放的烟道气样品，其平均排放因子为 0.22 ng TEQ/t。因此，出焦和装煤过程中 PCNs 的排放总和为 1.24 ng TEQ/t。对于 CoP1 厂，采集的是装煤和出焦工艺过程的混合烟道气样品，其排放因子为 0.77 ng TEQ/t。因此，对于炼焦过程装煤和出焦工艺段，PCNs 的排放因子范围为 0.77～1.24 ng TEQ/t（Liu et al., 2010）。炼焦过程中 PCNs 的毒性当量贡献远小于二噁英类的毒性当量排放，而与 dl-PCBs 的毒性当量贡献相当。以 2007 年为例，全球焦炭产量约为 5.58 亿 t，据此估算全球炼焦行业 PCNs 的年排放量在 430～693 mg TEQ 的范围内，与 dl-PCBs 的毒性当量排放量相当。

表 5-17　炼焦过程中 **PCNs** 的排放因子(Liu et al., 2010)

企业编号	∑PCNs/(μg/t)	∑dl-PCNs/(μg/t)	∑PCN-TEQ/(ng TEQ/t)
CoP1	5.1	3.3	0.77
CoP2	7.3	2.1	0.35
CoP3	7.2	6.5	0.17
CoP4	1.8	0.73	0.10
CoP5	11.4	8.8	0.29
CoP6	3.4	1.5	0.16
CoP7(PC)	4.4	1.1	0.24
CoP7(CC)	19.9	17.8	0.88
CoP8	16.2	14.8	0.25
CoP9	2.1	0.94	0.11
CoP10	125.1	122.6	2.58
CoP11	22.3	20.8	0.44
CC（平均值）	43.6	41.9	1.02
PC（平均值）	6.7	4.3	0.22
PC+CC（平均值）	50.3	46.2	1.24

5.4.5　含氯化学品生产

PCNs 除作为工业化学品的历史生产，热相关工业过程的排放以外，早期生产的 PCBs 产品中也会有 PCNs 杂质。因此，早期 PCBs 的生产也是 PCNs 的一个重要源。通过对几个国家 PCBs 生产过程中 PCNs 作为杂质的产生量进行估算，发现法国和苏联生产的 Phenoclors 和 Sovol 产品中伴随生成的 PCNs 杂质含量最高，由 PCBs 生产导致 PCNs 的环境输入大约为 169 t(Yamashita et al., 2000; Yamashita et al., 2003)，相关数据见表 5-18。

表 5-18　由 **PCBs** 生产而产生的 **PCNs** 杂质的量(Yamashita et al., 2000)

国家	PCBs 产品	PCBs 的生产量/kg	PCBs 产品中 PCNs 的浓度/(mg/kg)	因为 PCBs 生产而产生的 PCNs 杂质的量/kg
美国	Aroclors	435 100 000	39	16 969
英国	Aroclors	66 748 000	39	2 603
日本	Kanechlors	59 119 000	84	4 966
德国	Clophens	123 552 000	95	11 737
法国	Phenoclors	201 679 000	298	60 100
苏联	Sovol	100 000 000	730	73 000
总量				169 375

5.5　氯代和溴代多环芳烃的排放因子

图 5-4 是再生铜冶炼不同工艺阶段 Cl-PAHs 和 Br-PAHs 的排放因子。加料熔融段 Cl-PAHs 和 Br-PAHs 的排放因子是氧化段的 2～3 倍，氧化段的排放因子明显高于还原段，说明加料熔融段和氧化段是再生铜冶炼过程 Cl-PAHs 和 Br-PAHs 生成的重要阶段，控制该阶段 Cl-PAHs 和 Br-PAHs 的生成对于控制和减少其排放至关重要。

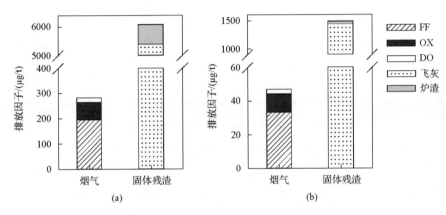

图 5-4　再生铜冶炼通过烟道气和固体残渣的 (a) Cl-PAHs 和 (b) Br-PAHs 排放因子 (Jin et al., 2017b)

FF：加料熔融段；OX：氧化段；DO：还原段

如图 5-4 所示，通过烟道气和飞灰途径 Cl-PAHs 和 Br-PAHs 的排放因子为：Cl-PAHs 的总排放因子为 0.22～10.0 mg/t，Br-PAHs 的总排放因子为 0.081～3.82 mg/t。超过 90% 以上的 Cl-PAHs 和 Br-PAHs 分布在固体介质中。

5.6　其他 UP-POPs 的排放因子及排放量估算

对 HxCBz 和 PeCBz 排放因子和排放量的研究相对较少，Bailey 等对全球 HxCBz 和 PeCBz 的排放量进行了统计估算 (Bailey, 2001; Bailey et al., 2009)，结果见表 5-19。所涉及的的污染源包括杀虫剂生产、金属冶炼、废弃物焚烧等，认为金属冶炼和燃烧源 HxCBz 的年排放量最高。PeCBz 的年排放量远高于 HxCBz 的排放量。但对炼焦等工业过程 HxCBz 和 PeCBz 的排放因子并没有相关数据。

表 5-19　全球 HxCBz 和 PeCBz 的排放量(Bailey, 2001; Bailey et al., 2009)

源编号	源类别及分类别	HxCBz/(kg/a)	源类别	PeCBz/(kg/a)
(1)	杀虫剂生产	6 463	PCBs 使用的泄露	400
(2)	氯代溶剂的生产	1	氯代溶剂生产	<2
(3)	制造业	1 308.1	杀虫剂使用	5 400
(4)	金属冶炼	8 154	化学品生产和废弃物处理	400
(4)-1	-铝铸造	7 700	铝铸造	1 100
(4)-2	-再生铜	104	废弃物焚烧	3 600
(4)-3	-镁	305	废弃物的非受控焚烧	28 000
(5)	燃烧	67 774	燃煤	11 000
(5)-1	-废弃物焚烧	5 807	生物质焚烧	45 000
(5)-2	-其他焚烧	971	其他化学品的降解产物	26 000
总计	HxCBz 总排放	22 703	年排放总量	120 902

对我国炼焦过程 HxCBz 和 PeCBz 排放因子及排放量的案例研究表明：装煤过程中六氯苯和五氯苯的平均排放因子分别是：253 ng/t 和 295 ng/t，出焦过程中六氯苯和五氯苯的平均排放因子分别是：343 ng/t 和 385 ng/t。因此，对于出焦和装煤两个工艺段六氯苯和五氯苯的平均总排放因子分别是：596 ng/t 和 680 ng/t。以 2007 年的焦炭产量为例，全球焦炭产量大概为 5.58 亿 t。依据提出的排放因子，初步估算出全球焦化行业六氯苯和五氯苯的年排放量分别为 333 g 和 379 g (Liu et al., 2009a)。

5.7　金属冶炼过程 UP-POPs 排放因子的比较和控制策略

一些案例研究比较了几类有色金属冶炼过程中 UP-POPs 的排放因子，如图 5-5 所示，可以看出，UP-POPs 的排放因子趋势为：SAl>TWR>SCu>PCu≈Mg。对于 PCDD/Fs 而言，再生铝厂中其排放因子最高，达到 115 158 ng TEQ/t Al，远高于其他类有色金属工业源的排放因子。同时，dl-PCBs、HxCBz 和 PeCBz 的排放因子也较高。究其原因可能是再生铝原料中含有的有机杂质复杂，而且其最高熔炼温度小于 700℃，适宜 UP-POPs 的生成。在进料、融化阶段会产生大量的 UP-POPs，而且在烟气冷却阶段，也会有 UP-POPs 的二次合成。对于 PeCBz 和 HxCBz 而言，其排放因子趋势为：SAl>SCu>TWR≈PCu>Mg。

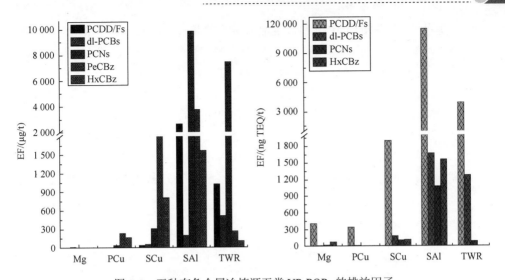

图 5-5　五种有色金属冶炼源五类 UP-POPs 的排放因子

Mg：镁冶炼；PCu：原生铜冶炼；SCu：再生铜冶炼；SAl：再生铝冶炼；TWR：焚烧金属导线

对再生铜冶炼不同工艺阶段几种 UP-POPs 的排放因子(折合为每吨铜冶炼 UP-POPs 的排放量)研究表明(见图 5-6)，加料熔融段是二噁英、多氯萘、多氯联苯、溴代二噁英和多溴二苯醚几种 POPs 的主要排放工艺阶段，占整个工艺流程排放总量的 56%～83%，氧化工艺段占 18%～31%，还原段占 0.03%～13%。可以看出，几种 UP-POPs 排放的最主要工艺阶段非常一致，表明：可针对主要工艺阶段开发控制技术，对几种 POPs 的产生和排放进行协同控制。

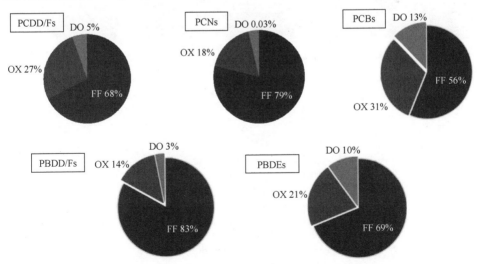

图 5-6　再生铜冶炼过程中几种 POPs 排放因子在不同冶炼阶段的比例

FF：加料熔融段；OX：氧化段；DO：还原段

对使用不同原料的再生铜和再生铝冶炼厂的几种 UP-POPs 排放因子进行比较，结果如图 5-7 所示，可以看出：使用废杂铜(电缆皮和 PVC 等有机杂质含量较高)为原料的再生铜冶炼厂，其 PCDD/Fs、PCNs 和 PCBs 的排放因子远高于使用粗铜(有机杂质含量较低)为原料的再生铜厂。而使用 100%废旧铝(有机杂质含量较高)为原料的再生铝厂，其 PBDD/Fs 和 PBDEs 的排放因子也远高于废旧铝含量低(50%)的再生铝厂。从这些结果可以看出：原料构成是影响金属冶炼过程UP-POPs 生成和排放的重要因素，通过机械物理方法(避免高温热化学处理过程中的再生成)有效去除原料中的有机杂质可明显减少金属冶炼过程中 UP-POPs 的排放。

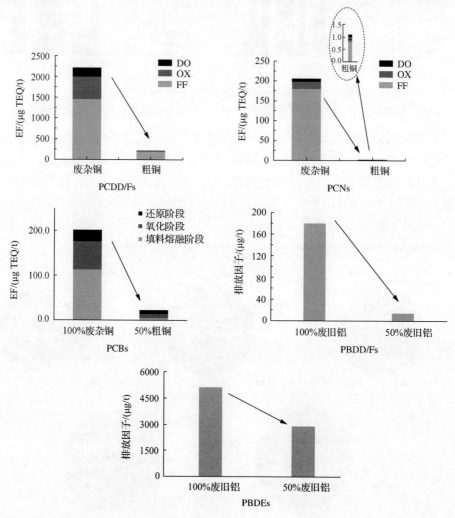

图 5-7　使用不同原料的再生铜和再生铝冶炼过程 UP-POPs 排放因子的比较(EF：排放因子)

第 6 章　国外 UP-POPs 的污染控制技术应用案例

本章导读

- 通过国外在固体废物焚烧、钢铁冶炼等过程中的二噁英减排实践经验，介绍了主要的二噁英减排技术原理、成本分析与减排效率。
- 首先介绍了从源头减少二噁英生成的技术。通过改善焚烧工况，提高燃烧效率从而有效减少固体废物焚烧过程中二噁英的生成。铁矿石烧结过程中加入阻滞剂，抑制二噁英的合成反应。
- 含二噁英烟气处理技术包括高效除尘、活性炭吸附以及对烟气中的二噁英催化降解技术等。结合常规污染物的减排，还发展了一些协同减排技术，如 REMEDIA™技术集除尘、脱硝和降解二噁英为一体。
- 焚烧飞灰由于富含二噁英而被归属为危险废物，催化分解、加热脱氯、热熔融技术是消除飞灰中二噁英的有效手段。

　　UP-POPs 是在工业过程中无意产生的，在相关行业实施减排 UP-POPs 的最佳可行技术/最佳环境实践(BAT/BEP)是减少 UP-POPs 排放的重要技术措施。PCDD/Fs 等持久性有机污染物是典型的 UP-POPs，在进行 PCDD/Fs 减排的同时，若能够实现包括 PCDD/Fs 在内的其他 UP-POPs 的同步削减，则可在很大程度上节约设备和资金的投入。国外在 PCDD/Fs 等持久性有机污染物减排方面已经积累了多年经验，通过对国外一些成功案例的分析，能够为我国相关行业 UP-POPs 的减排提供借鉴。我国工业行业开展 UP-POPs 减排相对较晚，因此基于现代工业发展的循环经济发展模式，实施从源头-过程-末端的全过程减少 UP-POPs 排放的高效减排技术，对保护环境和人体健康具有重大意义。本章参考平冈正胜和冈岛重伸(1998)对日本焚烧二噁英减排工程案例的总结，主要从工业热处理过程、烟气减排、焚烧飞灰中 UP-POPs 的控制技术角度对国外案例进行了综述。

6.1   工业热处理过程的减排控制技术

6.1.1   固体废物焚烧过程的燃烧条件优化

通过改造焚烧炉、通入二次空气等方式可优化燃烧状态。日本川崎重工业株式会社对原有焚烧炉进行了改造，在燃烧室出口设置喷嘴，以确保二次空气的最佳供给量，强化炉内烟气湍流且保证高温烟气足够的停留时间。800℃以上的焚烧炉内烟气停留时间与炉出口处 PCDD/Fs 浓度的关系如图 6-1 所示，保持足够的停留时间能够削减焚烧炉出口烟气中 PCDD/Fs 的浓度。

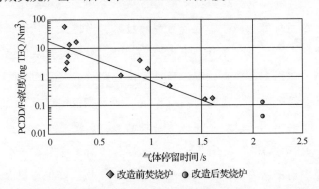

◆ 改造前焚烧炉   ● 改造后焚烧炉

图 6-1   800℃以上时烟气停留时间与 PCDD/Fs 浓度的关系(平冈正胜和冈岛重伸，1998)

改善焚烧工况对减少 PCDD/Fs 的排放量具有良好效果。CO 的含量可指示焚烧炉的燃烧状况，例如：当 CO 浓度控制在 100 ppm 以下时，除尘器入口处的 PCDD/Fs 浓度为 10 ng TEQ[①]/Nm^3。为确保良好的燃烧状态，控制 CO 的浓度为 20～30 ppm 时，PCDD/Fs 的浓度即可控制在 2 ng TEQ/Nm^3 以下。PCDD/Fs 与 CO 浓度的算术平均值如表 6-1 所示(采样点为集尘器入口)，无论采用改变控制温度、改进焚烧炉结构、调节二次空气吹入条件以及控制停留时间等条件，PCDD/Fs 浓度均与 CO 浓度有高度相关关系(平冈正胜和冈岛重伸，1998)。

表 6-1   **PCDD/Fs 浓度和 CO 浓度的算术平均值**(平冈正胜和冈岛重伸，1998)

采样点：除尘器入口

	全连续式焚烧炉			半连续式焚烧炉		
	调整前	调整后	削减率	调整前	调整后	削减率
PCDD/Fs (ng TEQ/Nm^3)	15.9 (2.8～31.1)	2.5 (0.24～9.5)	84.3%	90.7 (33.1～157)	27.2 (6.1～66.0)	70.0%
CO (ppm)	169 (11.9～1240)	19.2 (3.3～62.6)	88.6%	501 (130～993)	15.9 (7.4～442)	68.9%

---

① TEQ：毒性当量(toxic equivalent quantity)，简称 TEQ 或者 I-TEQ，常把各同类物折算成相当于 2,3,7,8-TCDD 的量来表示。

　　日本荏原制作所在焚烧系统中实施 PCDD/Fs 的全过程控制，如图 6-2 所示，具体包括完全燃烧状态的维持、降温过程的从头合成抑制技术、烟气处理以及底灰与飞灰处置，以实现全过程 PCDD/Fs 的污染控制（平冈正胜和冈岛重伸，1998）。

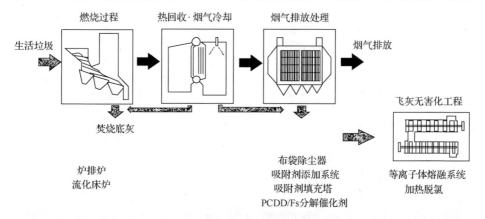

图 6-2　焚烧系统中 PCDD/Fs 的污染控制技术（平冈正胜和冈岛重伸，1998）

　　PCDD/Fs 在 O_2 存在条件下，保持高温状态时容易分解。通过采用图 6-2 所示的控制技术，根据 PCDDs 的分解特性（Rordorf，1985）：指前因子 $A=10^{10.5}$ s^{-1}，活化能 $E=230$ kJ/mol，因此在 1000℃、1 s 的停留时间条件下，PCDD/Fs 的分解效率达到 99.999%。在这种状况下，焚烧炉出口的 PCDD/Fs 浓度低于日本新排放标准。焚烧烟气中极其微量的 PCDD/Fs 前驱物质就能生成 PCDD/Fs，因此烟气降温过程中抑制从头合成至关重要。采用防止烟尘积存的锅炉构造，炉排焚烧炉与流化床焚烧炉的锅炉出口处 PCDD/Fs 浓度分别降低为在 0.1～3 ng TEQ/Nm^3 与 5 ng TEQ/Nm^3 以下（如图 6-3、图 6-4 所示）（平冈正胜和冈岛重伸，1998），满足日

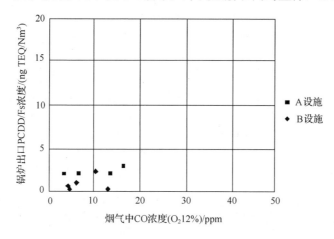

图 6-3　炉排焚烧炉的锅炉出口处的 PCDD/Fs 排放浓度（平冈正胜和冈岛重伸，1998）

本 1997 年出台的《关于防止垃圾处理过程中二噁英等持久性有机污染物产生的指南——二噁英等污染物削减项目》(简称《新指南》)的国家标准(如表 6-2、图 6-5 和图 6-6 所示)(平冈正勝和冈岛重伸, 1998)。

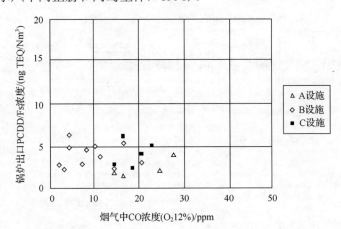

图 6-4　流化床焚烧炉的锅炉出口处的 PCDD/Fs 排放浓度(平冈正勝和冈岛重伸, 1998)

表 6-2　关于防止垃圾焚烧过程 PCDD/Fs 生成的指南(即《新指南》)标准值

(平冈正勝和冈岛重伸, 1998)

炉种类		分类	标准值/ (ng TEQ/Nm³)
		新设置焚烧炉	0.1
全连续运行焚烧炉	已建炉	适用于旧指南焚烧炉	0.5
		不适用于旧指南焚烧炉	1
半连续运行焚烧炉 机械化批次炉 固定式批次炉	已建炉	连续运行	1
		间歇运行	5

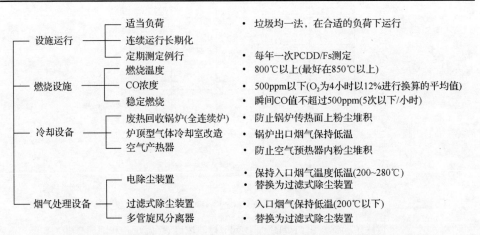

图 6-5　已建成的焚烧设施 PCDD/Fs 控制对策(平冈正勝和冈岛重伸, 1998)

新建焚烧设施对策，原则上为全连续式焚烧炉。

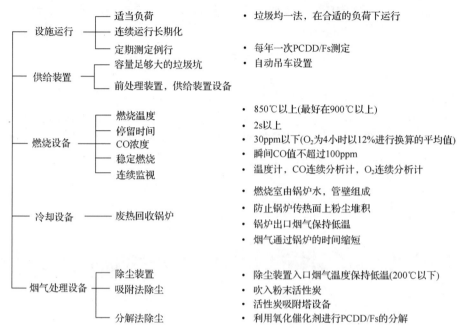

图 6-6　新建焚烧设施 PCDD/Fs 控制对策(平冈正胜和冈岛重伸，1998)

6.1.2　源头阻滞技术

PCDD/Fs 可通过气固异相催化反应而合成。在一定的温度区间内加入不利于PCDD/Fs 合成的化学物质，从源头抑制 PCDD/Fs 的生成被称为阻滞技术，加入的化学药剂称为阻滞剂。含氮化合物尤其是含有氨基官能团的化合物是良好的PCDD/Fs 生成阻滞剂，含氮化合物的抑制作用体现在以下两个方面：①通过与酸性气体发生酸碱中和反应脱除 HCl，从而抑制为从头合成提供氯源的 Deacon 反应发生；②通过吸附在飞灰表面，与金属催化剂反应生成稳定的惰性化合物，从而减弱甚至消除金属催化剂对 PCDD/Fs 的催化活性。

针对铁矿石烧结过程中 PCDD/Fs 的生成，国外研究机构和企业对源头阻滞技术进行了研发(Anderson and Fisher，2002; Aries et al., 2006)。利用尿素和三聚氰胺两种氨基阻滞剂控制 PCDD/Fs 的合成，结果显示，该阻滞剂对 PCDD/Fs 的抑制效率达到 60%。Xhrouet 等利用三乙醇胺和单乙醇胺两种阻滞剂从源头抑制PCDD/Fs 的生成，PCDD/Fs 的生成量减少了 90%(Xhrouet et al., 2002)。

在烧结原料中添加氨基阻滞剂已应用于工业化规模。该技术不仅可以在现有工厂中应用，并且在新工厂的建设设计中考虑了此工艺。英国 Corus 公司在进行钢铁冶炼工厂设计时，增加了源头阻滞工艺以减少 PCDD/Fs 的排放，其钢铁冶炼厂的工艺路线如图 6-7 所示，烧结工艺如图 6-8 所示。以尿素为源头阻滞剂开展的一系列工业化验证实验结果表明，添加阻滞剂后的 PCDD/Fs 排放浓度控制在 0.1 ng TEQ/Nm^3 以下(Stieglitz and Vogg，1987)。源头阻滞技术投资成本和运营成本相对较低，对于年产量 400 万吨的烧结厂，源头阻滞工艺设备投资为 14.5 万～70 万欧元，运行成本约为 0.05～0.14 欧元/吨烧结矿。并且，使用尿素还可以最大限度减少氯化氢和氟化氢的排放，从而减少大气污染。但另一方面，使用尿素阻滞剂尚存在一些缺点：①对静电除尘器(ESP)的减尘效果产生了不利影响；②往往使烧结厂排放的废气羽流变得清晰可见，会使公众误认为排放有害气体而导致公众投诉；③存在氨气外溢的可能。

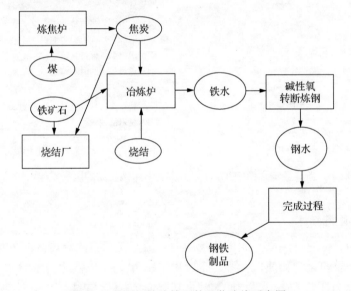

图 6-7　英国钢铁冶炼厂的工艺路线示意图

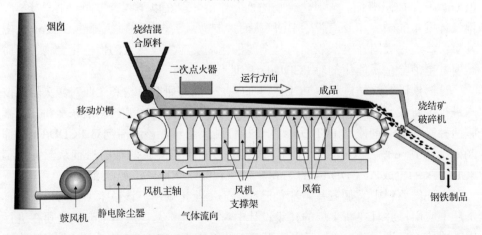

图 6-8　英国钢铁烧结工艺示意图(Aries et al.，2006)

6.2　烟 气 处 理

6.2.1　布袋除尘器

6.2.1.1　低温布袋除尘器的二噁英减排技术

经过热处理过程中燃烧条件优化而产生的含有低浓度二噁英等持久性有机污染物的焚烧烟气，在烟气处理过程中仍然具有二噁英再合成的可能性。为了防止烟气二噁英再合成的发生，高效去除技术显得尤为重要。在各种处理技术中，将低温布袋除尘器植入系统组合工艺中，能够满足日本 1997 年《新指南》的标准要求，具有非常重要的地位。利用除尘器进行削减二噁英等持久性有机污染物，降低除尘温度是非常有效的措施。川崎重工业株式会社的焚烧炉运行数据表明，除尘器温度与除尘器中二噁英等持久性有机污染物的浓度削减效果(即二噁英再合成的抑制效果)具有明显的关系(平冈正胜和冈岛重伸，1998)。如图 6-9 所示，除尘器温度在 230℃ 以下时，能够抑制二噁英等持久性有机污染物再合成反应的发生，除尘器温度越低 PCDD/Fs 的削减效果越明显。特别在使用布袋除尘器的情况下，包括亚微细颗粒在内的粉尘能够高效收集、附着在滤布上的粉尘层，利用吸附反应原理进行多种有毒有害物质的去除、设备构造确保在露点附近能够进行低温除尘，因此该公司开发的低温 150℃ 的低温布袋除尘器已经进行了产业化应

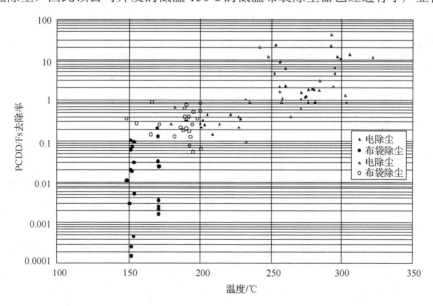

图 6-9　除尘温度与 PCDD/Fs 去除效率的关系(平冈正胜和冈岛重伸，1998)

注：图中实心与空心分别表示不同设施的测试数据

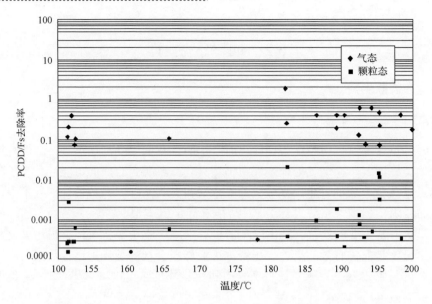

图 6-10　颗粒态/气态 PCDD/Fs 去除率与除尘温度的关系(平冈正勝和冈島重伸，1998)

用。低温布袋除尘器的二噁英等持久性有机污染物的去除机理包括两个过程：①除尘器的高效集尘性能去除含有二噁英等持久性有机污染物的粉尘；②滤布表面附着的粉尘层吸附去除气态的二噁英等持久性有机污染物。对低温布袋除尘器前后的气态与颗粒态 PCDD/Fs 浓度进行了分别测定，结果如图 6-10 所示，颗粒态 PCDD/Fs 的去除率在 99%以上，气态 PCDD/Fs 被全部吸附去除(平冈正勝和冈島重伸，1998)。

6.2.1.2　布袋除尘器前端喷射吸附剂

由于布袋除尘器对于二噁英等持久性有机污染物的去除效果受飞灰性状的影响而不稳定，日本荏原制作所开发了在布袋除尘器前喷射活性炭系吸附剂的工艺，并在实际工艺中证实了其良好的效果。该公司开发的吸附剂注册商标为"エバダイヤ"，喷射微量的吸附剂并不影响飞灰的性状，但是 PCDD/Fs 的排放浓度能够确保在标准值以下(平冈正勝和冈島重伸，1998)。图 6-11 表示了吸附剂添加量与布袋除尘器中 PCDD/Fs 的去除关系，从图中可以看出吸附剂添加量为 50 mg/Nm³ 时，便能够确保 PCDD/Fs 的高效去除。布袋除尘器入口温度与 PCDD/Fs 去除效率的关系如图 6-12 所示，当除尘器温度达到 160～180℃的范围时，采用除尘器前端喷射吸附剂的方式，PCDD/Fs 的去除率达到 99%以上。从图中可以看出，当布袋除尘器入口处 PCDD/Fs 的浓度在 10 ng TEQ/Nm³ 以下时，出口处的 PCDD/Fs 浓度低于 0.1 ng TEQ/Nm³(平冈正勝和冈島重伸，1998)。

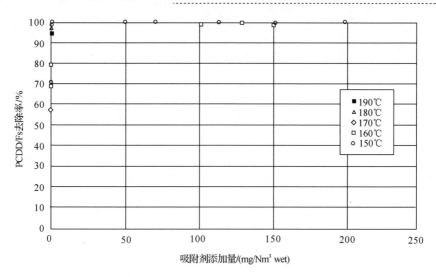

图 6-11　吸附剂添加量与 PCDD/Fs 去除率关系(平冈正胜和冈岛重伸，1998)

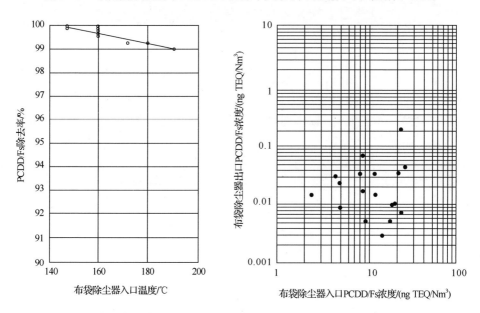

图 6-12　布袋除尘器入口与 PCDD/Fs 去除性能(平冈正胜和冈岛重伸，1998)

6.2.1.3　双布袋除尘技术

固体废物焚烧和金属冶炼工艺的飞灰中富含二噁英等持久性有机污染物，如果不对飞灰进行安全处置，其可能会成为环境中持久性有机污染物的重要污染源。在处理飞灰的过程中，需要对处置设施的废气排放进行严格控制，以防止飞灰中的持久性有机污染物以及在热处理过程中新合成的二噁英等持久性有机污染物通过烟气排放进入环境。

　　德国某电弧炉飞灰处理厂建立于 1999 年，其电弧炉飞灰处理系统示意图如图 6-13 所示。飞灰处理能力为 70 000 t/a，飞灰的成分分析表明，飞灰中氯含量为 5%，粉煤灰含量为 60%～70%，焦炭含量为 10%～20%，SiO_2 含量为 10%～20%。回转窑的长度为 40 m，外径 3.6 m。回转窑的填料为每小时 12 t 飞灰配 1.2 t 焦炭。回转窑内温度为 1200℃，原料投入量 20.6 t，废渣排放量 11 t/h。烟气污染控制设备的粉尘沉降室温度为 750℃，文丘里塔温度为 600℃，旋风分离器温度为 180℃。双布袋系统中，一级布袋 F 温度为 155℃，二级布袋 S 温度为 145℃。从烟囱排放的气体量为 125 000 Nm^3/h。

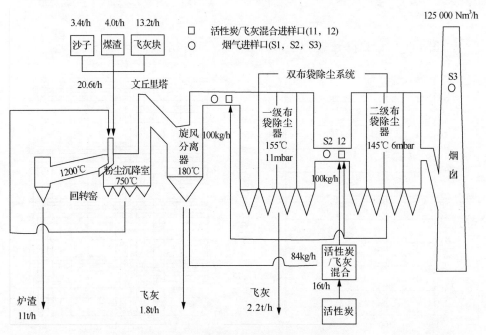

图 6-13　电弧炉飞灰处理系统示意图

注：bar 为非法定单位，1bar=10^5Pa

　　在华尔兹回转窑处理飞灰厂，采用的双布袋系统是指两级串联的布袋除尘器，其中二级布袋除尘器入口喷射活性炭，活性炭在二级布袋间循环。在双布袋系统中，烟气中固相和气相中的 PCDD/Fs 吸附在飞灰的表面。经过一级布袋时，因为布袋过滤的作用而沉降脱除，剩余的气相 PCDD/Fs 穿透一级布袋而进入二级布袋。二级布袋内的活性炭在没有飞灰等颗粒物的干扰下能够有效地吸附气相 PCDD/Fs。同时，由于飞灰等颗粒物已被一级布袋脱除，二级布袋清灰时脱附的是原生活性炭，因此活性炭能够实现再生利用。该工艺中活性炭吸附剂的注射量为 16 kg/h，99.8%的 PCDD/Fs 能够从烟气中脱除。

不同工艺阶段的 PCDD/Fs 减排流程如图 6-14 所示。第一工艺阶段，通过喷射吸附剂并组合单布袋除尘器工艺；第二工艺阶段，通过喷射吸附剂并组合双布袋除尘器工艺，从而实现 PCDD/Fs 的减排。不同工艺阶段中，PCDD/Fs 在原料和飞灰中的浓度如表 6-3 所示。

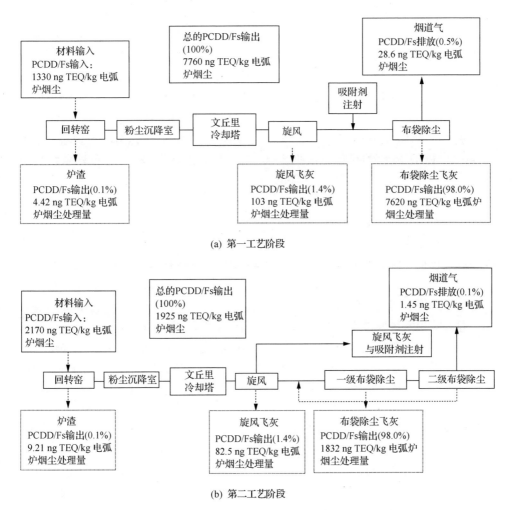

(a) 第一工艺阶段

(b) 第二工艺阶段

图 6-14　华尔兹回转窑厂的不同工艺中 PCDD/Fs 的减排流程图
(Chi et al., 2008; Lin et al., 2008)

表 6-3   不同工艺阶段中 PCDD/Fs 在原料和飞灰中的浓度

	第一阶段	第二阶段
	PCDD/Fs/(ng TEQ/g)	PCDD/Fs/(ng TEQ/g)
原料	1.33	2.17
炉渣	0.010	0.017
粉尘沉降室(DSC)的飞灰	2.36	3.44
旋风分离器(CY)中的飞灰	0.658	0.514
一级布袋中的飞灰	56.3	13.2
二级布袋中的飞灰	—	103

此外，Kim 等(2007a)利用双布袋系统对烟气中 PCDD/Fs 进行了减排控制，研究结果表明 PCDD/Fs 的排放浓度低于 0.05 ng TEQ/Nm^3。Lin 等(2008)利用活性炭吸附-双布袋除尘系统减少了 PCDD/Fs 的排放，PCDD/Fs 的脱除效率与单布袋系统相比，从 97.6%提高到了 99.3%，同时活性炭的消耗量只有单布袋除尘系统的 40%，PCDD/Fs 的排放浓度低于 0.03 ng TEQ/Nm^3。利用双布袋系统减少 PCDD/Fs 的排放，具有低成本、高效益的特点，能够实现 PCDD/Fs 的高效减排。

6.2.2   湿式除尘技术

在湿式除尘器中，气流中的粉尘主要依靠液(水)滴来捕集。水与含尘气流的接触方式包括水滴、水膜和气泡三种方式，通常上述两种或三种方式同时存在。液滴捕集颗粒物包括重力、惯性碰撞、截留、布朗扩散、静电沉降、凝聚和沉降等作用，最终实现对颗粒物及粉尘的去除。

湿式除尘系统安装在过滤器后面，适用于浓度低于 0.5 mg/Nm^3 的粉尘。气体进入湿式除尘系统的温度为 160℃，系统内的温度保持在 60℃左右。洗涤塔填料的填充柱采用玻璃纤维环，通入干的气体量为 15 Nm^3/h，洗涤液为 180 L/h。该系统包括两个工艺阶段，酸洗涤阶段和中性洗涤阶段，前两个洗涤塔进行酸洗涤阶段，实现 HCl 的分离；第三个洗涤塔分离 SO$_2$，通过控制 NaOH 的量来保持洗涤液为中性。湿式除尘系统的流程图如图 6-15 所示。

1996 年，在德国卡尔斯鲁厄(Karlsruhe)研究中心的小型焚烧厂(TAMARA)进行了湿式除尘法以减少焚烧炉中 PCDD/Fs 排放的示范工程。德国施瓦巴赫(Schwabach)某危险废物焚烧厂的危险废物焚烧系统如图 6-16 所示，该焚烧厂的烟气处理量为 3500 Nm^3/h。从烟气管道排放的烟气通过气体/气体热交换器后，温度从 300℃降低至 170℃，烟气从热交换器底部进入湿式除尘器。在 10 个并联的文丘里洗涤塔中，实现了粉尘和气溶胶的分离。第一工艺阶段填料塔和第二工艺阶段填料塔可用来去除 HCl、HF、SO$_2$ 等酸性气体，鼓风机将从热交换器再次加热至大约 200℃的清洁气体输送到烟气管道中。

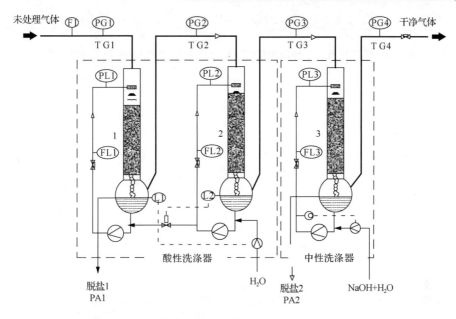

图 6-15　湿式除尘系统的流程图（Hunsinger et al., 1998）

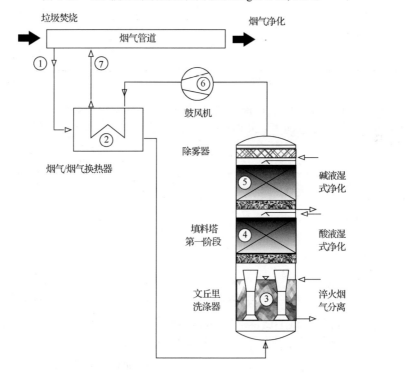

图 6-16　德国施瓦巴赫危险废物焚烧厂的湿式除尘系统示意图（Lehner et al., 2001）

①烟气输送管；②烟气/烟气换热器；③文丘里洗涤器；④填料塔第一阶段；

⑤填料塔第二阶段；⑥鼓风机；⑦烟气输送管

德国危险废物焚烧场湿式除尘系统操作条件参数及设计数据如表 6-4 所示。

表 6-4　德国施瓦巴赫危险废物焚烧厂湿式除尘系统操作参数及设计数据

操作条件	对应数值	单位（国际单位制）
烟气总流量	3500	Nm^3/h
F 因子	2.3	$Pa^{1/2}$
气体温度，入口	160～180	℃
气体温度，出口	55～65	℃
压力，入口	−30	mbar
总压降	100	mbar
设计数据		
填料塔数量	2	—
填料床高度	2.0	m
填充材料	Rauschert 高流环 50-6	—
比表面积	90	m^2/m^3
孔隙率	94	%
文丘里洗涤器数量	10	—
文丘里长度	1.2	m

注：mbar，压力单位，$1mbar=10^2Pa$。

该湿式处理系统日处理能力能够满足实际的垃圾焚烧厂处理需求。烟气中 PCDD/Fs 的去除效率如表 6-5 所示。

表 6-5　湿式除尘器对烟气中 PCDD/Fs 去除效率（Hunsinger et al., 1998）

平行测试点	1	2	3	4	5
烟气初始浓度/ （ng TEQ/Nm^3）	17.50	14.91	11.77	13.06	12.44
净化烟气浓度/ （ng TEQ/Nm^3）	0.32	0.24	0.41	0.64	＜0.24
PCDD/Fs 减排效率/%	98.6	98.8	97.4	95.8	＞97.5

由表 6-5 可知，PCDD/Fs 的排放浓度均小于 1 ng TEQ/Nm^3。5 个平行测试点下，湿式除尘器对 PCDD/Fs 的脱除效率在 96%～99% 之间。因此，采用湿式除尘器能够实现烟气中 PCDD/Fs 的有效去除。同时，通过对净化后烟气中的 PCDD/Fs 检测发现（如表 6-6 所示），净化后烟气中 PCDD/Fs 的浓度与 PCDD/Fs 中的氯原子数量有关。

表 6-6　通过不同拉西环填料柱的 PCDD/Fs 的排放浓度（Hunsinger et al., 1998）

	填料柱 1	填料柱 2	填料柱 3
拉西环/mm	15×15	10×10	10×10
质量/kg	4.08	3.91	3.91
表面积/m^2	2.62	4.20	4.20
PCDDs			
Cl_4DD, Cl_5DD, Cl_6DD/（ng TEQ/Nm^3）		ND	
Cl_7DD/（ng TEQ/Nm^3）	18.5	13.6	19.1
Cl_8DD/（ng TEQ/Nm^3）	106.4	93.8	82.8
PCDFs			
Cl_4DF, Cl_5DF, Cl_6DF/（ng TEQ/Nm^3）		ND	
Cl_7DF/（ng TEQ/Nm^3）	7.9	5.4	8.0
Cl_8DF/（ng TEQ/Nm^3）	15.8	10.2	14.3

注：ND 表示未检测出。

由表 6-5 可知，低氯（$Cl_4DD \sim Cl_6DD$）的 PCDDs 和低氯（$Cl_4DF \sim Cl_6DF$）的 PCDFs 在净化后的烟气内未检测到，而通过对排放的 Cl_7DF 与 Cl_7DD 以及 Cl_8DF 与 Cl_8DD 比较发现，3 支填料柱的 Cl_7DF 排放浓度值均低于对应填料柱中的 Cl_7DD 值；3 支填料柱的 Cl_8DF 排放浓度值均低于对应填料柱的 Cl_8DD 值。

湿式除尘器在除尘的同时，能够吸收烟气中湿度较高、有腐蚀性的酸性含尘气体及其他有害成分，并且使烟气温度降低。同时，湿式除尘器能够减少垃圾焚烧中 PCDD/Fs 的排放，即 PCDD/Fs 排放浓度低于 1 ng TEQ/Nm^3。湿式除尘器因其净化气体的装置构造简单，初期投资较低，净化效率较高；设置了冲洗装置，不易出现粉尘黏结、堵塞管道等现象，因此在欧洲被企业广泛采用。

6.2.3　催化氧化技术

选择性催化还原是去除烟气中 NO_x 比较成熟的技术，后期研究表明，通过对催化剂的改性去除 NO_x 的同时，也能有效降解烟气中的 PCDD/Fs 等 UP-POPs（Topsoe et al., 1995）。自 20 世纪 80 年代起，在日本最初将催化氧化技术应用于烟气中 NO_x 的去除之后，利用催化脱硝装置进行高效去除 NO_x 在城市垃圾焚烧设施中得到了广泛应用。随着电除尘器逐渐地被布袋除尘器取代，除尘系统低温化的同时催化脱硝温度在实际工程中由原来的 250～300℃降低到 200℃左右。该技术在氧化氛围下能够同时有效地减少 PCDD/Fs 等持久性有机污染物的排放。由于具有操作简单、不产生残留物、低处理温度（低于 200℃）、催化活性稳定、催化剂可再生等优点，该技术被广泛地应用于 PCDD/Fs 等持久性有机污染物的控制，其对烟气中 PCDD/Fs 的去除效率高达 95%以上（Chang et al., 2007; Vehlow, 2012）。另有研究表明，用于去除废气和工业燃料燃烧过程中产生的 NO_x 的选择性催化技术能够同时有效地去除烟气中 PCDD/Fs、PCBs、PCNs 等持久性有机污染物(Chen et al., 2010)。在氧气气氛以及催化剂的作用下，PCDD/Fs 被分解为 CO_2、H_2O 和 HCl 等无机物，其降解效率主要取决于催化剂体积、反应温度和烟气通过选择性催化还原(selective catalytic reduction，SCR)反应器的空速。通过控制不同影响因素，可以实现 PCDD/Fs 的高效降解。

日本川崎重工业株式会社采用与脱硝相同的铊/钒系列催化剂，进行了二噁英等持久性有机污染物分解的小试、中试和示范工程实验，并在实际工程实验中开发了二噁英等持久性有机污染物的低温分解催化剂，设计了二噁英等持久性有机污染物的催化分解装置。图 6-17 和图 6-18 表示了 PCDD/Fs 的催化分解反应特征，根据图示结果，催化分解反应可视为一级反应。利用催化剂同时去除 NO_x 与 PCDD/Fs 的情况下，根据图 6-19 所示的脱硝率与二噁英分解率的关系计算确定 AV 值。川崎重工业株式会社多所垃圾焚烧设施利用脱硝装置进行 PCDD/Fs 去除的监测结果如图 6-20 所示，虽然催化剂用量根据脱硝效率所确定(未达到 PCDD/Fs 高效分解的需求)，但是 PCDD/Fs 的分解率均在 70%以上。另外，使用催化剂时，催化剂中毒是必须要考虑的问题，图 6-21 为已设置脱硝催化装置的设施中 NH_3 泄露浓度变化与催化剂中毒而引起脱硝性能下降的关系，可以看出催化剂使用寿命能维持在 3 年以上。以二噁英等持久性有机污染物的替代物质(CT：氯甲苯，DCB：二氯苯)进行的催化剂中毒性能试验结果如图 6-22 所示，催化剂性能与脱硝性能能够维持在同一水平(平冈正胜和冈岛重伸，1998)。

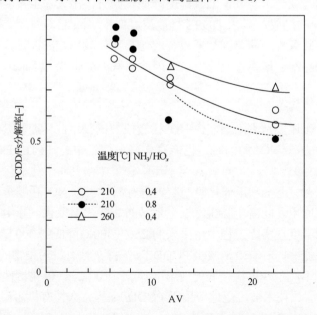

图 6-17 PCDD/Fs 分解率与催化剂 AV 值关系(平冈正胜和冈岛重伸，1998)

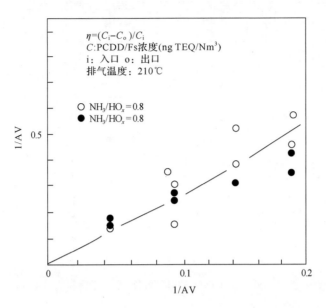

图 6-18　催化剂与 PCDD/Fs 分解特性（平冈正勝和冈岛重伸，1998）

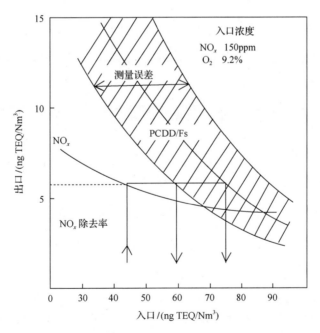

图 6-19　脱硝与 PCDD/Fs 分解所需催化剂 AV 值的核算关系
（平冈正勝和冈岛重伸，1998）

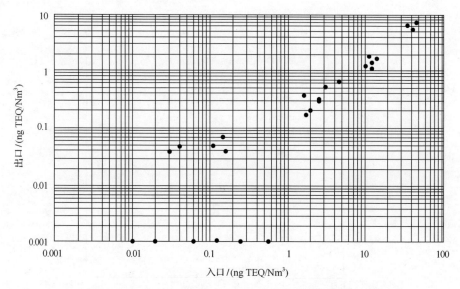

图 6-20　脱硝装置对 PCDD/Fs 的分解性能(平冈正胜和冈岛重伸，1998)

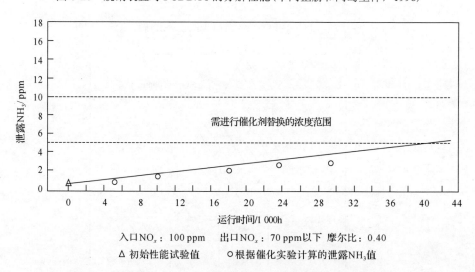

入口NO$_x$：100 ppm　　出口NO$_x$：70 ppm以下　摩尔比：0.40
△ 初始性能试验值　　○ 根据催化实验计算的泄露NH$_3$值

图 6-21　催化实验中 NH$_3$ 的泄露浓度变化(平冈正胜和冈岛重伸，1998)

　　另有研究表明，利用 NH$_3$-SCR 催化剂能够促进 PCDD/Fs 快速氧化降解(Boos et al., 1992; Jones and Ross, 1997; Dvořák et al., 2010)。在欧洲和日本，商用 V$_2$O$_5$-WO$_3$/TiO$_2$ 被广泛应用于生活垃圾焚烧烟气中 PCDD/Fs 以及 NO$_x$ 的同时去除 (Ide et al., 1996; Bonte et al., 2002)，催化剂含有较高的钒含量能够提高催化剂的氧化特性，从而减少 PCDD/Fs 和 NO$_x$ 的排放(Debecker et al., 2011; Weber et al., 1999b; Yang et al., 2008)。在实验室小试以及中试实验中，低温条件能够实现 PCDD/Fs 的降解率达到 99.9%以上(Liljelind et al., 2001; Weber et al., 2001c)。1998 年，德国

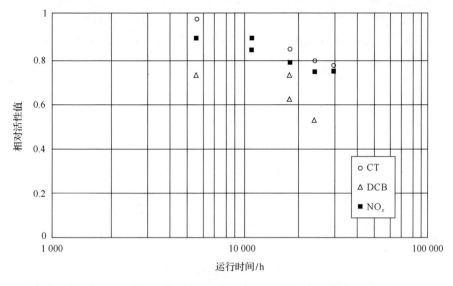

图 6-22　催化剂长期失效性能特征(平冈正胜和冈岛重伸，1998)

杜伊斯堡(Duisbure)的蒂森克虏伯股份公司蒂森(Thyssen)钢铁厂在 2 号烧结床开展了催化氧化脱除烟气中 PCDD/Fs 的实验。这是世界上首家钢铁企业采用氧化技术削减铁矿石烧结烟气中 PCDD/Fs 排放的案例。该 PCDD/Fs 减排系统(DeDiox)由比利时、法国、德国和荷兰的钢铁企业联合研发，催化反应器工艺如图 6-23 所示。

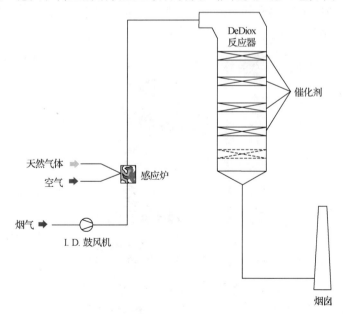

图 6-23　德国 Thyssen 钢铁厂 2 号烧结床中 DeDiox 催化反应器系统图(Lin et al., 2008)

为实现烟气中 PCDD/Fs 排放浓度低于 0.1 ng I-TEQ/Nm^3 的目标，2 号烧结床的烟气处理 DeDiox 系统由吸附剂喷射系统和催化氧化反应器串接而成。与垃圾焚烧炉烟气处理的催化氧化系统相比较，本系统不需要烟气再加热过程，运行成本增加较少。该 DeDiox 系统的工艺流程图如图 6-24 所示。

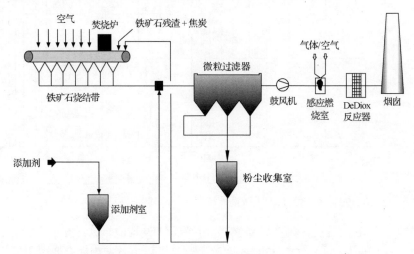

图 6-24　德国钢铁企业去除铁矿石烧结烟气中 PCDD/Fs 的工艺流程图(Lin et al., 2008)

DeDiox 催化反应器位于烟气控制系统的末端。PCDD/Fs 减排的典型 DeDiox 催化反应器结构如图 6-25 所示，当温度低于 130℃时，DeDiox 反应器需要装配 6 层以上的催化剂，随着运行温度的升高，所需要的催化剂体积减少。因此，在

图 6-25　DeDiox 催化反应器结构图(平冈正胜和冈岛重伸，1998)

DeDiox 反应器前装配煤气炉，以确保催化氧化反应器温度高于 130℃。该系统适用于运行温度在 200℃ 以上的设备。

在催化氧化技术的基础上，美国戈尔公司(W. L. Gore & Associates，Inc)开发了活性炭吸附-催化过滤(REMEDIA™)技术，以减少垃圾焚烧系统中 PCDD/Fs 的排放(Pařízek et al., 2008)。该技术是表面过滤技术和催化过滤技术的集成工艺，能够减少烟气中的粉尘、重金属和 PCDD/Fs 的排放，目前已在世界各地 50 多家垃圾焚烧厂进行了成功应用。

PCDD/Fs 去除示意图如图 6-26 所示，表面过滤能对飞灰中的重金属进行分离，去除颗粒吸附的 PCDD/Fs，REMEDIA™滤袋表面有高精度的聚四氟乙烯(E-PTFE)微孔薄膜，可以最大限度地去除烟气中的亚微粉尘。E-PTFE 薄膜过滤精度高，能阻挡任何细微的颗粒穿透到底料中，确保内置催化剂活性，保证粉尘排放稳定在 10 mg/m^3 以下。催化过滤工艺中的催化剂具有催化氧化作用，气态的 PCDD/Fs 穿透薄膜进入含有催化剂的底料，底料是一种针刺结构，由 PTFE 纤维与特殊配方催化剂所组成。催化剂的工作温度范围在 180~260℃，在此温度范围内，催化剂将 PCDD/Fs 催化氧化为 CO_2、H_2O 和 HCl。

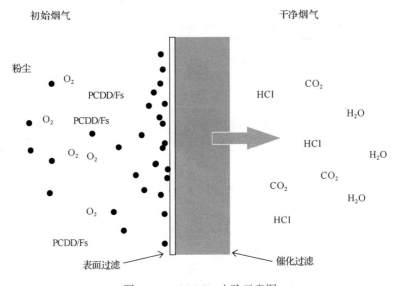

图 6-26　PCDD/Fs 去除示意图

捷克也采用了 REMEDIA™技术，以减少垃圾焚烧烟气中 PCDD/Fs 的排放。捷克某处理能力为 360 t/h 的生活垃圾焚烧厂采用 REMEDIA™技术处理焚烧烟气中 PCDD/Fs 以及 NO_x。该生活垃圾焚烧厂的烟气流量为 65 000 Nm^3/h，年运行时间达到 8000 h。该垃圾焚烧厂的 REMEDIA™ 技术系统示意图如图 6-27 所示。

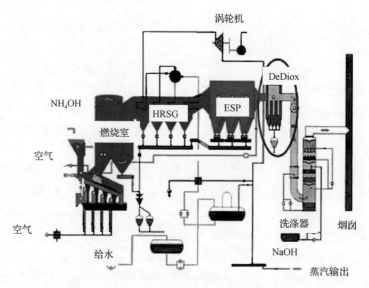

图 6-27　采用 REMEDIA™ 技术的系统示意图

美国戈尔公司采用 REMEDIA™ 技术运行情况如表 6-7 所示。

表 6-7　美国戈尔公司的 REMEDIA™ 技术示范工程工况

烟道气体流量	65 000 Nm³/h
烟道气体温度（DeNO$_x$/DeDiox）	110℃
进入烟道前温度（REMEDIA™）	220℃
焚烧厂的年运转周期	8000 h/a

REMEDIA™系统的增量成本分析表明，采用该技术的运行费用比联合采用 2 个单独的脱除 NO$_x$ 和 PCDD/Fs 等持久性有机污染物系统的运行费用低 61.4%（图 6-28）（Pařízek et al., 2008）。

DeNO$_x$/DeDiox 系统之所以运行成本较高，是由于需要将烟气加热到反应所需要的温度（约 250℃），对烟气进行预加热所消耗的能量为 3.92 GJ/h。而利用 REMEDIA™过滤袋的系统通常不需要对烟气进行加热，而且由于该过滤袋的实际使用寿命较长，使得该系统自身的运行成本降低。尽管两类系统中催化剂的保证时间均为 4 年，但实际运行结果显示 REMEDIA™系统滤袋实际使用寿命可达 8 年。此外，DeNOx/DeDiox 系统风机传动装置能耗为 218 kW，使用 REMEDIA™ 系统，能耗比 DeNOx/DeDiox 系统减少了 57%。

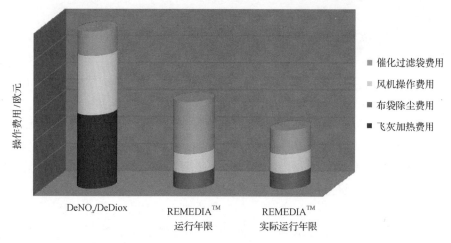

图 6-28　DeNO$_x$/DeDiox 系统和 REMEDIA^{TM} 系统运行成本分析
（以一年运行费为基准）(Pařízek et al., 2008)

采用 REMEDIA™系统的 PCDD/Fs 的减排效果表明，采用该系统能够实现 PCDD/Fs 的高效减排。示范企业 2003 年和 2006 年焚烧炉烟气在进入 REMEDIA™ 系统前后减排效果如图 6-29 所示。结果显示，该系统长期运行也能够保持对 PCDD/Fs 较好的减排效果。REMEDIA™系统的应用表明，袋式除尘器中布袋表面过滤部分对烟气中重金属的去除效率高达 96.6%，催化过滤部分内层所含的催化剂对 PCDD/Fs 的降解效率高达 98.8%，排放浓度达到排放标准以下(0.1 ng TEQ/Nm^3)，而且该系统内层滤网还能够通过脉冲喷射清洁技术对催化剂进行去灰清理，能够长期保持催化剂对 PCDD/Fs 较高的去除效率。

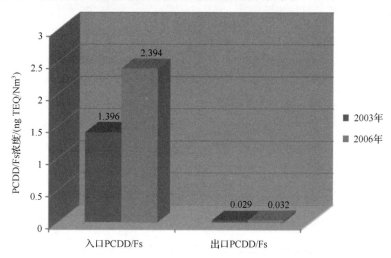

图 6-29　REMEDIA™系统烟气中 PCDD/Fs 的减排效果(Pařízek et al., 2008)

6.2.4　催化剂反应塔

如 6.2.1.2 节所述，在除尘器入口处喷射粉末活性炭（运行温度约 170℃），二噁英等持久性有机污染物的吸附去除率约达到 95%。因此布袋除尘器入口处的 PCDD/Fs 浓度在 1.0 ng TEQ/Nm^3 的情况下，出口浓度能够达到《新指南》标准的 0.1 ng TEQ/Nm^3 以下。但是，日本石川岛播磨重工业株式会社考虑到运行成本的问题，开发了新型催化剂，并在实际工程中进行了性能验证。催化剂温度与 PCDD/Fs 的分解效率的关系如图 6-30 所示。在通常情况下，催化剂入口处气体温度在 200℃以上，但是如前所述为了去除二噁英等持久性有机污染物，布袋除尘器入口处气体温度进行低温化处理，因此催化剂入口处的气体有必要进行再加热处理。该公司针对这一问题，开发了低温范围下能够高效去除二噁英等持久性有机污染物的催化剂，正如图 6-30 所示，在低温范围运行与 200℃以上运行时 PCDD/Fs 去除效率几乎相同（平冈正胜和冈岛重伸，1998）。

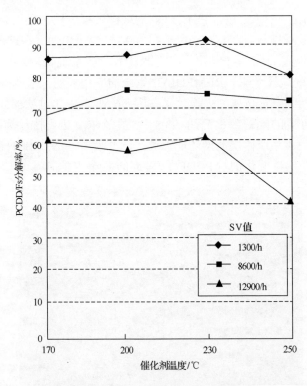

图 6-30　催化剂温度与 PCDD/Fs 的分解效率关系（平冈正胜和冈岛重伸，1998）

为进一步降低布袋除尘器出口烟气中二噁英等持久性有机污染物的浓度，神户制钢所设计了催化剂反应塔，其目标是将布袋除尘器排放的烟气（其中 PCDD/Fs

浓度为 0.1 ng TEQ/Nm^3)中的 PCDD/Fs 浓度再降低一个数量级。通常催化剂反应塔的反应温度为 200℃以上,该公司采用低温型催化剂,在 170℃条件下长期运行实验结果如表 6-8 所示。采用合适的催化剂,烟气中 PCDD/Fs 的浓度能够达到比《新指南》0.1 ng TEQ/Nm^3 标准更低的浓度(0.03~0.04 ng TEQ/Nm^3)。

表 6-8　170℃条件下催化剂反应塔中排放的烟气特性(平冈正勝和冈岛重伸,1998)

项目		催化剂 No.1	催化剂 No.2	催化剂 No.3
催化剂成分	V$_2$O$_5$/%	4	5	10
	WO$_3$/%	14	5	0
	TiO$_2$ 及其他/%	82	90	90
排放气体中氧气浓度/%		约 13	约 13	约 13
PCDDs/(ng/Nm^3)		0.68	0.99	1.5
PCDFs/(ng/Nm^3)		2.2	5.3	6.9
(PCDDs+PCDFs)/(ng/Nm^3)		2.9	6.2	8.4
毒性当量换算值/(ng TEQ/Nm^3)		0.04	0.03	0.10

6.2.5　活性炭吸附技术

利用吸附剂吸附脱除烟气中各类污染物是常用的烟气净化技术,而活性炭是最常用的吸附剂。活性炭烟气净化技术包括活性炭喷射技术、湿式洗涤吸附技术、固定床吸附过滤技术以及碳镶塑料吸附技术等。活性炭烟气净化技术除了能够减少 PCDD/Fs 等持久性有机污染物的排放,同时也能够实现 SO$_2$、NO$_x$、重金属、卤化氢和粉尘等污染物的吸附,钢铁企业烟气处理量通常在 $90×10^4$~$210×10^4$ Nm^3/h,实际应用效果良好。此外,采用该技术还可以通过吸附 SO$_2$ 制备硫酸,从而弥补运行费用。

如表 6-9 所示,采用活性炭烟气净化技术的大型钢铁企业包括日本的新日铁、JFE、住友金属和神户制钢,韩国的浦项钢铁和现代制铁,澳大利亚的博思格钢铁以及中国的太原钢铁(集团)有限公司等。对活性炭技术减排效果的分析表明,采用活性炭喷射技术、湿式洗涤吸附技术和固定床吸附减排技术,PCDD/Fs 的排放浓度均达到 0.1 ng TEQ/Nm^3 以下。

活性炭反应器是高效处理工艺,PCDD/Fs 的去除效率与吸附剂的喷射量、吸附剂的分布程度、接触概率及炉温(通常为 200℃以内)等因素有关。利用该系统可削减 PCDD/Fs 的排放,排放浓度低于欧盟排放标准(0.1 ng TEQ/Nm^3)。

表 6-9　活性炭烟气净化技术在铁矿石烧结减排 PCDD/Fs 中的工程应用

企业	国别	流量/(10^4 Nm^3/h)	目标去除物成分	SO_2浓度/(mg/Nm^3)	脱硫率/%	脱硝率/%	PCDD/Fs 去除率/%	副产物	技术类型	投运时间(年.月)
新日铁名古屋制铁所 No.3[a]	日本	90	SO_x, NO_x	360	97	40	—	硫酸	住友, SHI	1987.8
新日铁名古屋制铁所 No.1 & No.2	日本	130	SO_x, NO_x, 粉尘	—	—	—	—	硫酸	住友, SHI	1998
JFE 公司福山厂 No.4	日本	110	SO_x, NO_x, 粉尘, PCDD/Fs	—	>80	40	98	硫酸	MET-Mitsui-BF	2001.11
JFE 公司福山厂 No.5	日本	170	SO_x, NO_x, 粉尘, DXNs	—	>80	40	98	硫酸	MET-Mitsui-BF	2002.4
住友金属鹿岛厂 No.2	日本	110	SO_x, NO_x, 粉尘, PCDD/Fs	—	99.9	—	—	石膏	MET-Mitsui-BF	2002.12
住友金属鹿岛厂 No.3	日本	110	SO_x, NO_x, 粉尘, PCDD/Fs	—	99.9	—	—	石膏	MET-Mitsui-BF	2002.12
新日铁大分 No.1	日本	130	SO_x, NO_x, 粉尘, PCDD/Fs	—	>95	—	—	硫酸	住友, SHI	2003
博思格钢铁, PortKembla Steelworks (BHP)	澳大利亚	155.2	粉尘, DXNs	—	—	—	—	—	住友, SHI	2003
伯卡罗钢厂 No.1	印度	—	SO_x	—	>95	—	—	硫酸	—	2003.7
新日铁君津 No.3	日本	165	SO_x, NO_x, 粉尘	—	>95	—	—	硫酸	住友, SHI	2004

续表

企业	国别	流量/(10^4 Nm³/h)	目标去除物成分	SO₂浓度/(mg/Nm³)	脱硫率/%	脱硝率/%	PCDD/Fs 去除率/%	副产物	技术类型	投运时间(年.月)
浦项钢铁 No.3 (POSCO)	韩国	135	SO$_x$, NO$_x$, DXNs	—	>95	—	—	—	住友, SHI	2004.4
浦项钢铁 No.4 (POSCO)	韩国	135	SO$_x$, NO$_x$, PCDD/Fs	—	>95	—	—	—	住友, SHI	2004.5
住友金属和歌山厂 No.5	日本	102.4	SO$_x$, NO$_x$, 粉尘	551	80	70	—	石膏	J-POWER	2009.1
现代制铁唐津 No.1& No.2	韩国	—	SO$_x$, NO$_x$, 粉尘, PCDD/Fs	—	>90	—	—	—	住友, SHI	—
深户加古川 No.1, KSL	日本	150	SO$_x$, NO$_x$, 粉尘, PCDD/Fs	—	>95	—	—	硫酸	住友, SHI	2010
太钢 No.3	中国	144.4	SO$_x$, NO$_x$, 粉尘, PCDD/Fs	639	>98.8	61.0	90	硫酸	住友, SHI	2010
太钢 No.4	中国	202.6	SO$_x$, NO$_x$, 粉尘, PCDD/Fs	975	>95	>33	86.7	硫酸	住友, SHI	2010

a 编号代表不同烧结。

6.2.5.1　活性炭喷射

　　活性炭喷射技术是指活性炭通过喷射系统随气体注入,污染物直接被吸附后,活性炭吸附剂被收集在除尘器上。不同类型的活性炭具有不同的吸附效率,这与活性炭粉末的颗粒形状、孔隙率等性质有关,而活性炭的性质会受到制造过程的影响(Buchwalder et al., 2008)。

　　在除尘器前端喷射粉末活性炭,能够吸附气态的二噁英等持久性有机污染物,从而实现 PCDD/Fs 等 UP-POPs 的高效去除。利用活性炭喷射系统注入活性炭,添加石灰石作为惰性材料可防止活性炭燃烧,而碳酸氢盐等碱性试剂用于调节酸碱度。污染物被吸附后,活性炭吸附剂被收集在除尘器上,通常在活性炭吸附装置后安装布袋除尘器、静电除尘器或其他除尘设备。PCDD/Fs 的去除效率与烟气温度、活性炭喷射量、活性炭性能、喷射方式和除尘装置等条件有关。活性炭喷射技术在 PCDD/Fs 减排方面有着广泛的应用。Tejima 等(1996)研究表明,当烟气温度在 160~190℃的范围时,喷入活性炭后 PCDD/Fs 的去除效率可达到 97%~98%,活性炭喷射方案的技术指标和经济指标如表 6-10 所示。Chi 等(2006)在某大型垃圾焚烧发电厂利用活性炭吸附结合除尘器以去除二**噁英**等持久性有机污染物,当活性炭喷射速率为 100 mg/Nm^3 时,PCDD/Fs 的去除率达到 95.5%,排放浓度降至 0.031 ng TEQ/Nm^3。Abad 等(2003)证实,在垃圾焚烧发电厂利用活性炭喷射技术结合除尘器-半干法脱酸装置,PCDD/Fs 的去除效率达到了 92%~96%,出口浓度降低到 0.036 ng TEQ/Nm^3。Chang 等(2009)研究表明,当活性炭喷射速率达到 150 mg/Nm^3 时,PCDD/Fs 的去除效率超过 95%。Abad 等(2003)对西班牙巴塞罗纳蒙特卡代雷克萨克的垃圾焚烧厂研究表明,布袋除尘器前喷射活性炭粉末后,飞灰中 PCDD/Fs 的排放浓度低于 0.036 ng TEQ/Nm^3。此外,活性炭喷射技术结合除尘装置能够有效削减 PCDD/Fs 的排放(Cudahy and Helsel,2000)。日本石川岛播磨重工业株式会社的实际运行数据表明,运行温度约 170℃时,利用活

表 6-10　活性炭喷射方案的技术指标和经济指标(Tejima et al., 1996)

	指标	活性炭喷射方案
技术指标	可达到的排放值	0.05~0.10 ng TEQ/Nm^3
	控制方式	吸附
	能耗	低
	安装	容易
经济指标	对其他污染物的协同控制	吸附去除重金属(如汞),燃烧形成的不完全燃烧产物(如 PCBs、PAHs 等)
	对其他环境介质影响	转移到飞灰中,需进行危险废物处置
	技术限制及要求	易操作,技术限制低

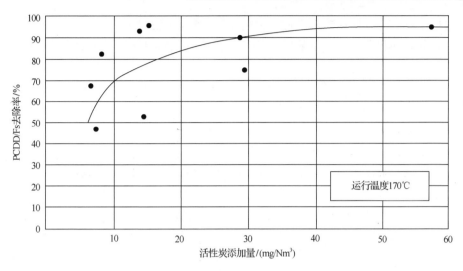

图 6-31　活性炭喷射量与 PCDD/Fs 去除效率的关系(平冈正勝和冈岛重伸，1998)

性炭喷射技术对 PCDD/Fs 的吸附去除率约为 95%(见图 6-31)，因此除尘装置入口处烟气中的 PCDD/Fs 浓度为 1.0 ng TEQ/Nm^3 的情况下，烟气中 PCDD/Fs 的出口浓度能够达到《新指南》标准要求的 0.1 ng TEQ/Nm^3 以下。

日本川崎重工业株式会社的实际烟气中的测试结果如图 6-32 所示，粉末活性炭的作用效果与气体流速、除尘温度、活性炭种类等因素有关，与除尘装置单独

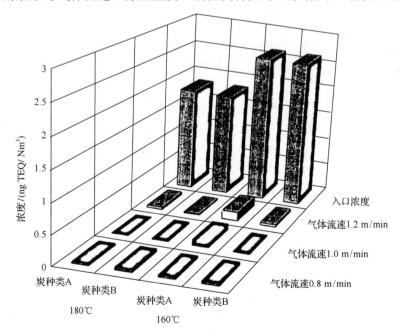

图 6-32　粉末活性炭对除尘烟气中 PCDD/Fs 的去除效果(平冈正勝和冈岛重伸，1998)

使用相比较，前段增加粉末活性炭喷射工艺以后，PCDD/Fs 能够被高效去除。同时，装置启动和停止时由于瞬时污染物的浓度变化而引起的记忆效应能够得到有效的控制。

活性炭喷射技术在去除 PCDD/Fs 的同时，对烟气中燃烧形成的不完全燃烧产物(products of incomplete combustion，PIC)如 PCBs、氯苯、氯酚和多环芳烃(PAHs)等污染物的去除率达到 90%(Chi et al., 2006)。同时对重金属汞也能够高效吸附，使其排放浓度低于欧盟排放限值(0.05 mg/Nm^3)。

2000 年以后，比利时根特的安赛乐米塔尔(ArcelorMittal)铁矿石烧结厂 1 号和 2 号烧结机，使用活性炭喷射技术削减 PCDD/Fs 等持久性有机污染物的排放。在使用活性炭喷射技术时，为了避免活性炭在静电除尘器内燃烧，限制进入静电除尘器中粉尘的碳含量，并注入惰性材料(例如细碎的石灰石、熟石灰等)。安赛乐米塔尔铁矿石烧结厂中进入 ESP 粉尘的碳含量不低于 25%，烟气流量为 160 万 Nm^3/h，每立方米烟气注入 80 mg 褐煤活性炭，石灰石粉给料速率为 200 mg/Nm^3(Buchwalder et al., 2008)。

安赛乐米塔尔铁矿石烧结厂中两个烧结床活性炭喷射设备的投资总额为 250 万欧元，运行成本增量为 0.15 欧元/吨。2006 年的检测结果显示，该示范企业烧结床烟气中 PCDD/Fs 排放浓度为 0.5 ng TEQ/Nm^3。使用该技术的案例在安赛乐米塔尔、艾森许滕施塔特(Eisenhüttenstadt)、蒂森克虏伯(Thyssen Krupp)及杜伊斯堡-施维根(Duisburg-Schwelgern)中也进行了成功的应用，PCDD/Fs 减排效果明显。2006 年的检测结果显示，上述四个示范企业烧结烟气中 PCDD/Fs 排放浓度为 0.115~0.255 ng TEQ/Nm^3。其中，2007 年第一季度，Thyssen Krupp 和 Duisburg-Schwelgern 示范企业的 PCDD/Fs 的平均排放浓度分别为 0.152 ng TEQ/Nm^3 和 0.22 ng TEQ/Nm^3。

6.2.5.2 活性炭吸附装置

利用活性炭吸附技术去除烟气中污染物的活性炭吸附装置，作为烟气排放到大气前的最后一道屏障被广泛应用。相对于在除尘器前段喷射活性炭吸附烟气中的二噁英等持久性有机污染物的工艺，吸附剂充填塔内部装备了活性炭等系列吸附剂的充填层，通过烟气与吸附剂充分接触，高效去除二噁英等持久性有机污染物。活性炭吸附装置的设计需要考虑吸附剂的吸附性能、抗燃性能，以及通风阻抗等特性。典型吸附反应塔和活性炭再生塔装备结构如图 6-33 所示。吸附反应塔为逆流移动床，在床内活性炭和烟气逆流接触，活性炭分为三层，各层的颗粒下落速度和停留时间不同，以实现高效脱硫、脱硝、脱 PCDD/Fs；再生塔为列管式换热器结构，一般采用间接换热。日本 J-POWER 公司活性炭脱硫、脱硝、脱 PCDD/Fs 装备与日本住友公司的活性炭系统的结构类似，也为逆流移动床吸附反应器和列管式脱附再生器。德国 WKV 公司开发了新型逆流床脱硫、脱硝、去除 PCDD/Fs 装备，这类新型装备仍在不断开发中。

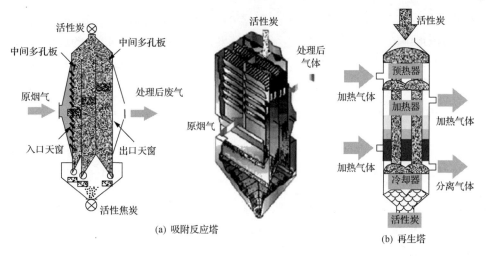

图 6-33 活性炭吸附塔去除污染物装备示意图(Buchwalder et al., 2008)

日本荏原制作所某设施中，活性炭吸附塔对 PCDD/Fs 去除性能的实际工程运行数据如图 6-34 所示，无论活性炭吸附塔入口处烟气中的 PCDD/Fs 浓度高低，活性炭吸附塔出口处的 PCDD/Fs 浓度均保持在《新指南》标准 0.1 ng TEQ/Nm³ 以下。日本川崎重工业株式会社某焚烧设施采用交叉流动式移动层吸附塔进行烟气中二噁英等持久性有机污染物的吸附去除。吸附塔入口、出口的污染物测试结果如表 6-11 所示，活性炭吸附塔出口处烟气中的 PCDD/Fs 浓度低于 0.1 ng TEQ/Nm³。日

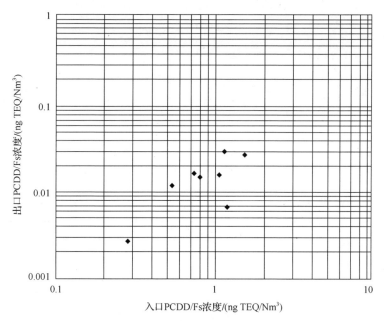

图 6-34 吸附剂吸附塔中 PCDD/Fs 去除性能(Buchwalder et al., 2008)

本钢管株式会社的某设施实际工程运行烟气温度为 130~150℃、空速 800 h^{-1}，活性炭吸附塔中填充成型活性炭，连续运行结果如图 6-35 所示，140 天的运行结果表明 PCDD/Fs 的浓度一直维持在 0.1 ng TEQ/Nm^3 以下，未表现出活性炭劣化现象。

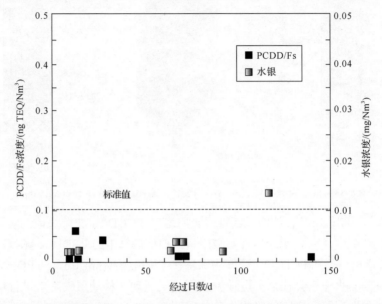

图 6-35   活性炭吸附塔运行时间与出口烟气中污染物浓度关系（平冈正胜和冈岛重伸，1998）

表 6-11   活性炭吸附塔实际运行结果（平冈正胜和冈岛重伸，1998）

	PCDDs（总）		PCDFs（总）		PCDDs+PCDFs（总）		CB	CO 浓度	粉尘浓度
	（O$_2$,12%）	毒性当量浓度	（O$_2$,12%）	毒性当量浓度	（O$_2$,12%）	毒性当量浓度	（O$_2$,12%）	（O$_2$,12%）	（O$_2$,12%）
	ng/Nm^3	ng TEQ/Nm^3	ng/Nm^3	ng TEQ/Nm^3	ng/Nm^3	ng TEQ/Nm^3	ng/Nm^3	ppm	mg/Nm^3
试验条件	气体温度：150℃，LV：0.25 m/s，SV：2200 h^{-1}（Nm^3/h）								
吸附塔入口	7.0	0.18	45	0.54	52	0.72	7500	56	3.2
吸附塔出口	0.16	0.00041	0.44	0.0022	0.61	0.0026	220	83	0.7
试验条件	气体温度：150℃，LV：0.12 m/s，SV：1100 h^{-1}（Nm^3/h）								
吸附塔入口	4.6	0.18	39	0.54	44	0.68	9000	150	6.1
吸附塔出口	0.62	0.0068	2.5	0.0064	3.1	0.071	63	190	1.4

6.2.5.3　活性焦炭吸附塔

活性焦炭吸附塔通常使用粒径为 1~10 mm 的活性焦炭充填塔内部各层，当烟气全量通过各层时，烟气中的二噁英等持久性有机污染物以及其他微量有害物质被吸附去除。吸附了有毒有害污染物的活性焦炭，依次向下部移动、排放，以保证填充层内吸附剂良好的性能。由于烟气能够全量通过，因此污染物的去除性能稳定。由于使用后的活性焦炭能够作为燃料在焚烧炉内燃烧，因此不需要搬运至焚烧设施外部，并且活性焦炭上吸附的持久性有机污染物在高温条件下能够完全分解。日本田熊(TAKUMA)公司的某垃圾焚烧设施中，经活性焦炭吸附塔后的烟气中污染物特征(O_2，12%换算)如表 6-12 所示。

表 6-12　活性焦炭吸附塔出口的烟气中污染物特征(平冈正勝和冈島重伸，1998)

PCDD/Fs	0.1 ng TEQ/Nm³ 以下
汞	0.01 mg/Nm³ 以下
其他重金属	0.2 mg/Nm³ 以下
HCl	0.2 mg/Nm³ 以下
硫氧化物	2 ppm 以下
粉尘	5 mg/Nm³ 以下

日本神户制钢所利用活性焦炭吸附塔，进行除尘器出口的烟气净化。该系统装置图及构造图如图 6-36 所示，其具有如下优点：①活性焦炭吸附塔入口处的 PCDD/Fs 浓度即使发生变动，出口烟气中的 PCDD/Fs 浓度仍能保证在 0.1 ng TEQ/Nm³ 以下；②能够同时实现烟气中包括汞等微量的多种有害污染物的协同吸附去除；③使用后的吸附剂能够便捷地投入到焚烧炉内，进行焚烧处理；④烟气通过吸附层时被分为三部分，劣化的吸附剂在不同部分能够被有效排出，从而节约吸附剂的使用量；⑤直、交流交替的方式，能够节省设置面积约 1/2、压头损失约 1/4。具体运行数据如表 6-13 所示，PCDD/Fs 和重金属等污染物被高效去除。新日本制铁株式会社的某焚烧设施设置了活性焦炭吸附塔，运行空速为 500~1500 h⁻¹，烟气温度为 130~180℃。使用后的活性焦炭投入熔融炉中，吸附的二噁英等持久性有机污染物在熔融炉的燃烧室内被完全分解。烟气中 PCDD/Fs 的浓度能够降低 90%~100%。

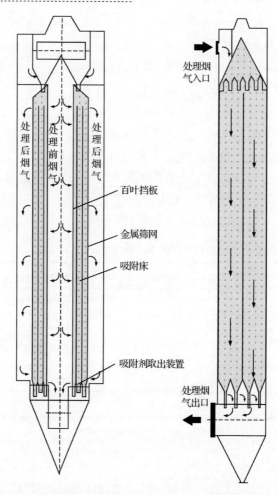

图 6-36　活性焦炭吸附塔构造图(平冈正勝和冈岛重伸，1998)

表 6-13　活性焦炭吸附塔实际运行参数(平冈正勝和冈岛重伸，1998)

测定物质	单位	标准值	①	②	③	④	⑤	⑥
飞灰	mg/Nm³	5	<1.0	<1.0	<1.0	<1.0	<1.0	<1.0
SO$_x$		40	12	<5	23	11	<5	<5
Cd	mg/Nm³	0.05	<0.003	<0.001	<0.003	<0.003	<0.001	<0.001
Hg	mg/Nm³	0.05	0.03	0.003	0.002	0.004	0.001	0.001
As,Co,Cu,Mn,Ni,Pb, Sb,So,Sn,Te,V	mg/Nm³	1	0.03	<0.05	0.03	0.04	<0.05	<0.05
PCDD/Fs	ng TEQ/Nm³	0.1	0.01	0.03	0.01	0.015	0.013	0.009

6.3　焚烧飞灰中 PCDD/Fs 的分解

　　焚烧设施中排放的二噁英等持久性有机污染物大部分存在于飞灰和烟气中，而飞灰中含有的二噁英等 UP-POPs 约占总量的 90%。因此，从考虑环境总负荷的角度出发，飞灰中二噁英等持久性有机污染物的分解处理至关重要。

6.3.1　催化氧化法

　　飞灰中二噁英等持久性有机污染物的分解是在 450℃条件下进行加热处理，在氧气存在的情况下，飞灰中的金属化合物可作为催化剂能够促进二噁英等持久性有机污染物发生脱氯反应，同时也能够破坏苯环结构，因此 UP-POPs 被分解。日本三井造船株式会社开发了"Dio-Breaker®"专利技术。图 6-37 为设备装置图，该技术具有如下特点：①由多个内筒组合的外加热式回转窑炉；②燃料、电作为热源被共同使用；③空气加热未燃烧组分后排出水分，因此节约热能；④与灰分相比较，内筒传热面积大、传热速度快，处理效率高；⑤系统简单，能够实现自动运行。

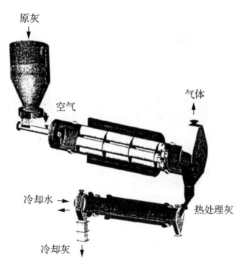

图 6-37　"Dio-Breaker"结构图（平冈正胜和冈岛重伸，1998）

　　该设备对于 PCDD/Fs 的去除率以及总排放量的测试结果如图 6-38 和图 6-39 所示，二噁英等持久性有机污染物的浓度被大幅度削减，能够达到标准的要求。因此，不使用熔融技术、催化氧化技术也能够大幅度减少二噁英等持久性有机污染物的排放（平冈正胜和冈岛重伸，1998）。

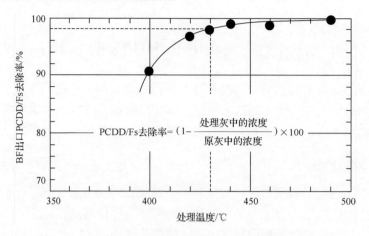

图 6-38　PCDD/Fs 去除性能（平冈正勝和冈岛重伸，1998）

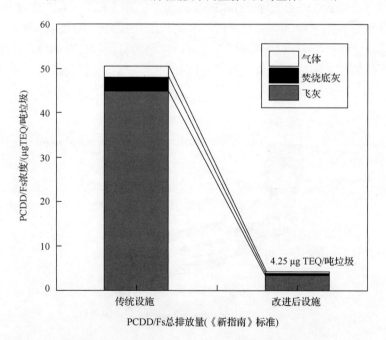

图 6-39　PCDD/Fs 的总排放量的测试结果（平冈正勝和冈岛重伸，1998）

6.3.2　加热脱氯处理技术

　　针对飞灰中二噁英等持久性有机污染物的去除技术，加热脱氯处理是有效的技术方法。日本川崎重工业株式会社引进了德国 Hagenmaier 处理系统进行二噁英等 UP-POPs 的热分解处理。通过在日本对实际飞灰的长期实验验证，该技术达到了实际应用水平，已经成功进行了产业化应用。其加热分解条件为：缺氧气氛(O₂ 浓度<1%)、温度 350～400℃、停留时间 30～60min，为防止二噁英等持久性有机污染物分解后再合成，系统被快速降温至 140℃以下。加热处理装置和飞灰的热分解处理结果分别如图 6-40 和图 6-41 所示，PCDD/Fs 的分解效率能够达到 98%以上，装置出口处的 PCDD/Fs 浓度达到了《新指南》的标准 0.1 ng TEQ/g 以下。

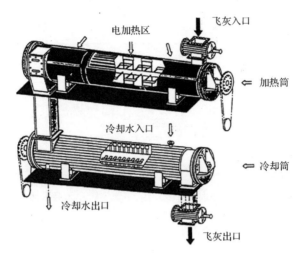

图 6-40　PCDD/Fs 热分解装置图(平冈正胜和冈岛重伸，1998)

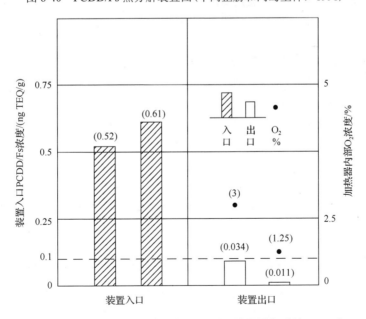

图 6-41　飞灰的热分解处理结果(平冈正胜和冈岛重伸，1998)

日本荏原制作所采用的加热脱氯处理装置流程图如图 6-42 所示，处理过程中隔绝空气，在 400℃条件下保持 1h，飞灰中的 PCDD/Fs 能够分解 95%以上。加热过程中飞灰中的水分和汞等挥发性重金属被蒸发，通过冷却处理后进行冷凝分离。

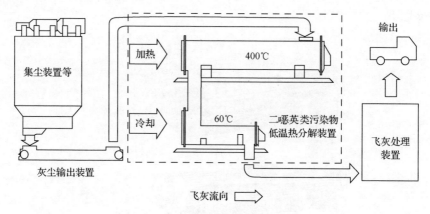

图 6-42　加热脱氯处理装置流程图(平冈正勝和冈岛重伸，1998)

6.3.3　熔融技术

熔融固化处理能够实现焚烧底灰、焚烧飞灰的减化、无害化，并实现熔融玻璃体的有效利用，因此是未来垃圾处理系统的重要组成部分。

6.3.3.1　等离子体熔融技术

与焚烧底灰相比较，飞灰中二噁英等持久性有机污染物的浓度高，有必要进行熔融处理或者加热脱氯处理。日本神户制钢所从二噁英等 UP-POPs 分解与熔融玻璃体有效利用的角度出发，对飞灰进行等离子体熔融处理。等离子体熔融炉的结构如图 6-43 所示。美马垃圾处理厂采用焚烧+熔融系统进行垃圾焚烧与飞灰熔融处理，物料平衡如图 6-44 所示。该系统的焚烧炉采用流化床炉，灰分中大约 40%为焚烧底灰，从炉底排放。由于底灰中的重金属、二噁英等持久性有机污染物的浓度在安全范围内，因此进行颗粒尺度调整后可作为骨料进行有效利用。烟气处理过程中，为去除酸性气体，喷入了消石灰，产生的飞灰采用熔融处理方式处置。从规模上看，该垃圾焚烧厂的熔融系统处理量为 5 t/d，与处理量为 72 t/d 的垃圾焚烧炉相比，熔融设施占地小。参照日本环境省厅告示第 46 号的浸出试验方法，熔融玻璃体的性状如表 6-14 所示。全部测定项目的浸出结果满足日本土壤浸出毒性标准，同时 PCDD/Fs 浓度非常低，达到了日本环境安全标准的要求。

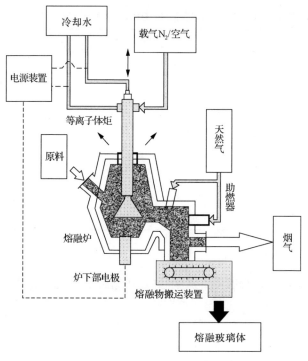

图 6-43　等离子体熔融炉结构图(平冈正胜和冈岛重伸，1998)

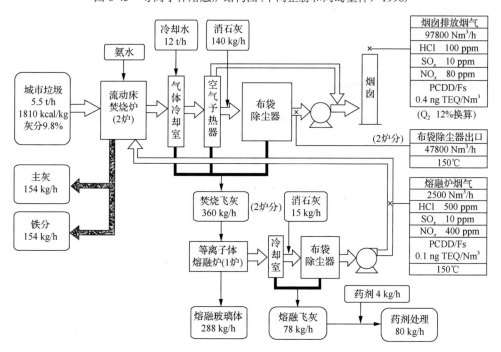

图 6-44　美马垃圾处理厂焚烧+熔融系统的物料平衡图(平冈正胜和冈岛重伸，1998)

表 6-14 熔融玻璃体浸出实验的重金属 PCDD/Fs 浓度（平冈正勝和冈岛重伸，1998）

项目	测定结果	土壤浸出毒性基准
pH	9.9	—
Cd	<0.001 mg/L	<0.01 mg/L
Pb	<0.001 mg/L	<0.01 mg/L
Cr^{6+}	<0.005 mg/L	<0.05 mg/L
As	<0.001 mg/L	<0.01 mg/L
Hg	<0.0005 mg/L	<0.0005 mg/L
Se	<0.001 mg/L	<0.01 mg/L
PCDD/Fs	<0.001 ng TEQ/g	—

6.3.3.2 电阻抗式灰熔融技术

日本钢管株式会社（NKK）的电阻抗式灰熔融处置工艺是将焚烧飞灰与底灰进行电阻抗式混合熔融处理后，对飞灰中含有的重金属、二噁英等持久性有机污染物同时进行无害化处置。图 6-45 为日本钢管株式会社的电阻抗式灰熔融处置工艺流程。参照垃圾焚烧炉的产生量，设定飞灰混合比例为 30%（底灰∶飞灰=70∶30）时，对灰分、熔融玻璃体以及烟气中的 PCDD/Fs 含量等特性进行了分析（明石哲夫他，1997），图 6-46 为 PCDD/Fs 以及其他污染物在熔融过程中的浓度变化特征。

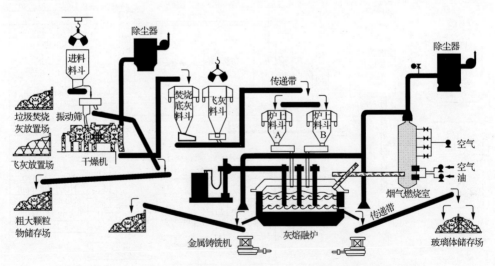

图 6-45 NKK 电阻抗式灰熔融工艺流程图（平冈正勝和冈岛重伸，1998）

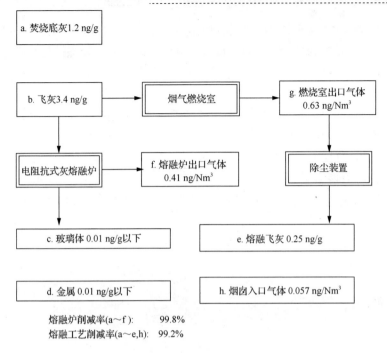

图 6-46　灰熔融工艺中 PCDD/Fs 的浓度变化(平冈正胜和冈岛重伸，1998)

6.4　垃圾热解熔融处理技术

垃圾焚烧处理技术会通过烟气和飞灰向环境释放二噁英等持久性有机污染物，改变传统的垃圾焚烧技术。采用热解熔融工艺是从根本上减少垃圾处理过程中二噁英等持久性有机污染物排放的重要技术升级。

6.4.1　燃烧熔融 R21 技术

日本三井造船株式会社为控制二噁英类持久性有机污染物的排放，一直采用代替炉排炉与流化床炉的热解熔融工艺(三井 Recycling 21，简称 R21)，并进行了产业化应用(平冈正胜和冈岛重伸，1998)。工艺的特点如下：①二噁英类持久性有机污染物的排放量小；②垃圾利用自身能量，将灰分转化成熔融玻璃体，可资源化利用；③回收铁、铝等有价金属；④进入最终填埋场的仅为脱盐残渣，减容率达到 1/200；⑤接受其他焚烧设施排放的灰分，进行玻璃体化处理。

R21 工艺是垃圾的热解与熔融分别进行，将垃圾进行均值化处理，在低空气比(1.2)条件下进行燃烧。垃圾在间接加热式热解炉中被加热到 450℃，产生的热解气与均质的热解生物炭在 1300℃的高温条件下熔融，回收燃烧气的热量作为热解能源循环使用。R21 工艺的燃烧熔融炉如图 6-47 所示，控制二噁英类持久性有机污染物的条件如表 6-15 所示。由于后端的高温空气加热器内持续高温，在高温范围内气体与传统型炉的相比停留时间长。R21 工艺的实际工程用焚烧炉(20 t/d)以及烟气抽气装置的测试结果如图 6-48 所示，布袋除尘器温度在 170℃以下时 PCDD/Fs 的浓度满足《新指南》0.1 ng TEQ/Nm³ 以下的要求。R21 工艺中不仅控制了烟气中二噁英等持久性有机污染物的浓度，向设施外部排放的污染物总量(环境总负荷)也非常低。日本三井造船株式会社针对 R21 工艺与"传统炉+熔融"工艺进行了二噁英等持久性有机污染物总排放量的比较，结果如图 6-49 所示。R21 工艺的二噁英等持久性有机污染物的排放量大约为"传统炉+熔融"工艺的 1/27～1/480，完全能够达到《新指南》提出的未来 5 g TEQ/t 垃圾的排放目标(平冈正勝和冈岛重伸，1998)。

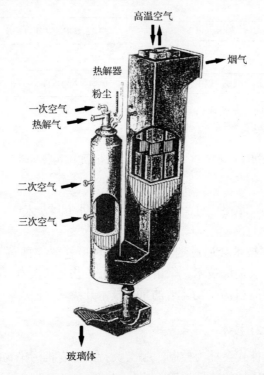

图 6-47　R21 工艺的燃烧熔融炉高温空气加热器(平冈正勝和冈岛重伸，1998)

表 6-15　R21 工艺中的二噁英类持久性有机污染物削减因素(平冈正勝和冈岛重伸，1998)

	R21	日本《新指南》
温度及气体停留时间	1300℃以上，约 2s 850℃以上，约 4s	850℃以上， 2s 以上
混合	旋流混合	—
燃烧稳定性	热分解热解器内垃圾性质变化 改制燃料(粉末炭)的燃烧	坑内垃圾搅拌 垃圾的定量供给

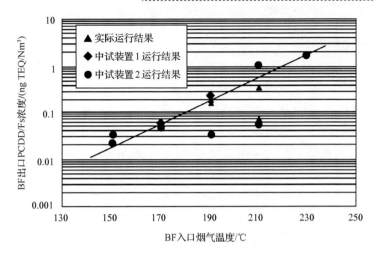

图 6-48 BF 入口烟气温度与 BF 出口 PCDD/Fs 浓度的关系
(平冈正勝和冈島重伸,1998)

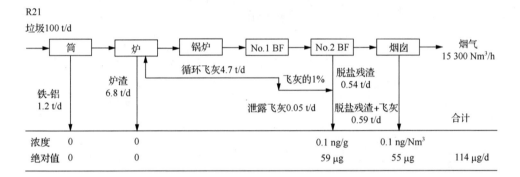

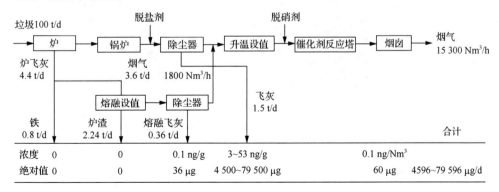

图 6-49 标准垃圾(1700 kcal/kg)中 PCDD/Fs 总排量的比较(100 t/d)

6.4.2　热解气化熔融技术

　　新日本制铁株式会社一直从事以城市垃圾为对象的竖炉气化熔融技术的开
发。处理量为 20 t/d 的熔融炉在釜石市、茨木市进行了实际工程运行。为了降低
熔融处理成本，在北九州市进行了 10 t/d 和 50 t/d 的降低焦炭和 O_2 使用量的现场
实验。改善前后的工艺如图 6-50 所示，传统炉型从单一入口吹入空气后进行高纯
度氧气化操作，而改善炉型采用多段入口，只保证在焦炭燃烧部分的下端入口处
保证高氧气浓度，上端入口吹入空气保证垃圾中的炭燃烧。此改造工艺能够有效
地保持垃圾的热量，大幅度减少了焦炭与纯氧气的使用量。烟气中 PCDD/Fs 浓度
低于 0.1ng TEQ/Nm^3，达到了《新指南》要求。

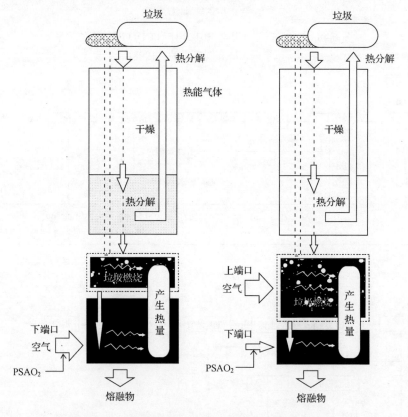

图 6-50　改善型熔融炉(平冈正胜和冈岛重伸，1998)

参 考 文 献

包志成, 王克欧, 康君行, 赵立文, 1995. 五氯酚及其钠盐中氯代二噁英类分析. 环境化学, 14:
　　317-321.

李素梅, 郑明辉, 刘国瑞, 刘文彬, 王美, 2013. 溴代二噁英类的来源、检测与污染现状. 环境化
　　学, 7 (7): 1137-1148.

刘国瑞, 郑明辉, 胡吉成, 刘文彬, 王美, 姜晓旭, 高丽荣, 聂志强, 2013. 典型工业过程中产生
　　的多氯萘与二噁英类的相关性. 科学通报, 26: 2657-2663.

刘国瑞, 郑明辉, 2013. 非故意产生的持久性有机污染物的生成和排放研究进展. 中国科学化学,
　　43: 265-278.

刘芷彤, 张兵, 王雯雯, 刘国瑞, 高丽荣, 郑明辉, 2013. 同位素稀释气相色谱/ 三重四极串联质
　　谱法分析环境样品中的多氯萘. 色谱, 31: 878-884.

明石哲夫, 1997. 電気抵抗式溶融による飛灰処理技術の開発(第 2 報). 第 8 回廃棄物学会研究
　　発表会講演論文集.

聂志强, 高丽荣, 刘国瑞, 李素梅, 王雯雯, 张兵, 郑明辉, 2014. 溴代二噁英同位素稀释气相色
　　谱/三重四极质谱法(GC/MS/MS)的建立与应用. 环境化学, 33 (2): 365-368.

平岡正勝, 岡島重伸, 1998. 廃棄物処理におけるダイオキシン類削減対策の手引き. 環境新聞社.

唐雨慧, 任曼, 2015. 市政垃圾焚烧炉烟道气中氯代和溴代二噁英分布. 环境工程, 33(11):
　　78-82+141.

吴嘉嘉, 张兵, 董姝君, 郑明辉, 2011. 同位素稀释气相色谱/三重四极质谱法测定二噁英同类物.
　　分析化学, 39 (9): 1297-1301.

张庆华, 吴文忠, 占伟, 徐盈, 2000. "永固紫"染料和四氯苯醌中多氯代二苯并二/呋喃的分析.
　　色谱, 18: 21-24.

郑明辉, 孙阳昭, 刘文彬, 2008. 中国二噁英类持久性有机污染物排放清单. 北京: 中国环境科学
　　出版社.

郑明辉, 余立风, 丁琼, 田亚静, 2014. 二噁英类生物检测技术. 北京: 中国环境科学出版社.

Abad E, Caixach J, Rivera J, 1999. Dioxin like compounds from municipal waste incinerator
　　emissions: Assessment of the presence of polychlorinated naphthalenes. Chemosphere, 38:
　　109-120.

Abad E, Caixach J, Rivera J, 2003. Improvements in dioxin abatement strategies at a municipal waste
　　management plant in Barcelona. Chemosphere, 50: 1175-1182.

Abad E, Martinez K, Caixach J, Rivera J, 2006. Polychlorinated dibenzo-*p*-dioxins, dibenzofurans
　　and 'dioxin-like' PCBs in flue gas emissions from municipal waste management plants.
　　Chemosphere, 63: 570-580.

AGES, 1992. Applied Geotechnical and Environmental Services Corp., Source sampling
　　report-comprehensive emissions testing; blast furnace, Report No. 42614.0101, Franklin Smelting
　　& Refining Corp. Valley Forge, PA, AGES, May/June.

Altarawneh M, Dlugogorski BZ, Kennedy E M, Mackie J C, 2008. Quantum chemical and kinetic study of formation of 2-chlorophenoxy radical from 2-chlorophenol: Unimolecular decomposition and bimolecular reactions with H, OH, Cl, and O_2. J. Phys. Chem. A, 112: 3680-3692.

Altarawneh M, Dlugogorski B Z, Kennedy E M, Macki, J C, 2009. Mechanisms for formation, chlorination, dechlorination and destruction of polychlorinated dibenzo-p-dioxins and dibenzofurans（PCDD/Fs）. Prog. Energ. Combust., 35: 245-274.

Altwicker E R, Konduri R K N V, Lin C, Milligan M S, 1992. Rapid formation of polychlorinated dioxins furans in the post combustion region during heterogeneous combustion. Chemosphere, 25: 1935-1944.

Ames M, Zemba S, Green L, Botelho M J, Gossman D, Linkov I, Palma-Oliveira J, 2012. Polychlorinated dibenzo（p）dioxin and furan（PCDD/F）congener profiles in cement kiln emissions and impacts. Sci. Total Environ., 419: 37-43.

Anderson D R, Fisher R, 2002. Sources of dioxins in the United Kingdom: The steel industry and other sources. Chemosphere, 46: 371-381.

Antunes P, Viana P, Vinhas T, Rivera J, Gaspar E M S M, 2012. Emission profiles of polychlorinated dibenzodioxins, polychlorinated dibenzofurans（PCDD/Fs）, dioxin-like PCBs and hexachlorobenzene（HCB）from secondary metallurgy industries in Portugal. Chemosphere, 88: 1332-1339.

Aries E, 2008. Melamine as supperssant of PCDD/F formation in the sintering process. Organohalogen Compd., 70: 58-61.

Aries E, Anderson D R, Fisher R, Fray T A T, Hemfrey D, 2006. PCDD/F and "dioxin-like" PCB emissions from iron ore sintering plants in the UK. Chemosphere, 65: 1470-1480.

Arnoldsson K, Andersson P L, Haglund P, 2012a. Formation of environmentally relevant brominated dioxins from 2,4,6,-tribromophenol via bromoperoxidase-catalyzed dimerization. Environ. Sci. Technol., 46: 7239-7244.

Arnoldsson K, Andersson P L, Haglund P, 2012b. Photochemical formation of polybrominated dibenzo-p-dioxins from environmentally abundant hydroxylated polybrominated diphenyl ethers. Environ. Sci. Technol., 46: 7567-7574.

Assefa A T, Tysklind M, Sobek A, Sundqvist K L, Geladi P, Wiberg K, 2014. Assessment of PCDD/F source contributions in Baltic Sea sediment core records. Environ. Sci. Technol., 48: 9531-9539.

Ba T, Zheng M, Zhang B, Liu W, Su G, Liu G, Xiao K,2010. Estimation and congener-specific characterization of polychlorinated naphthalene emissions from secondary nonferrous metallurgical facilities in China. Environ. Sci. Technol., 44: 2441-2446.

Ba T, Zheng M H, Zhang B, Liu W B, Xiao K, Zhang L, 2009a. Estimation and characterization of PCDD/Fs and dioxin-like PCBs from secondary copper and aluminum metallurgies in China. Chemosphere, 75: 1173-1178.

Ba T, Zheng M H, Zhang B, Liu W B, Su G J, Xiao K, 2009b. Estimation and characterization of PCDD/Fs and dioxin-like PCB emission from secondary zinc and lead metallurgies in China. J. Environ. Monit., 11: 867-872.

Bailey RE, 2001. Global hexachlorobenzene emissions. Chemosphere, 43: 167-182.

Bailey R E, van Wijk D, Thomas P C, 2009. Sources and prevalence of pentachlorobenzene in the environment. Chemosphere, 75: 555-564.

Behnisch P A, Hosoe K, Sakai S, 2001. Bioanalytical screening methods for dioxins and dioxin-like compounds - a review of bioassay/biomarker technology. Environ. Int., 27: 413-439.

Behnisch P A, Hosoe K, Sakai S, 2003. Brominated dioxin-like compounds: *In vitro* assessment in comparison to classical dioxin-like compounds and other polyaromatic compounds. Environ. Int., 29: 861-877.

Bi X H, Xu X B, Zheng M H, Meng Q Y, Fu S, 2000. Determination of PCBs in tetrachlorinated quinone using gas chromatography with electron capture detection. Talanta, 52: 397-402.

Bidleman T F, Helm P A, Braune B M, Gabrielsen G W, 2010. Polychlorinated naphthalenes in polar environments—A review. Sci. Total Environ., 408: 2919-2935.

Birnbaum L S, Staskal D F, Diliberto J J, 2003. Health effects of polybrominated dibenzo-*p*-dioxins (PBDDs) and dibenzofurans (PBDFs). Environ. Int., 29: 855-860.

Blankenship A L, Kannan K, Villalobos S A, Villeneuve D L, Falandysz J, Imagawa T, Jakobsson E, Giesy J P, 2000. Relative potencies of individual polychlorinated naphthalenes and Halowax mixtures to induce Ah receptor-mediated responses. Environ. Sci. Technol., 34: 3153-3158.

Blumenstock M, Zimmermann R, Schramm K W, Kaune A, Nikolai U, Lenoir D, Kettrup A, 1999. Estimation of the dioxin emission (PCDD/FI-TEQ) from the concentration of low chlorinated aromatic compounds in the flue and stack gas of a hazardous waste incinerator. J. Anal. Appl. Pyrolysis, 49: 179-190.

Blumenstock M, Zimmermann R, Schramm K W, Kettrup A, 2001. Identification of surrogate compounds for the emission of PCDD/F (I-TEQ value) and evaluation of their on-line realtime detectability in flue gases of waste incineration plants by REMPI-TOFMS mass spectrometry. Chemosphere, 42: 507-518.

Bodin N, Abarnou A, Le Guellec A M, Loizeau V, Philippon X, 2007. Organochlorinated contaminants in decapod crustaceans from the coasts of Brittany and Normandy (France). Chemosphere, 67: S36-S47.

Bollmann M, Bosch T, Colijn F, Ebinghaus R, Froese R, Güssow K, 2010. World ocean review. Living with the oceans. Chapter 4 Last stop: The ocean - polluting the seas. Maribus: 83.

Bonte J L, Fritsky K J, Plinke M A, Wilken M, 2002. Catalytic destruction of PCDD/F in a fabric filter: Experience at a municipal waste incinerator in Belgium. Waste Manage., 22: 421-426.

Boos R, Budin R, Hartl H, Stock M, Wurst F, 1992. PCDD- and PCDF-destruction by a SCR-unit in a municipal waste incinerator. Chemosphere, 25: 375-382.

Booth P, Gribben K, 2005. A review of the formation, environmental fate, and forensic methods for PAHs from aluminum smelting processes. Environ. Forensics, 6: 133-142.

Buchwalder J, Hensel M, Richter J, Lychatz B, 2008. Dust emission control at ArcelorMittal Eisenhuttenstadt sinter plant. Revue De Metallurgie-Cahiers D Informations Techniques, 105: 531-538.

Buekens A, Cornelis E, Huang H, Dewettinck T, 2000. Fingerprints of dioxin from thermal industrial processes. Chemosphere, 40: 1021-1024.

Chang M B, Chi K H, Chang S H, Yeh J W, 2007. Destruction of PCDD/Fs by SCR from flue gases of municipal waste incinerator and metal smelting plant. Chemosphere, 66: 1114-1122.

Chang Y-M, Hung C-Y, Chen J-H, Chang C-T, Chen C-H, 2009. Minimum feeding rate of activated carbon to control dioxin emissions from a large-scale municipal solid waste incinerator. J. Hazard. Mater., 161: 1436-1443.

Chayawan V, 2015. Externally predictive single-descriptor based QSPRs for physico-chemical properties of polychlorinated-naphthalenes: Exploring relationships of logS_W, logK_{OA}, and logK_{OW} with electron-correlation. J. Hazard. Mater., 296: 68-81.

Chen C M, 2004. The emission inventory of PCDD/PCDF in Taiwan. Chemosphere 54: 1413-1420.

Chen L, Li J, Ge M, 2010. DRIFT study on cerium-tungsten/titania catalyst for selective catalytic reduction of NO$_x$ with NH$_3$. Environ. Sci. Technol., 44: 9590-9596.

Chen T, Li X D, Yan J H, Jin Y Q, 2009. Polychlorinated biphenyls emission from a medical waste incinerator in China. J. Hazard. Mater., 172: 1339-1343.

Chen T, Yan J H, Lu S Y, Li X D, Gu Y L, Dai H F, Ni M J, Cen K F, 2008. Characteristic of polychlorinated dibenzo-p-dioxins and dibenzofurans in fly ash from incinerators in China. J. Hazard. Mater., 150: 510-514.

Chi K H, Chang S H, Chang M B, 2008. Reduction of dioxin-like compound emissions from a Waelz plant with adsorbent injection and a dual baghouse filter system. Environ. Sci. Technol., 42: 2111-2117.

Chi K H, Chang S H, Huang, C H, Huang H C, Chang M B, 2006. Partitioning and removal of dioxin-like congeners in flue gases treated with activated carbon adsorption. Chemosphere, 64: 1489-1498.

China Nonferrous Metals Industry Association, 2011. The total production level of copper in China in 2010. <http://www.chinania.org.cn/web/website/index_1010030397983910000.htm>.

Choi J W, Fujimaki S, Kitamura,K, Hashimoto S, Ito H, Suzuki N, Sakai S, Morita M, 2003a. Polybrominated dibenzo-p-dioxins, dibenzofurans, and diphenyl ethers in Japanese human adipose tissue. Environ. Sci. Technol., 37: 817-821.

Choi J W, Onodera J, Kitamura K, Hashimoto S, Ito H, Suzuki N, Sakai S, Morita M, 2003b. Modified clean-up for PBDD, PBDF and PBDE with an active carbon column—Its application to sediments. Chemosphere, 53: 637-643.

Choi K I, Lee S H, Lee D H, 2008. Emissions of PCDDs/DFs and dioxin-like PCBs from small waste incinerators in Korea. Atmos. Environ., 42: 940-948.

Choi S-D, Baek S-Y, Chang Y-S, Wania F, Ikonomou M G, Yoon Y-J, Park B-K, Hong S, 2008. Passive air sampling of polychlorinated biphenyls and organochlorine pesticides at the Korean Arctic and Antarctic research stations: Implications for long-range transport and local pollution. Environ. Sci. Technol., 42: 7125-7131.

Conesa J A, Rey L, Egea S, Rey M D, 2011. Pollutant formation and emissions from cement kiln stack using a solid recovered fuel from municipal solid waste. Environ. Sci. Technol., 45: 5878-5884.

Cudahy J J, Helsel R W, 2000. Removal of products of incomplete combustion with carbon. Waste Manage., 20: 339-345.

Davidson D A, Wilkinson A C, Blais J M, Kimpe L E, McDonald K M, Schindler D W, 2003. Orographic cold-trapping of persistent organic pollutants by vegetation in mountains of Western Canada. Environ. Sci. Technol., 37: 209-215.

de Wit C A, Alaee M, Muir, D C G, 2006. Levels and trends of brominated flame retardants in the Arctic. Chemosphere, 64: 209-233.

de Wit C A, Herzke D, Vorkamp K, 2010. Brominated flame retardants in the Arctic environment - trends and new candidates. Sci. Total Environ., 408: 2885-2918.

Debecker D P, Delaigle R, Hung P C, Buekens A, Gaigneaux E M, Chang M B, 2011. Evaluation of PCDD/F oxidation catalysts: Confronting studies on model molecules with tests on PCDD/F-containing gas stream. Chemosphere, 82: 1337-1342.

Dela Cruz A L N, Gehling W, Lomnicki S, Cook R, Dellinger B, 2011. Detection of environmentally persistent free radicals at a superfund wood treating site. Environ. Sci. Technol., 45: 6356-6365.

Dellinger B, Lomnicki S, Khachatryan L, Maskos Z, Hall RW, Adounkpe J, McFerrin C, Truong H, 2007. Formation and stabilization of persistent free radicals. Proceedings of the Combustion Institute. International Symposium on Combustion, 31: 521-528.

DeVito M J, Diliberto J J, Ross D G, Menache M G, Birnbaum L S, 1997. Dose-response relationships for polyhalogenated dioxins and dibenzofurans following subchronic treatment in mice I. CYP1A1 and CYP1A2 enzyme activity in liver, lung, and skin. Toxicol. Appl. Pharmacol., 147: 267-280.

Du B, Y H, Liu A, Zhang T, Zhou Z, Li N, Li L, Ren Y, Xu P, Qi L, 2011. Selected brominated UP-POPs from a cement kiln co-processing hazardous waste. Organohalogen Compd., 73: 126-129.

Du B, Zheng M H, Huang Y R, Liu A M, Tian H H, Li L L, Li N, Ba T, Li Y W, Dong S P, Liu W B, Su G J, 2010a. Mixed polybrominated/chlorinated dibenzo-p-dioxins and dibenzofurans in Stack gas emissions from industrial thermal processes. Environ. Sci. Technol., 44: 5818-5823.

Du B, Zheng M H, Tian H H, Liu A M, Huan, Y R, Li L L, Ba T, Li N Ren Y, Li Y W, Dong S P, Su G J, 2010b. Occurrence and characteristics of polybrominated dibenzo-p-dioxins and dibenzofurans in stack gas emissions from industrial thermal processes. Chemosphere, 80: 1227-1233.

Dvořák R, Chlápek P, Jecha D, Puchýř R, Stehlík P, 2010. New approach to common removal of dioxins and NO$_x$ as a contribution to environmental protection. J. of Clean. Prod., 18: 881-888.

Evans C S, Dellinger B, 2003. Mechanisms of dioxin formation from the high-temperature pyrolysis of 2-bromophenol. Environ. Sci. Technol., 37: 5574-5580.

Evans C S, Dellinger B, 2005. Mechanisms of dioxin formation from the high-temperature oxidation of 2-chlorophenol. Environ. Sci. Technol.,l 39: 122-127.

Evans C S, Dellinger B, 2006. Surface-mediated formation of PBDD/Fs from the high-temperature oxidation of 2-bromophenol on a CuO/silica surface. Chemosphere, 63: 1291-1299.

Everaert K, Baeyens J, 2002. The formation and emission of dioxins in large scale thermal processes. Chemosphere, 46: 439-448.

Falandysz J, 1998. Polychlorinated naphthalenes: An environmental update. Environ. Pollut., 101: 77-90.

Falandysz J, Fernandes A, Gregoraszczuk E, Rose M, 2013. Aryl hydrocarbon receptor mediated (dioxin-like) relative potency factors for chloronaphthalenes Organohalogen Compd., 75: 336-338.

Falandysz J, Fernandes A, Gregoraszczuk E, Rose M, 2014. The toxicological effects of halogenated naphthalenes: A review of aryl hydrocarbon receptor-mediated (dioxin-like) relative potency factors. J. Environ. Sci. Heal. C, 32: 239-272.

Falandysz J, Kawano M, Ueda M, Matsuda M, Kannan K, Giesy J P, Wakimoto T, 2000. Composition of chloronaphthalene congeners in technical chloronaphthalene formulations of the Halowax series. J. Environ. Sci. Heal. A, 35: 281-298.

Falandysz J, Nose K, Ishikawa Y, Lukaszewicz E, Yamashita N, Noma Y, 2006a. Chloronaphthalenes composition of several batches of Halowax 1051. J. Environ. Sci. Heal. A 41: 291-301.

Falandysz J, Nose K, Ishikawa Y, Lukaszewicz E, Yamashita N, Noma Y, 2006b. HRGC/HRMS analysis of chloronaphthalenes in several batches of Halowax 1000, 1001, 1013, 1014 and 1099. J. Environ. Sci. Heal. A, 41: 2237-2255.

Fang L P, Zheng M H, Liu G R, Zhao Y Y, Liu W B, Huang L Y, Guo L, 2017. Unexpected promotion of PCDD/F formation by enzyme-aided Cl_2 bleaching in non-wood pulp and paper mill. Chemosphere, 168: 523-528.

Fernandez-Castro P, San Roman M F, Ortiz I, 2016. Theoretical and experimental formation of low chlorinated dibenzo-p-dioxins and dibenzofurans in the Fenton oxidation of chlorophenol solutions. Chemosphere, 161: 136-144.

Fiedler H, 2007. National PCDD/PCDF release inventories under the Stockholm convention on persistent organic pollutants. Chemosphere, 67: S96-S108.

Fiedler H, Schramm K W, 1990. QSAR generated octanol-water partition coefficients of selected mixed halogenated dibenzodioxins and dibenzofurans. Chemosphere, 20: 1597-1602.

Focant J F, Eppe G, Pirard C, De Pauw E, 2001. Fast clean-up for polychlorinated dibenzo-p-dioxins, dibenzofurans and coplanar polychlorinated biphenyls analysis of high-fat-content biological samples. J. Chromatogr. A, 925: 207-221.

Fu J-Y, Li X-D, Chen T, Lin X-Q, Buekens A, Lu S-Y, Yan J-H, Cen K-F, 2015. PCDD/Fs' suppression by sulfur–amine/ammonium compounds. Chemosphere, 123: 9-16.

Fujima S, Ohura T, Amagai T, 2006. Simultaneous determination of gaseous and particulate chlorinated polycyclic aromatic hydrocarbons in emissions from the scorching of polyvinylidene chloride film. Chemospher,e 65: 1983-1989.

Fujimori T, Fujinaga Y, Takaoka M, 2010. Deactivation of metal chlorides by alkaline compounds inhibits formation of chlorinated aromatics. Environ. Sci. Technol., 7678-7684.

Fujimori T, Takaoka M, 2009. Direct chlorination of carbon by copper chloride in a thermal process. Environ. Sci. Technol. ,43: 2241-2246.

Fujimori T, Tanino Y, Takaoka M, 2013. Coexistence of Cu, Fe, Pb, and Zn oxides and chlorides as a determinant of chlorinated aromatics generation in municipal solid waste incinerator fly ash. Environ. Sci. Technol., 48: 85-92.

Gao H C, Ni Y W, Zhang H J, Zhao L, Zhang N, Zhang X P, Zhang Q, Chen J P, 2009. Stack gas emissions of PCDD/Fs from hospital waste incinerators in China. Chemosphere, 77: 634-639.

Gao Q, Cieplik M K, Budarin V L, Gronnow M, Jansson S, 2016. Mechanistic evaluation of polychlorinated dibenzo-*p*-dioxin, dibenzofuran and naphthalene isomer fingerprints in microwave pyrolysis of biomass. Chemosphere, 150: 168-175.

Gilman H, Dietrich J J, 1957. Halogen derivatives of dibenzo-*p*-dioxin. J. Am. Chem. Soc., 79: 1439-1441.

Gobas F A P C, de Wolf W, Burkhard L P, Verbruggen E, Plotzke K, 2009. Revisiting bioaccumulation criteria for POPs and PBT assessments. Integr. Environ. Assess., 5: 624-637.

Goldberg E D, Bourne W R P, Boucher E A, Preston A, 1975. Synthetic organohalides in the sea [and discussion]. Proceedings of the royal society of London. Series B. Biological Sciences, 189:277-289.

Gullett B, Oudejans L, Touati A, Ryan S, Tabor D, 2008. Verification results of jet resonance-enhanced multiphoton ionization as a real-time PCDD/F emission monitor. J. Mater. Cycles Waste Manage., 10:32-37.

Gullett B K, Wikström E, 2000. Mono- to tri-chlorinated dibenzodioxin (CDD) and dibenzofuran (CDF) congeners/homologues as indicators of CDD and CDF emissions from municipal waste and waste/coal combustion. Chemosphere, 40:1015-1019.

Gullett B K, Wyrzykowska B, Grandesso E, Touati A, Tabor D G, Ochoa G S, 2009. PCDD/F, PBDD/F, and PBDE emissions from open burning of a residential waste dump. Environ. Sci. Technol., 44: 394-399.

Gullett B K, Wyrzykowska B, Grandesso E, Touati A, Tabor D G, Ochoa G S, 2010. PCDD/F, PBDD/F, and PBDE emissions from open burning of a residential waste dump. Environ. Sci. Technol., 44, 394-399.

Guo L, Zhang B, Xiao K, Zhang Q H, Zheng M H, 2008. Levels and distributions of polychlorinated naphthalenes in sewage sludge of urban wastewater treatment plants. Chin. Sci. Bull., 53: 508-513.

Hallanger I G, Ruus A, Warner N A, Herzke D, Evenset A, Schoyen M, Gabrielsen G W, Borga K, 2011. Differences between Arctic and Atlantic fjord systems on bioaccumulation of persistent organic pollutants in zooplankton from Svalbard. Sci. Total Environ., 409: 2783-2795.

Hanari N, Kannan K, Miyake Y, Okazawa T, Kodavanti P R S, Aldous K M, Yamashita N, 2006. Occurrence of polybrominated biphenyls, polybrominated dibenzo-*p*-dioxins, and polybrominated dibenzofurans as impurities in commercial polybrominated diphenyl ether mixtures. Environ. Sci. Technol., 40:4400-4405.

Hanberg A, Waern F, Asplund L, Haglund E, Safe S, 1990. Swedish dioxin survey - determination of 2,3,7,8-TCDD toxic equivalent factors for some polychlorinated-biphenyls and naphthalenes using biological tests. Chemosphere, 20:1161-1164.

Harner T, Bidleman T F, 1997. Polychlorinated naphthalenes in urban air. Atmos. Environ., 31: 4009-4016.

Hartenstein H U, Licata A, 2000. Modern technmologies to reduce emissions of dioxins and furans from waste incineration.8th, Annual North American waste-to-energy conference, Nashville, TN., 93-132.

Hashimoto S, Takazawa Y, Fushimi A, Tanabe K, Shibata Y, Ieda T, Ochiai N, Kanda H, Ohura T, Tao Q, Reichenbach S E, 2011. Global and selective detection of organohalogens in environmental samples by comprehensive two-dimensional gas chromatography-tandem mass spectrometry and high-resolution time-of-flight mass spectrometry. J. Chromatogr. A, 1218: 3799-3810.

Hashimoto S, Zushi Y, Fushimi A, Takazawa Y, Tanabe K, Shibata Y, 2013. Selective extraction of halogenated compounds from data measured by comprehensive multidimensional gas chromatography/high resolution time-of-flight mass spectrometry for non-target analysis of environmental and biological samples. J. Chromatogr. A, 1282:183-189.

Heinbuch D, Stieglitz L, 1993. Formation of brominated compounds on fly-ash. Chemosphere, 27: 317-324.

Helm P A, Bidleman T F, 2003. Current combustion-related sources contribute to polychlorinated naphthalene and dioxin-like polychlorinated biphenyl levels and profiles in air in Toronto, Canada. Environ. Sci. Technol., 37: 1075-1082.

Helm P A, Bidleman T F, Li H H, Fellin P, 2004. Seasonal and spatial variation of polychlorinated naphthalenes and non-/mono-ortho-substituted polychlorinated biphenyls in Arctic air. Environ. Sci. Technol., 38: 5514-5521.

Holt E, Von Der Recke R, Vetter W, Hawker D, Alberts V, Kuch B, Weber R, Gaus C, 2008. Assessing dioxin precursors in pesticide formulations and environmental samples as a source of octachlorodibenzo-p-dioxin in soil and sediment. Environ. Sci. Technol., 42:1472-1478.

Horii Y, Khim J S, Higley E B, Giesy J P, Ohura T, Kannan K, 2009. Relative potencies of individual chlorinated and brominated polycyclic aromatic hydrocarbons for induction of aryl hydrocarbon receptor-mediated responses. Environ. Sci. Technol., 43: 2159-2165.

Horii Y, Ok G, Ohura T, Kannan K, 2008. Occurrence and profiles of chlorinated and brominated polycyclic aromatic hydrocarbons in waste incinerators. Environ. Sci. Technol., 42:1904-1909.

Hornung M W, Zabel E W, Peterson R E, 1996. Toxic equivalency factors of polybrominated dibenzo-p-dioxin, dibenzofuran, biphenyl, and polyhalogenated diphenyl ether congeners based on rainbow trout early life stage mortality. Toxicol. Appl. Pharmacol., 140: 227-234.

Hu D, Hornbuckle K C, 2010. Inadvertent Polychlorinated Biphenyls in Commercial Paint Pigments. Environ. Sci. Technol., 44: 2822-2827.

Hu J, Zheng M, Liu W, Li C, Nie Z, Liu G, Xiao K, Dong S, 2013a. Occupational exposure to polychlorinated dibenzo-p-dioxins and dibenzofurans, dioxin-like polychlorinated biphenyls, and polychlorinated naphthalenes in workplaces of secondary nonferrous metallurgical facilities in China. Environ. Sci. Technol., 47: 7773-7779.

Hu J, Zheng M, Liu W, Li C, Nie Z, Liu G, Zhang B, Xiao K, Gao L, 2013b. Characterization of polychlorinated naphthalenes in stack gas emissions from waste incinerators. Environ. Sci. Pollut. Res., DOI 10.1007/s11356-11012-11218-11350.

Hu J, Zheng M, Liu W, Nie Z, Li C, Liu G, Xiao K, 2014. Characterization of polychlorinated dibenzo-p-dioxins and dibenzofurans, dioxin-like polychlorinated biphenyls, and polychlorinated naphthalenes in the environment surrounding secondary copper and aluminum metallurgical facilities in China. Environ. Pollut., 193: 6-12.

Hu J, Zheng M, Nie Z, Liu W, Liu G, Zhang B, Xiao K, 2013c. Polychlorinated dibenzo-*p*-dioxin and dibenzofuran and polychlorinated biphenyl emissions from different smelting stages in secondary copper metallurgy. Chemosphere, 90:89-94.

Hu J C, Zheng M H, Liu W B, Li C L, Nie Z Q, Liu G R, Zhang B, Xiao K, Gao L R, 2013d. Characterization of polychlorinated naphthalenes in stack gas emissions from waste incinerators. Environ. Sci. Pollut. Res., 20:2905-2911.

Huang H, Buekens A, 1995. On the mechanisms of dioxin formation in combustion processes. Chemosphere, 31: 4099-4117.

Hunsinger H, Kreisz S, Seifert H, 1998. PCDD/F behavior in wet scrubbing systems of waste incineration plants. Chemosphere, 37: 2293-2297.

Hutson N D, Ryan S P, Touati A, 2009. Assessment of PCDD/F and PBDD/F emissions from coal-fired power plants during injection of brominated activated carbon for mercury control. Atmos. Environ., 43: 3973-3980.

Ide Y, Kashiwabara K, Okada S, Mori T, Hara M, 1996. Catalytic decomposition of dioxin from MSW incinerator flue gas. Chemosphere, 32:189-198.

Ieda T, Ochiai N, Miyawaki T, Ohura T, Horii Y, 2011. Environmental analysis of chlorinated and brominated polycyclic aromatic hydrocarbons by comprehensive two-dimensional gas chromatography coupled to high-resolution time-of-flight mass spectrometry. J. Chromatogr. A, 1218: 3224-3232.

Iino F, Imagawa T, Takeuchi M, Sadakata M, 1999a. *De novo* synthesis mechanism of polychlorinated dibenzofurans from polycyclic aromatic hydrocarbons and the characteristic isomers of polychlorinated naphthalenes. Environ. Sci. Technol., 33: 1038-1043.

Iino F, Imagawa T, Takeuchi M, Sadakata M, Webe, R, 1999b. Formation rates of polychlorinated dibenzofurans and dibenzo-*p*-dioxins from polycyclic aromatic hydrocarbons, activated carbon and phenol. Chemosphere, 39: 2749-2756.

Iino F, Tsuchiya K, Imagawa T, Gullett B K, 2001. An isomer prediction model for PCNs, PCDD/Fs, and PCBs from municipal waste incinerators. Environ. Sci. Technol., 35: 3175-3181.

Imagawa T, Lee C W, 2001. Correlation of polychlorinated naphthalenes with polychlorinated dibenzofurans formed from waste incineration. Chemosphere, 44: 1511-1520.

Jackson J, Diliberto J, Birnbaum L, 1993. Estimation of octanol-water partition coefficients and correlation with dermal absorption for several polyhalogenated aromatic hydrocarbons. Fundam. Appl. Toxicol., 21: 334-344.

Jansson S, Fick J, Marklund S, 2008. Formation and chlorination of polychlorinated naphthalenes (PCNs) in the post-combustion zone during MSW combustion. Chemosphere, 72:1138-1144.

Jiang X, Liu G, Wang M, Zheng M, 2015a. Fly ash-mediated formation of polychlorinated naphthalenes during secondary copper smelting and mechanistic aspects. Chemosphere, 119: 1091-1098.

Jiang X X, Liu G R, Wang M, Liu W B, Tang C, Li L, Zheng M H, 2015b. Case study of polychlorinated naphthalene emissions and factors influencing emission variations in secondary aluminum production. J. Hazard. Mater., 286: 545-552.

Jin R, Liu G R, Zheng M H, Fiedle, H, Jiang X X, Yang L L, Wu X L, Xu Y, 2017a. Congener-specific determination of ultratrace levels of chlorinated and brominated polycyclic aromatic hydrocarbons in atmosphere and industrial stack gas by isotopic dilution gas chromatography/high resolution mass spectrometry method. J. Chromatogr. A, 1509: 114-122.

Jin R, Liu G R, Zheng M H, Jiang X X, Zhao Y Y, Yang L L, Wu X L, Xu Y, 2017b. Secondary copper smelters as sources of chlorinated and brominated polycyclic aromatic hydrocarbons. Environ. Sci. Technol., 51: 7945-7953.

Jin R, Zhan J Y, Liu G R, Zhao Y Y, Zheng M H, 2016. Variations and factors that influence the formation of polychlorinated naphthalenes in cement kilns co-processing solid waste. J. Hazard. Mater., 315: 117-125.

Jones J, Ross J R H, 1997. The development of supported vanadia catalysts for the combined catalytic removal of the oxides of nitrogen and of chlorinated hydrocarbons from flue gases. Catal. Today, 35: 97-105.

Ke S, Jianhua Y, Xiaodong L, Shengyong L, Yinglei W, Muxing F, 2010. Inhibition of *de novo* synthesis of PCDD/Fs by SO_2 in a model system. Chemosphere, 78: 1230-1235.

Kelly B C, Gobas F, 2001. Bioaccumulation of persistent organic pollutants in lichen-caribou-wolf food chains of Canada's Central and Western Arctic. Environ. Sci. Technol., 35: 325-334.

Kelly B C, Gobas F, 2003. An arctic terrestrial food-chain bioaccumulation model for persistent organic pollutants. Environ. Sci. Technol., 37: 2966-2974.

Kelly B C, Ikonomou M G, Blair J D, Gobas F A, 2008a. Bioaccumulation behaviour of polybrominated diphenyl ethers (PBDEs) in a Canadian Arctic marine food web. Sci. Total Environ., 401: 60-72.

Kelly B C, Ikonomou M G, Blai, J D, Gobas F A P C, 2008b. Hydroxylated and methoxylated polybrominated diphenyl ethers in a Canadian Arctic marine food web. Environ. Sci. Technol., 42, 7069-7077.

Kelly B C, Ikonomou M G, Blair J D, Morin A E, Gobas F A P C, 2007. Food web–specific biomagnification of persistent organic pollutants. Science, 317: 236-239.

Kende A S, Wade J J, 1973. Synthesis of new steric and electronic analogs of 2, 3, 7, 8-tetrachlorodibenzo-*p*-dioxin. Environ. Health Perspect.,5: 49.

Khachatryan L, Asatryan R, Dellinger B, 2003a. Development of expanded and core kinetic models for the gas phase formation of dioxins from chlorinated phenols. Chemosphere, 52:695-708.

Khachatryan L, Burcat A, Dellinger B, 2003b. An elementary reaction-kinetic model for the gas-phase formation of 1,3,6,8- and 1,3,7,9-tetrachlorinated dibenzo-*p*-dioxins from 2,4,6-trichlorophenol. Combust. Flame, 132:406-421.

Kilanowicz A, Sitarek K, Skrzypinska-Gawrysiak M, Sapota, A, 2011. Prenatal developmental toxicity of polychlorinated naphthalenes (PCNs) in the rat. Ecotox. Environ. Safe., 74: 504-512.

Kim B H, Lee S, Maken S, Song H J, Park J W, Min B, 2007. Removal characteristics of PCDDs/Fs from municipal solid waste incinerator by dual bag filter (DBF) system. Fuel, 86: 813-819.

Kim D H, Mulholland J A, Jang S, 2012. Homologue patterns of polychlorinated naphthalenes (PCNs) formed via chlorination in thermal process. Journal of Environmental Science International, 21: 891-899.

Kim D H, Mulholland J A, 2005a. Temperature-dependent formation of polychlorinated naphthalenes and dihenzofurans from chlorophenols. Environ. Sci. Technol., 39: 5831-5836.

Kim D H, Mulholland J A, Ryu J Y, 2007. Chlorinated naphthalene formation from the oxidation of dichlorophenols. Chemosphere, 67: S135-S143.

Kim D H, Mulholland J A, Ryu J Y, 2005b. Formation of polychlorinated naphthalenes from chlorophenols. P. Combust. Inst., 30: 1245-1253.

King T L, Yeats P, Hellou J, Niven S, 2002. Tracing the source of 3,3'-dichlorobiphenyl found in samples collected in and around Halifax Harbour. Mar. Pollut. Bull., 44: 590-596.

Koistinen J, Paasivirta J, Nevalainen T, Lahtipera M, 1994. Chlorinated fluorenes and alkylflurenes in bleached kraft pulp and pulp-mill discharges. Chemosphere, 28: 2139-2150.

Kucklick J R, Helm P A, 2006. Advances in the environmental analysis of polychlorinated naphthalenes and toxaphene. Anal. Bioanal. Chem., 386: 819-836.

Lavric E, Konnov A, Ruyck J, 2005. Modeling the formation of precursors of dioxins during combustion of woody fuel volatiles. Fuel, 84: 323-334.

Lega R, Megson D, Hartley C, Crozier P, MacPherson K, Kolic T, Helm P A, Myers A, Bhavsar S P, Reiner E J, 2017. Congener specific determination of polychlorinated naphthalenes in sediment and biota by gas chromatography high resolution mass spectrometry. J. Chromatogr. A, 1479:169-176.

Lehmler H J, Harrad S J, Hühnerfuss H, Kania-Korwel I, Lee C M, Lu Z, Wong C S, 2009. Chiral polychlorinated biphenyl transport, metabolism, and distribution: A review. Environ. Sci. Technol., 44: 2757-2766.

Lehner M, Mayinger F, Gcipe, W, 2001. Separation of dust, halogen and PCDD/F in a compact wet scrubber. Process Saf. Environ., 79: 109-116.

Lei Y D, Wania P, Shiu W Y, 1999. Vapor pressures of the polychlorinated naphthalenes. J. Chem. Eng. Data, 44: 577-582.

Li N, Ma M, Wang Z, Kumaran S S, 2011. In vitro assay for human thyroid hormone receptor beta agonist and antagonist effects of individual polychlorinated naphthalenes and Halowax mixtures. Chinese Sci. Bull., 56: 508-513.

Li S, Liu G, Zheng M, Liu W, Wang M, Xiao K, Li C, Wang Y, 2015a. Comparison of the contributions of polychlorinated dibenzo-p-dioxins and dibenzofurans and other unintentionally produced persistent organic pollutants to the total toxic equivalents in air of steel plant areas. Chemosphere, 126: 73-77.

Li S, Liu W, Liu G, Wang M, Li C, Zheng M, 2015b. Atmospheric emission of polybrominated dibenzo-p-dioxins and dibenzofurans from converter steelmaking processes. Aerosol. Air Qual. Res., 15: 1118-1124.

Li S, Zheng M, Liu W, Liu G, Xiao K, Li C, 2014. Estimation and characterization of unintentionally produced persistent organic pollutant emission from converter steelmaking processes. Environ. Sci. Pollut. Res., 21: 7361-7368.

Li S M, Liu G R, Zheng M H, Liu W B, Li J H, Wang M, Li C L, Chen Y, 2017. Unintentional production of persistent chlorinated and brominated organic pollutants during iron ore sintering processes. J. Hazard. Mater., 331: 63-70.

Li Y, Chen T, Zhang J, Meng W, Yan M, Wang H, Li X, 2015. Mass balance of dioxins over a cement kiln in China. Waste Manage. (Oxford), 36: 130-135.

Li Y, Geng D, Liu F, Wang T, Wang P, Zhang Q, Jiang G, 2012. Study of PCBs and PBDEs in King George Island, Antarctica, using PUF passive air sampling. Atmos. Environ., 51: 140-145.

Li Y M, Zhang Q H, Ji D S, Wang T, Wang Y W, Wang P, Ding L, Jiang G B, 2009. Levels and vertical distributions of PCBs, PBDEs, and OCPs in the atmospheric boundary layer: Observation from the Beijing 325-m meteorological tower. Environ. Sci. Technol., 43: 1030-1035.

Liljelind P, Unsworth J, Maaskant O, Marklund S, 2001. Removal of dioxins and related aromatic hydrocarbons from flue gas streams by adsorption and catalytic destruction. Chemosphere, 42:615-623.

Lin L F, Lee W J, Hsing-Wang L B, Wang M S, Chang-Chien G P, 2007. Characterization and inventory of PCDD/F emissions from coal-fired power plants and other sources in Taiwan. Chemosphere, 68: 1642-1649.

Lin W-Y, Wang L-C, Wang Y-F, Li H-W, Chang-Chien G-P, 2008. Removal characteristics of PCDD/Fs by the dual bag filter system of a fly ash treatment plant. J. Hazard. Materi., 153: 1015-1022.

Liu G, Cai Z, Zheng M, 2014a. Sources of unintentionally produced polychlorinated naphthalenes. Chemosphere, 94: 1-12.

Liu G, Cai Z, Zheng M, Jiang X, Nie Z, Wang M, 2015a. Identification of indicator congeners and evaluation of emission pattern of polychlorinated naphthalenes in industrial stack gas emissions by statistical analyses. Chemosphere, 118: 194-200.

Liu G, Jiang X, Wang M, Dong S, Zheng M, 2015b. Comparison of PCDD/F levels and profiles in fly ash samples from multiple industrial thermal sources. Chemosphere, 133: 68-74.

Liu G, Lv P, Jiang X, Nie Z, Liu W, Zheng M, 2015c. Identification and preliminary evaluation of polychlorinated naphthalene emissions from hot dip galvanizing plants. Chemosphere, 118:112-116.

Liu G, Lv P, Jiang X, Nie Z, Zheng M, 2014b. Identifying iron foundries as a new source of unintentional polychlorinated naphthalenes and characterizing their emission profiles. Environ. Sci. Technol., 48: 13165-13172.

Liu G, Zhan J, Zheng M, Li L, Li C, Jiang X, Wang M, Zhao Y, Jin R, 2015d. Field pilot study on emissions, formations and distributions of PCDD/Fs from cement kiln co-processing fly ash from municipal solid waste incinerations. J. Hazard. Mater., 299: 471-478.

Liu G, Zheng M, Du B, Nie Z, Zhang B, Liu W, Li C, Hu J, 2012a. Atmospheric emission of polychlorinated naphthalenes from iron ore sintering processes. Chemosphere, 89: 467-472.

Liu G, Zheng M, Liu W, Wang C, Zhang B, Gao L, Su G, Xiao K, Lv P, 2009a. Atmospheric emission of PCDD/Fs, PCBs, hexachlorobenzene, and pentachlorobenzene from the coking industry. Environ. Sci. Technol., 43: 9196-9201.

Liu G, Zheng M, Lv P, Liu W, Wang C, Zhang B, Xiao K, 2010. Estimation and characterization of polychlorinated naphthalene emission from coking industries. Environ. Sci. Technol., 44: 8156-8161.

Liu G R, Liu W B, Cai Z W, Zheng M H, 2013a. Concentrations, profiles, and emission factors of unintentionally produced persistent organic pollutants in fly ash from coking processes. J. Hazard. Materi., 261: 421-426.

Liu G R, Lv P, Jiang X X, Nie Z Q, Zheng M H, 2014d. Identifying iron foundries as a new source of unintentional polychlorinated naphthalenes and characterizing their emission profiles. Environ. Sci. Technol., 48: 13165-13172.

Liu G R, Yang L L, Zhan J Y, Zheng M H, Li L, Jin R, Zhao Y Y, Wang M, 2016a. Concentrations and patterns of polychlorinated biphenyls at different process stages of cement kilns co-processing waste incinerator fly ash. Waste Manage. (Oxford), 58C:280-286.

Liu G R, Zhan J Y, Zhao Y Y, Li L, Jiang X X, Fu J J, Li C P, Zheng M H, 2016b. Distributions, profiles and formation mechanisms of polychlorinated naphthalenes in cement kilns co-processing municipal waste incinerator fly ash. Chemosphere, 155: 348-357.

Liu G R, Zheng M H, Ba T, Liu W B, Guo L, 2009b. A preliminary investigation on emission of polychlorinated dibenzo-p-dioxins/dibenzofurans and dioxin-like polychlorinated biphenyls from coke plants in China. Chemosphere, 75: 692-695.

Liu G R, Zheng M H, Cai M W, Nie Z Q, Zhang B, Liu W B, Du B, Dong S J, Hu J C, Xiao K, 2013b. Atmospheric emission of polychlorinated biphenyls from multiple industrial thermal processes. Chemosphere, 90:2453-2460.

Liu G R, Zheng M H, Du B, Nie Z Q, Zhang B, Hu J C, Xiao K, 2012b. Identification and characterization of the atmospheric emission of polychlorinated naphthalenes from electric arc furnaces. Environ. Sci. Pollut. Res., 19: 3645-3650.

Liu W, Zheng M, Xing Y, Wang D, 2004a. Polychlorinated dibenzo-p-dioxins and polychlorinated dibenzofurans in 1,4-dichlorobenzene mothballs. B Environ. Contam. Tox., 73: 93-97.

Liu W B, Tao F, Zhang W J, Li S M, Zheng M H, 2012c. Contamination and emission factors of PCDD/Fs, unintentional PCBs, HxCBz, PeCBz and polychlorophenols in chloranil in China. Chemosphere, 86: 248-251.

Liu W B, Zheng M H, Wang D S, Xing Y, Zhao X R, Ma X D, Qian Y, 2004b. Formation of PCDD/Fs and PCBs in the process of production of 1,4-dichlorobenzene. Chemosphere, 57: 1317-1323.

Lohmann R, Breivik K, Dachs J, Muir D, 2007. Global fate of POPs: Current and future research directions. Environ. Pollut., 150: 150-165.

LUA, 1997. Identification of relevant industrial sources of dioxins and furans in Europe. Materialien No. 43, Essen, Germany,North Rhine-Westphalia State Environment Agency, ISSN0947-5206.

Lv P, Zheng M H, Liu G R, Liu W B, Xiao K, 2011a. Estimation and characterization of PCDD/Fs and dioxin-like PCBs from Chinese iron foundries. Chemosphere, 82:759-763.

Lv P, Zheng M H, Liu W B, Zhang B, Liu G R, Su G J, Nie Z Q, 2011b. Estimation of emissions of polychlorinated dibenzo-p-dioxins and dibenzofurans and dioxin-like polychlorinated biphenyls from Chinese hot dip galvanizing industries. Environ. Eng. Sci., 28: 671-676.

Ma J, Addink R, Yun S H, Cheng J P, Wang W H, Kannan K, 2009a. Polybrominated dibenzo-p-dioxins/dibenzofurans and polybrominated diphenyl ethers in soil, vegetation, workshop-floor dust, and electronic shredder residue from an electronic waste recycling facility and in soils from a chemical Industrial complex in Eastern China. Environ. Sci. Technol., 43: 7350-7356.

Ma J, Chen Z Y, Wu M H, Feng, J L, Horii Y, Ohura T, Kannan K, 2013. Airborne $PM_{2.5}/PM_{10}$-associated chlorinated polycyclic aromatic hydrocarbons and their parent compounds in a suburban Area in Shanghai, China. Environ. Sci. Technol., 47: 7615-7623.

Ma J, Horii Y, Cheng J, Wang W, Wu Q, Ohura T, Kannan K, 2009b. Chlorinated and parent polycyclic aromatic hydrocarbons in environmental samples from an electronic waste recycling facility and a chemical industrial complex in China. Environ. Sci. Technol., 43: 643-649.

Ma J, Kannan K, Cheng J, Hori Y, Wu Q, Wang W, 2008. Concentrations, profiles, and estimated Human exposures for polychlorinated dibenzo-p-dioxins and dibenzofurans from electronic waste recycling facilities and a chemical industrial complex in Eastern China. Environ. Sci. Technol., 42:8252-8259.

Mai B X, Fu H M, Sheng G Y, Kang Y H, Lin Z, Zhang G, Min Y S, Zeng E Y, 2002. Chlorinated and polycyclic aromatic hydrocarbons in riverine and estuarine sediments from Pearl River Delta, China. Environ. Pollut., 117: 457-474.

Manzano C, Hoh E, Simonich S L M, 2012. Improved separation of complex polycyclic aromatic hydrocarbon mixtures using novel column combinations in GCxGC/ToF-MS. Environ. Sci. Technol., 46: 7677-7684.

Mason G, Zacharewski T, Denomme M A, Safe L, Safe S, 1987. Polybrominated dibenzo-para-dioxins and related-compounds-quantitative *in vivo* and *in vitro* structure-activity-relationships. Toxicology, 44: 245-255.

McKay G, 2002. Dioxin characterisation, formation and minimisation during municipal solid waste（MSW）incineration: Review. Chem. Eng. J., 86: 343-368.

Mei W, Guorui L, Xiaoxu J, Wenbin L, Li L, Sumei L, Minghui Z, Jiayu Z, 2015. Brominated dioxin and furan stack gas emissions during different stages of the secondary copper smelting process. Atmos. Pollut. Res.,6: 464-468.

Mosallanejad S, Dlugogorski B Z, Kennedy E M, Stockenhuber M, Lomnicki S M, Assaf N W, Altarawneh M, 2016. Formation of PCDD/Fs in oxidation of 2-chlorophenol on neat silica surface. Environ. Sci. Technol., 50:1412-1418.

Munoz M, Gomez-Rico M F, Font R, 2014. PCDD/F formation from chlorophenols by lignin and manganese peroxidases. Chemosphere, 110:129-135.

Nagao T, Neubert D, Löser E, 1990. Comparative studies on the induction of ethoxyresorufin *O*-deethylase by 2, 3, 7, 8-TCDD and 2, 3, 7, 8-TBrDD. Chemosphere, 20:1189-1192.

Needham L L, Gerhoux P M, Jr D G P, Brambilla P, Pirkle, J L, Tramacere P L, Turner W E C B, Eric J. Sampson, Mocardl P, 1994. Half-life of 2,3,7,8-tetrachlorodibenzo-p-dioxin in Serum of Seveso adults. Organohalogen Compd., 21: 81-85.

Nganai S, Dellinger B, Lomnicki S, 2014. PCDD/PCDF ratio in the precursor formation model over CuO surface. Environ. Sci. Technol., 48: 13864-13870.

Nganai S, Lomnicki S, Dellinger B, 2008. Ferric oxide mediated formation of PCDD/Fs from 2-monochlorophenol. Environ. Sci. Technol., 43: 368-373.

Nganai S, Lomnicki S, Dellinger B, 2012. Formation of PCDD/Fs from oxidation of 2-monochlorophenol over an Fe_2O_3/silica surface. Chemosphere, 88: 371-376.

Nganai S, Lomnicki S M, Dellinger B, 2010. Formation of PCDD/Fs from the copper oxide-mediated pyrolysis and oxidation of 1,2-dichlorobenzene. Environ. Sci. Technol., 45: 1034-1040.

Nganai S K, 2010. Iron（III）oxide and copper（II）oxide mediated formation of PCDD/Fs from thermal degradation of 2-MCP and 1, 2-DCBz.Ph.D dissertation, Kenyatta University.

Ni Y W, Zhang H J, Fan S, Zhang X P, Zhang Q, Chen J P, 2009. Emissions of PCDD/Fs from municipal solid waste incinerators in China. Chemosphere, 75: 1153-1158.

Ni Y W, Zhang Z P, Zhang Q, Chen J P, Wu Y N, Liang X M, 2005. Distribution patterns of PCDD/Fs in chlorinated chemicals. Chemosphere, 60:779-784.

Nie Z Q, Liu G R, Liu W B, Zhang B, Zheng M H, 2012a. Characterization and quantification of unintentional POP emissions from primary and secondary copper metallurgical processes in China. Atmos. Environ., 57: 109-115.

Nie Z Q, Zheng M H, Liu G R, Liu W B, Lv P, Zhang B, Su G J, Gao L R, Xiao K, 2012b. A preliminary investigation of unintentional POP emissions from thermal wire reclamation at industrial scrap metal recycling parks in China. J. Hazard. Mater., 215: 259-265.

Nie Z Q, Zheng M H, Liu W B, Zhang B, Liu G R, Su G J, Lv P, Xiao K, 2011. Estimation and characterization of PCDD/Fs, dl-PCBs, PCNs, HxCBz and PeCBz emissions from magnesium metallurgy facilities in China. Chemosphere, 85: 1707-1712.

Noma Y, Yamamoto T, Giraud R, Sakai S, 2006. Behavior of PCNs, PCDDs, PCDFs, and dioxin-like PCBs in the thermal destruction of wastes containing PCNs. Chemosphere,62,: 1183-1195.

Noma Y, Yamamoto T, Sakai S-I, 2004. Congener-specific composition of polychlorinated naphthalenes, coplanar PCBs, dibenzo-*p*-dioxins, and dibenzofurans in the halowax series. Environ. Sci. Technol., 38: 1675-1680.

Nwosu U G, Roy A, dela Cruz A L, Dellinger B, Cook R, 2016. Formation of environmentally persistent free radical（EPFR）in iron（III）cation-exchanged smectite clay. Environ. Sci. Proc. Impacts, 18: 42-50.

Ockenden WA, Breivik K, Meijer SN, Steinnes E, Sweetman AJ, Jones KC, 2003. The global re-cycling of persistent organic pollutants is strongly retarded by soils. Environ. Pollut., 121: 75-80.

Oh J E, Gullett B, Ryan S, Touati A, 2007. Mechanistic relationships among PCDD/Fs, PCNs, PAHs, ClPhs, and ClBzs in municipal waste incineration. Environ. Sci. Technol., 41: 4705-4710.

Oh J E, Touati A, Gullett B K, Mulholland J A, 2004. PCDD/F TEQ indicators and their mechanistic implications. Environ. Sci. Technol., 38: 4694-4700.

Ohura T, 2007. Environmental behavior, sources, and effects of chlorinated polycyclic aromatic hydrocarbons. The Scientific World Journal,7: 372-380.

Ohura T, Fujima S, Amagai T, Shinomiya M, 2008. Chlorinated polycyclic aromatic hydrocarbons in the atmosphere: Seasonal levels, gas-particle partitioning, and origin. Environ. Sci. Technol.,42,: 3296-3302.

Ohura T, Horii Y, Kojima M, Kamiya Y, 2013. Diurnal variability of chlorinated polycyclic aromatic hydrocarbons in urban air, Japan. Atmos. Environ., 81: 84-91.

Ohura T KA, Amagai T, Shinomiya M, 2007. Relationships between chlorinated polycyclic aromatic hydrocarbons and dioxins in urban air and incinerators. Organohalogen Compd., 69: 2902-2905.

Ohura T, Morita M, Makino M, Amagai T, Shimoi K, 2007. Aryl hydrocarbon receptor-mediated effects of chlorinated polycyclic aromatic hydrocarbons. Chem. Res. Toxicol., 20:1237-1241.

Ohura T, Sawada K I, Amagai T, Shinomiya M, 2009. Discovery of novel halogenated polycyclic aromatic hydrocarbons in urban particulate matters: Occurrence, photostability, and AhR activity. Environ. Sci. Technol., 43: 2269-2275.

Olie K, Addink R, Schoonenboom M, 1998. Metals as catalysts during the formation and decomposition of chlorinated dioxins and furans in incineration processes. J. Air Waste. Mange., 48: 101-105.

Olivero-Verbel J, Vivas-Reyes R, Pacheco-Londoño L, Johnson-Restrepo B, Kannan K, 2004. Discriminant analysis for activation of the aryl hydrocarbon receptor by polychlorinated naphthalenes. J. Mol. Struc.: THEOCHEM, 678: 157-161.

Organization W H, 1998. Environmental Health Criteria 205, Polybrominated dibenzo-p-dioxins and dibenzofurans. Geneva, Switzerland.International programme on chemical safety.

Ortuño N, Conesa J A, Moltó J, Font R, 2014. De novo synthesis of brominated dioxins and furans. Environ. Sci. Technol., 48: 7959-7965.

Oudejans L, Touati A, Gullett B K, 2004. Real-time, on-line characterization of diesel generator air toxic emissions by resonance-enhanced multiphoton ionization time-of-flight mass spectrometry. Anal. Chem., 76: 2517-2524.

Pan X, Tang J, Chen Y, Li J, Zhang G, 2011. Polychlorinated naphthalenes (PCNs) in riverine and marine sediments of the Laizhou Bay area, North China. Environ. Pollut., 159: 3515-3521.

Pandelova M, Lenoir D, Schramm K W, 2006. Correlation between PCDD/F, PCB and PCBz in coal/waste combustion. Influence of various inhibitors. Chemosphere, 62:1196-1205.

Pařízek T, Bébar L, Stehlík P, 2008. Persistent pollutants emission abatement in waste-to-energy systems. Clean Technol. Envir, 10: 147-153.

Park H, Kang J H, Baek S Y, Chang Y S, 2010. Relative importance of polychlorinated naphthalenes compared to dioxins, and polychlorinated biphenyls in human serum from Korea: Contribution to TEQs and potential sources. Environ. Pollut., 158: 1420-1427.

Procaccini C, Bozzelli J W, Longwell J P, Smith K A, Sarofim A F, 2000. Presence of chlorine radicals and formation of molecular chlorine in the post-flame region of chlorocarbon combustion. Environ. Sci. Technol., 34: 4565-4570.

Richter S, Steinhauser K G, 2003. BAT and BEP as instruments for reducing emissions of unintentionally produced POPs and development of guidelines under the Stockholm Convention. Environ. Sci. Pollut. Res., 10, 265-270.

Rivera-Austrui J, Martinez K, Marco-Almagro L, Abalos M, Abad E, 2014. Long-term sampling of dioxin-like substances from a clinker kiln stack using alternative fuels. Sci. Total Environ., 485:528-533.

Rordorf B, Sarna L, Webster G, Safe S, Safe L, Lenoir D, Schwind K, Hutzinger O, 1990. Vapor pressure measurements on halogenated dibenzo-p-dioxins and dibenzofurans. An extended data set for a correlation method. Chemosphere, 20:1603-1609.

Rordorf B F, 1985. Thermodynamic and thermal properties of polychlorinated compounds: The vapor pressures and flow tube kinetics of ten dibenzo-*para*-dioxines. Chemosphere, 14: 885-892.

Rordorf B F, 1987. Prediction of vapor pressures, boiling points and enthalpies of fusion for twenty-nine halogenated dibenzo-*p*-dioxins. Thermochimica Acta, 112: 117-122.

Ross M S, Verreault J, Letcher R J, Gabrielsen G W, Wong C S, 2008. Chiral organochlorine contaminants in blood and eggs of glaucous gulls (*Larus hyperboreus*) from the Norwegian Arctic. Environ. Sci. Technol., 42:7181-7186.

Ryan S P, Li X D, Gullett B K, Lee C, Clayton M, Touati A, 2006. Experimental study on the effect of SO_2 on PCDD/F emissions: Determination of the importance of gas-phase versus solid-phase reactions in PCDD/F formation. Environ. Sci. Technol., 40:7040-7047.

Ryu J Y, Kim D H, Jang S H, 2013a. Is chlorination one of the major pathways in the formation of polychlorinated naphthalenes (PCNs) in municipal solid waste combustion? Environ. Sci. Technol.,47(5):2394-2400.

Ryu J Y, Mulholland J A, Chu B, 2003b. Chlorination of dibenzofuran and dibenzo-*p*-dioxin vapor by copper (II) chloride. Chemosphere, 51: 1031-1039.

Ryu J Y, Mulholland J A, Dunn J E, Iino F, Gullett B K, 2004. Potential role of chlorination pathways in PCDD/F formation in a municipal waste incinerator. Environ. Sci. Technol., 38: 5112-5119.

Ryu J Y, Choi K C, Mulholland J A, 2006. Polychlorinated dibenzo-*p*-dioxin (PCDD) and dibenzofuran (PCDF) isomer patterns from municipal waste combustion: Formation mechanism fingerprints. Chemosphere, 65: 1526-1536.

Ryu J Y, Mulholland J A, Kim D H, Takeuchi M, 2005. Homologue and isomer patterns of polychlorinated dibenzo-p-dioxins and dibenzofurans from phenol precursors: Comparison with municipal waste incinerator data. Environ. Sci. Technol., 39: 4398-4406.

Samara F, Gullett B K, Harrison R O, Chu A, Clark G C, 2009. Determination of relative assay response factors for toxic chlorinated and brominated dioxins/furans using an enzyme immunoassay (EIA) and a chemically-activated luciferase gene expression cell bioassay (CALUX). Environ. Int., 35: 588-593.

Schneider M, Stieglitz L, Will R, Zwick G, 1998. Formation of polychlorinated naphthalenes on fly ash. Chemosphere, 37: 2055-2070.

Schwarz G, Stieglitz L, 1992. Formation of organohalogen compounds in fly ash by metal-catalyzed oxidation of residual carbon. Chemosphere, 25: 277-282.

Shang H, Li Y, Wang T, Wang P, Zhang H, Zhang Q, Jiang G, 2014. The presence of polychlorinated biphenyls in yellow pigment products in China with emphasis on 3,3'-dichlorobiphenyl (PCB 11). Chemosphere, 98: 44-50.

Shao K, Yan J, Li X, Lu S, Wei Y, Fu M, 2010. Experimental study on the effects of H_2O on PCDD/Fs formation by de novo synthesis in carbon/$CuCl_2$ model system. Chemosphere, 78: 672-679.

Sinkkonen S, Paasivirta J, 2000. Degradation half-life times of PCDDs, PCDFs and PCBs for environmental fate modeling. Chemosphere, 40:943-949.

Sinkkonen S, Paasivirta J, Lahtiperä M, Vattulainen A, 2004. Screening of halogenated aromatic compounds in some raw material lots for an aluminium recycling plant. Environ. Int., 30, 363-366.

Soderstrom G, Marklund S, 2002. PBCDD and PBCDF from incineration of waste-containing brominated flame retardants. Environ. Sci. Technol., 36: 1959-1964.

Stanmore B R, 2002. Modeling the formation of PCDD/F in solid waste incinerators. Chemosphere, 47: 565-573.

Stanmore B R, 2004. The formation of dioxins in combustion systems. Combust. Flame, 136: 398-427.

Stieglitz L, Vogg H, 1987. On formation conditions of PCDD/PCDF in fly ash from municipal waste incinerators. Chemosphere, 16: 1917-1922.

Stieglitz L, Zwick G, Beck J, Bautz H, Roth W, 1989a. Carbonaceous particles in fly ash—A source for the *de-novo*-synthesis of organochlorocompounds. Chemosphere, 19: 283-290.

Stieglitz L, Zwick G, Beck J, Roth W, Vogg H, 1989b. On the de-novo synthesis of PCDD/PCDF on fly ash of municipal waste incinerators. Chemosphere, 18: 1219-1226.

Sun J L, Ni HG, Zeng H, 2011. Occurrence of chlorinated and brominated polycyclic aromatic hydrocarbons in surface sediments in Shenzhen, South China and its relationship to urbanization. J. Environ. Monit., 13: 2775-2781.

Sun J L, Zeng H, Ni H G, 2013. Halogenated polycyclic aromatic hydrocarbons in the environment. Chemosphere, 90:1751-1759.

Takasuga T, Inoue T, Ohi E, Kumar K S, 2004. Formation of polychlorinated naphthalenes, dibenzo-*p*-dioxins, dibenzofurans, biphenyls, and organochlorine pesticides in thermal processes and their occurrence in ambient air. Arch. Environ. Con. Tox., 46: 419-431.

Tashiro M, Yoshiya H, Fukata G, 1982. Selective Preparation. 37. Bromination of 2, 2'-dihydroxy-3, 3', 5, 5'-tetra-tert-butylbiphenyl and preparation of hydroxydibenzofurans. J. Org. Chem., 47: 4425-4429.

Tejima H, Nakagawa I, Shinoda T A, Maeda I, 1996. PCDDs/PCDFs reduction by good combustion technology and fabric filter with/without activated carbon injection. Chemosphere, 32: 169-175.

ten Dam G, Pussente I C, Scholl G, Eppe G, Schaechtele A, van Leeuwen S, 2016. The performance of atmospheric pressure gas chromatography–tandem mass spectrometry compared to gas chromatography–high resolution mass spectrometry for the analysis of polychlorinated dioxins and polychlorinated biphenyls in food and feed samples. J. Chromatogr. A, 1477: 76-90.

Thoma H, Hauschulz G, Knorr E, Hutzinger O, 1987. Polybrominated dibenzofurans（PBDF）and dibenzodioxins（PBDD）from the pyrolysis of neat brominated diphenylethers, biphenyls and plastic mixtures of these compounds. Chemosphere, 16: 277-285.

Thuong N V, Nam V D, Hue N T M, Son L K, Thuy N V, Tung H D, Tuan N A, Minh T B, Huy D Q, Minh N H, 2014. The emission of polychlorinated dibenzo-*p*-dioxins and polychlorinated dibenzofurans from steel and cement-kiln plants in vietnam. Aerosol. Air Qual. Res., 14: 1189-1198.

Tian B, Huang J, Wang B, Deng S B, Yu G, 2012. Emission characterization of unintentionally produced persistent organic pollutants from iron ore sintering process in China. Chemosphere, 89: 409-415.

Tomita Y, 1959. On the fundamental formula of non-Newtonian flow. Bulletin of JSME 2, 469-474.

Topsoe N Y, Topsoe H, Dumesic J A, 1995. Vanadia/titania catalysts for selective catalytic reduction (SCR) of nitric-oxide by ammonia: I. Combined temperature-programmed *in-situ* FTIR and on-line mass-spectroscopy studies. J. Catal., 151: 226-240.

Tsuruga S, Suzuki T, Takatsudo Y, Seki K, Takatsudo Y, Seki K, Yamuchi S, Kuribayashi S, Morii S, 2007. On-line monitoring system of P5CDF homologues in waste incineration plants using VUV-SPI-IT-TOFMS. Environ. Sci. Technol., 41: 3684-3688.

Tuan Y J, 2012. Formation of PCDD/Fs in the cooling down process of incineration flue gas. Aerosol. Air Qual. Res., 12: 1309-1314.

Tuppurainen K, Asikainen A, Ruokojarvi P, Ruuskanen J, 2003. Perspectives on the formation of polychlorinated dibenzo-*p*-dioxins and dibenzofurans during municipal solid waste (MSW) incineration and other combustion processes. Acc. Chem. Res., 36: 652-658.

Tuppurainen K, Halonen I, Ruokojarvi P, Tarhanen J, Ruuskanen J, 1998. Formation of PCDDs and PCDFs in municipal waste incineration and its inhibition mechanisms: A review. Chemosphere, 36: 1493-1511.

UNEP, 2005. Standardized Toolkit for Identification and Quantification of Dioxin and Furan Releases. Geneva, Switzerland <http://www.pops.int/documents/guidance/toolkit/ver2_1/Toolkit-2005_2-1_en.>.

UNEP, 2017. Stockholm Convention on Persistent Organic Pollutants; http://www.pops.int/.

US EPA, 2001. Exposure and human health reassessment of 2,3,7,8-tetrachlorodibenzo-*p*-dioxin (TCDD) and related compounds, Part I, Vol. 2: sources of dioxin-like compounds in the United States. Draft (external) Final Report, EPA/600/P-00/001Cb, National Center for Environmental Assessment, Washington, DC, October.

Vallack H W, Bakker D J, Brandt I, Broström-Lundén E, Brouwer A, Bull K R, Gough C, Guardans R, Holoubek I, Jansson B, Koch R, Kuylenstierna J, Lecloux A, Mackay D, McCutcheon P, Mocarelli P, Taalman R D F, 1998. Controlling persistent organic pollutants—What next? Environ. Toxicol. Phar., 6: 143-175.

van Bavel B, Abad E, 2008. Long-term worldwide QA/QC of dioxins and dioxin-like PCBs in environmental samples. Anal. Chem., 80:3956-3964.

van Bavel B, Geng D, Cherta L, Nacher-Mestre J, Portole, T, Abalos M, Saulo J, Abad E, Dunstan J, Jones R, Kotz A, Winterhalter H, Malisch R, Traag W, Hagberg J, Ericson Jogsten I, Beltran J, Hernandez F, 2015. Atmospheric-pressure chemical ionization tandem mass spectrometry (APGC/MS/MS) an alternative to high-resolution mass spectrometry (HRGC/HRMS) for the determination of dioxins. Anal. Chem., 87: 9047-9053.

Van den Berg M, Birnbaum L, Bosveld A T C, Brunstrom B, Cook P, Feeley M, Giesy J P, Hanberg A, Hasegawa, R, Kennedy, S W, Kubiak T, Larsen J C, van Leeuwen F X R, Liem A K D, Nolt C, Peterson R E, Poellinger L, Safe S, Schrenk D, Tillitt D, Tysklind M, Younes M, Waern F, Zacharewski T, 1998. Toxic equivalency factors (TEFs) for PCBs, PCDDs, PCDFs for humans and wildlife. Environ. Health Perspect., 106: 775-792.

Van den Berg M, Birnbaum L S, Denison M, De Vito M, Farland W, Feeley M, Fiedler H, Hakansson H, Hanberg A, Haws L, Rose M, Safe S, Schrenk D, Tohyama C, Tritscher A, Tuomisto J, Tysklind M, Walker N, Peterson R E, 2006. The 2005 World Health Organization reevaluation of human and mammalian toxic equivalency factors for dioxins and dioxin-like compounds. Toxicol. Sci., 93: 223-241.

van der Velde E G, Marsman J A, de Jong A P J M, Hoogerbrugge R, Liem A K D, 1994. Analysis and occurrence of toxic planar PCBs, PCDDs and PCDFs in milk by use of carbosphere activated carbon. Chemosphere, 28: 693-702.

van Leeuwen F X R, Feeley M, Schrenk D, Larsen J C, Farland W, Younes M, 2000. Dioxins: WHO's tolerable daily intake (TDI) revisited. Chemosphere, 40:1095-1101.

Vehlow J, 2012. Reduction of dioxin emissions from thermal waste treatment plants: A brief survey. Reviews in Environmental Science and Bio/Technology, 11: 393-405.

Villeneuve D L, Kannan K, Khim J, Falandysz J, Nikiforov V, Blankenship A L, Giesy J, 2000. Relative potencies of individual polychlorinated naphthalenes to induce dioxin-like responses in fish and mammalian *in vitro* bioassays. Archives of Environmental Contamination and Toxicology, 39: 273-281.

Vorkamp K, Bossi R, Riget F F, Skov H, Sonne C, Dietz R, 2015. Novel brominated flame retardants and dechlorane plus in Greenland air and biota. Environ. Pollut., 196: 284-291.

Wang D L, Jiang G B, Cai Z W, 2007. Method development for the analysis of polybrominated dibenzo-*p*-dioxins, dibenzofurans and diphenyl ethers in sediment samples. Talanta, 72:668-674.

Wang D L, Xu X B, Chu S G, Zhang D, 2003a. Analysis and structure prediction of chlorinated polycyclic aromatic hydrocarbons released from combustion of polyvinylchloride. Chemosphere, 53: 495-503.

Wang J B, Hung C H, Hung C H, Chang-Chien G P, 2009a. Polychlorinated dibenzo-*p*-dioxin and dibenzofuran emissions from an industrial park clustered with metallurgical industries. J. Hazard. Mater., 161: 800-807.

Wang L C, Chang-Chien G P, 2007. Characterizing the emissions of polybrominated dibenzo-*p*-dioxins and dibenzofurans from municipal and industrial waste incinerators. Environ. Sci. Technol., 41: 1159-1165.

Wang L C, Hsi H C, Wang Y F, Lin S L, Chang-Chien G P, 2010a. Distribution of polybrominated diphenyl ethers (PBDEs) and polybrominated dibenzo-*p*-dioxins and dibenzofurans (PBDD/Fs) in municipal solid waste incinerators. Environ. Pollut., 158: 1595-1602.

Wang L C, Lee W J, Lee W S, Chang-Chien G P, Tsai P J, 2003b. Characterizing the emissions of polychlorinated dibenzo-*p*-dioxins and dibenzofurans from crematories and their impacts to the surrounding environment. Environ. Sci. Technol., 37: 62-67.

Wang L C, Lee W J, Tsai P J, Lee W S, Chang-Chien G P, 2003c. Emissions of polychlorinated dibenzo-*p*-dioxins and dibenzofurans from stack flue gases of sinter plants. Chemosphere, 50:1123-1129.

Wang L C, Wang Y F, Hsi H C, Chang-Chien G P, 2010b. Characterizing the emissions of polybrominated diphenyl ethers (PBDEs) and polybrominated dibenzo-*p*-dioxins and dibenzofurans (PBDD/Fs) from metallurgical processes. Environ. Sci. Technol., 44: 1240-1246.

Wang M, Liu G, Jiang X, Li S, Liu W, Zheng M, 2016a. Formation and emission of brominated dioxins and furans during secondary aluminum smelting processes. Chemosphere, 146: 60-67.

Wang M, Liu G, Jiang X, Xiao K, Zheng M, 2015a. Formation and potential mechanisms of polychlorinated dibenzo-*p*-dioxins and dibenzofurans on fly ash from a secondary copper smelting process. Environ. Sci. Pollut. R., 22:8747-8755.

Wang M, Liu G, Jiang X, Zheng M, Yang L, Zhao Y, Jin R, 2016b. Thermochemical formation of polybrominated dibenzo-*p*-dioxins and dibenzofurans mediated by secondary copper smelter fly ash, and implications for emission reduction. Environ. Sci. Technol., 50:7470-7479.

Wang M, Liu G R, Jiang X X, Liu W B, Li L, Li S M, Zheng M H, Zhan J Y, 2015b. Brominated dioxin and furan stack gas emissions during different stages of the secondary copper smelting process. Atmos. Pollut. Res., 6: 464-468.

Wang M J, Hou M F, Zhao K, Li H F, Han Y, Liao X, Chen X B, Liu W B, 2016c. Removal of polychlorinated biphenyls by desulfurization and emissions of polychlorinated biphenyls from sintering plants. Environ. Sci. Pollut. Res., 23: 7369-7375.

Wang M S, Chen S J, Huang K L, Lai Y C, Chang-Chien G P, Tsai J H, Lin W Y, Chang K C, Lee J T, 2010b. Determination of levels of persistent organic pollutants (PCDD/Fs, PBDD/Fs, PBDEs, PCBs, and PBBs) in atmosphere near a municipal solid waste incinerator. Chemosphere, 80:1220-1226.

Wang P, Zhang Q H, Thanh W, Chen W H, Ren D W, Li Y M, Jiang G B, 2012a. PCBs and PBDEs in environmental samples from King George Island and Ardley Island, Antarctica. Rsc. Adv., 2:1350-1355.

Wang X, Kang H, Wu J, 2016d. Determination of chlorinated polycyclic aromatic hydrocarbons in water by solid-phase extraction coupled with gas chromatography and mass spectrometry. J. Sep. Sci., 39: 1742-1748.

Wang X, Ni Y, Zhang H, Zhang X, Chen J, 2012b. Formation and emission of PCDD/Fs in Chinese non-wood pulp and paper mills. Environ. Sci. Technol., 46: 12234-12240.

Wang X L, Wu J F, Liu B, 2016e. Pressurized liquid extraction of chlorinated polycyclic aromatic hydrocarbons from soil samples using aqueous solutions. Rsc. Adv., 6: 80017-80023.

Wang Y H, Lin C, Lai Y C, Chang-Chien G P, 2009b. Characterization of PCDD/Fs, PAHs, and heavy metals in a secondary aluminum smelter. J. Environ. Sci. Heal. A, 44: 1335-1342.

Wania F, Dugani C B, 2003. Assessing the long-range transport potential of polybrominated diphenyl ethers: A comparison of four multimedia models. Environ. Toxicol. Chem., 22: 1252-1261.

Wania F, Mackay D, 1993. Global fractionation and cold condensation of low volatility organochlorine compounds in polar regions. Ambio, 22: 10-18.

Wania F, Mackay D, 1996. Tracking the distribution of persistent organic pollutants. Environ. Sci. Technol., 30: 390A-396A.

Watanabe I, Tatsukawa R, 1989. Anthropogenic brominated aromatics in the Japanese environment. Proceedings of Workshop on Brominated Aromatic Flame Retardants, Skokloster, Sweden, 24-26.

Watanabe K, Senthilkumar K, Masunaga S, Takasuga T, Iseki N, Morita M, 2004. Brominated organic contaminants in the liver and egg of the common cormorants (*Phalacrocorax carbo*) from Japan. Environ. Sci. Technol., 38: 4071-4077.

Weber P, Dinjus E, Stieglitz L, 2001. The role of copper(II) chloride in the formation of organic chlorine in fly ash. Chemosphere,42,: 579-582.

Weber R, Iino F, Imagawa T, Takeuchi M, Sakurai T, Sadakata M, 2001a. Formation of PCDF, PCDD, PCB, and PCN in de novo synthesis from PAH: Mechanistic aspects and correlation to fluidized bed incinerators. Chemosphere, 44: 1429-1438.

Weber R, Kuch B, 2003. Relevance of BFRs and thermal conditions on the formation pathways of brominated and brominated-chlorinated dibenzodioxins and dibenzofurans. Environ. Int., 29: 699-710.

Weber R, Plinke M, Xu Z, Wilken M, 2001b. Destruction efficiency of catalytic filters for polychlorinated dibenzo-p-dioxin and dibenzofurans in laboratory test and field operation — Insight into destruction and adsorption behavior of semivolatile compounds. Appl. Catal. B: Environ., 31: 195-207.

Weber R, Sakurai T, Hagenmaier H, 1999a. Formation and destruction of PCDD/PCDD during heat treatment of fly ash samples from fluidized bed incinerators. Chemosphere, 38: 2633-2642.

Weber R, Sakurai T, Hagenmaier H, 1999b. Low temperature decomposition of PCDD/PCDF, chlorobenzenes and PAHs by TiO_2-based V_2O_5-WO_3 catalysts. Appl. Catal. B: Environ., 20: 249-256.

Weidemann E, Lundin L, 2015. Behavior of PCDF, PCDD, PCN and PCB during low temperature thermal treatment of MSW incineration fly ash. Chem. Eng. J., 279: 180-187.

Wittsiepe J, Furst P, Wilhelm M, 2007. The 2005 World Health Organization re-evaluation of TEFs for dioxins and dioxin-like compounds—What are the consequences for German human background levels? Int. J. Hyg. Envir. Heal., 210: 335-339.

Wyrzykowska-Ceradini B, Gullett BK, Tabor D, Touati A, 2011. PBDDs/Fs and PCDDs/Fs in the Raw and Clean Flue Gas during Steady State and Transient Operation of a Municipal Waste Combustor. Environ. Sci. Technol., 45: 5853-5860.

Wyrzykowska B, Hanari N, Orlikowska A, Yamashita N, Falandysz J, 2009a. Dioxin-like compound compositional profiles of furnace bottom ashes from household combustion in Poland and their possible associations with contamination status of agricultural soil and pine needles. Chemosphere, 76: 255-263.

Wyrzykowska B, Tabor D, Gullett B K, 2009b. Same-sample determination of ultratrace levels of polybromodiphenylethers, polybromo dibenzo-p-dioxins/furans, and polychloro dibenzo-p-dioxins/furans from combustion flue gas. Anal. Chem., 81: 4334-4342.

Xhrouet C, De Pauw E, 2004. Formation of PCDD/Fs in the sintering process: Influence of the raw materials. Environ. Sci. Technol., 38: 4222-4226.

Xhrouet C, Nadin C, De Pauw E, 2002. Amines compounds as inhibitors of PCDD/Fs *de novo* formation on sintering process fly ash. Environ. Sci. Technol., 36: 2760-2765.

Xu F, Shi X L, Zhang Q Z, 2015a. Quantum chemical and kinetic study on polychlorinated naphthalene formation from 3-chlorophenol precursor. Int. J. Mol. Sci., 16: 20620-20640.

Xu F, Zhang R M, Li Y F, Zhang Q Z, 2015b. Homogeneous gas-phase formation of polychlorinated naphthalene from dimerization of 4-chlorophenoxy radicals and cross-condensation of phenoxy radical with 4-chlorophenoxy radical: Mechanism and kinetics study. Chem. Phys. Lett., 638: 153-160.

Yamashita N, Kannan K, Imagawa T, Miyazaki A, Giesy J P, 2000. Concentrations and profiles of polychlorinated naphthalene congeners in eighteen technical polychlorinated biphenyl preparations. Environ. Sci. Technol., 34: 4236-4241.

Yamashita N, Taniyasu S, Hanari N, Horii Y, Falandysz J, 2003. Polychlorinated naphthalene contamination of some recently manufactured industrial products and commercial goods in Japan. J. Environ. Sci. Heal. A, 38: 1745-1759.

Yan M, Yang J, Li X, Hu Y, 2014. Inhibition of sulfur containing compounds on formation of chlorobenzenes and PCDD/Fs. Environmental Pollution & Control, 36: 5-8.

Yang C C, Chang S H, Hong B Z, Chi K H, Chang M B, 2008. Innovative PCDD/F-containing gas stream generating system applied in catalytic decomposition of gaseous dioxins over V_2O_5-WO_3/TiO_2-based catalysts. Chemosphere, 73: 890-895.

Yang L, Fang L, Huang L, Zhao Y, Liu G, 2017a. Evaluating the effectiveness of using $ClO2$ bleaching as substitution of traditional Cl_2 on PCDD/F reduction in a non-wood pulp and paper mill using reeds as raw materials. Green Energy & Environment, DOI: http://dx.doi.org/10.1016/j.gee.2017.1007.1002.

Yang L, Liu G, Zheng M, Jin R, Zhu Q, Zhao Y, Zhang X, XuY, 2017b. Atmospheric occurrence and health risks of PCDD/Fs, polychlorinated biphenyls, and polychlorinated naphthalenes by air inhalation in metallurgical plants. Sci. Total Environ., 580:1146-1154.

Yang L L, Liu G R, Zheng M H, Zhao Y Y, Jin R, Wu X L, Xu Y, 2017c. Molecular mechanism of dioxin formation from chlorophenol based on electron paramagnetic resonance spectroscopy. Environ. Sci. Technol., 51: 4999-5007.

Yoshino H, Urano K, 1997. Formation of chlorinated PAHs in exhaust gas from municipal waste incinerators, and their mutagenic activities. Toxicol. Environ. Chem., 63: 233-246.

Yu B W, Jin G Z, Moon Y H, Kim M K, Kyoung J D, Chang Y S, 2006. Emission of PCDD/Fs and dioxin-like PCBs from metallurgy industries in S. Korea. Chemosphere ,62:494-501.

Yu W, Hu J, Xu F, Sun X, Gao R, Zhang Q, Wang W, 2011. Mechanism and direct kinetics study on the homogeneous gas-phase formation of PBDD/Fs from 2-BP, 2,4-DBP, and 2,4,6-TBP as precursors. Environ. Sci. Technol., 45: 1917-1925.

Zacharewski T R, Berhane K, Gillesby B E, Burnison B K, 1995. Detection of estrogen-like and dioxin-like activity in pulp and paper-mill black liquor and effluent using *in-vitro* recombinant receptor reporter gene assays. Environ. Sci. Technol., 29: 2140-2146.

Zemba S, Ames M, Green L, Botelho M J, Gossman D, Linkov I, Palma-Oliveira J, 2011. Emissions of metals and polychlorinated dibenzo (*p*) dioxins and furans (PCDD/Fs) from Portland cement manufacturing plants: Inter-kiln variability and dependence on fuel-types. Sci. Total Environ., 409: 4198-4205.

Zhang M, Buekens A, Li X, 2016. Brominated flame retardants and the formation of dioxins and furans in fires and combustion. J. Hazard. Mater., 304: 26-39.

Zhang Q, Huang J, Yu G, 2008a. Polychlorinated dibenzo-*p*-dioxins and dibenzofurans emissions from open burning of crop residues in China between 1997 and 2004. Environ. Pollut., 151: 39-46.

Zhang Q, Li S, Qu X, Shi X, Wang W, 2008b. A quantum mechanical study on the formation of PCDD/Fs from 2-chlorophenol as precursor. Environ. Sci. Technol., 42, 7301-7308.

Zhang Q, Yu W, Zhang R, Zhou Q, Gao R, Wang W, 2010. Quantum chemical and kinetic study on dioxin formation from the 2,4,6-TCP and 2,4-DCP precursors. Environ. Sci. Technol., 44: 3395-3403.

Zhang T, Huang Y R, Chen S J, Liu A M, Xu P J, Li N, Qi L, Ren Y, Zhou Z G, Mai B X, 2012. PCDD/Fs, PBDD/Fs, and PBDEs in the air of an E-waste recycling area (Taizhou) in China: current levels, composition profiles, and potential cancer risks. J. Environ. Monit., 14: 3156-3163.

Zhang T T, Huang J, Deng S B, Yu G, 2011. Influence of pesticides contamination on the emission of PCDD/PCDF to the land from open burning of corn straws. Environ. Pollut., 159: 1744-1748.

Zhao Y, Zhan J, Liu G, Ren Z, Zheng M, Jin R, Yang L, Wang M, Jiang X, Zhang X, 2017a. Field study and theoretical evidence for the profiles and underlying mechanisms of PCDD/F formation in cement kilns co-incinerating municipal solid waste and sewage sludge. Waste Manage. (Oxford), 61: 337-344.

Zhao Y Y, Zhan J Y, Liu G R, Zhen, M H, Jin R, Yang L L, Hao L W, Wu X L, Zhang X, Wang P, 2017b. Evaluation of dioxins and dioxin-like compounds from a cement plant using carbide slag from chlor-alkali industry as the major raw material. J. Hazard. Mater., 330: 135-141.

Zheng M H, Bao Z C, Wang K O, Xu X B, 1997. Levels of PCDDs and PCDFs in the bleached pulp from Chinese pulp and paper industry. B. Environ. Contam. Tox., 59: 90-93.

Zheng M H, Bao Z C, Zhang B, Xu X B, 2001. Polychlorinated dibenzo-*p*-dioxins and dibenzofurans in paper making from a pulp mill in China. Chemosphere, 44: 1335-1337.

附录 缩略语(英汉对照)

AhR	aryl hydrocarbon receptor，芳香烃受体
APCD	air pollution control device，大气污染控制设备
BAF	bioaccumulation factor，生物富集因子
BAT	best available techniques，最佳可行技术
BCF	bioconcentration factor，生物浓缩因子
BEP	best environment practice，最佳环境实践
BFRs	brominated flame retardants，溴代阻燃剂
BMF	biomagnification factor，生物放大因子
CTD	characteristic travel distances，特征迁移距离
2,4-D	2,4-dichlorophenoxyacetic acid，2,4-二氯苯氧乙酸
DDT	dichlorodiphenyltrichloroethane，滴滴涕
DFT	density functional theory，密度泛函理论
dl-PCBs	dioxin-like PCBs，类二噁英 PCBs
ELISA	enzyme-linked Immunosorbent Assay，酶联免疫吸附测定法
EPR	electron paramagnetic resonance，电子顺磁共振波谱
EROD	ethoxy resorufin-O-deethylase，乙氧基异吩噁唑酮-脱乙基酶
FWMF	food web magnification factor，食物链（或网）放大因子
HBCDs	hexabromocyclododecanes，六溴环十二烷
HxCBz	hexachlorobenzene，六氯苯
I-TEF	international toxic equivalence factor，国际毒性当量因子
LOD	limit of detection，检测限
LOQ	limit of quantification，定量检测限
LRT	long-range transport，远距离迁移
MRM	multiple reaction monitoring，多重反应监测
NATO	North Atlantic Treaty Organization，北大西洋公约组织
PAHs	polycyclic aromatic hydrocarbons 多环芳烃
PBDDs	poly brominated dibenzo dioxins，多溴代二苯并-对-二噁英
PBDEs	polybrominated diphenyl ethers，多溴二苯醚

PBDFs	poly brominated dibenzo furans，多溴代二苯并呋喃
PCA	principal component analysis，主成分分析
PCBs	polychlorinated biphenyls，多氯联苯
PCDDs	polychlorinated dibenzo-p-dioxins，多氯代二苯并-对-二噁英
PCDFs	polyclorinated dibenzofurans，多氯代二苯并呋喃
PCNs	polychlorinated naphthalenes，多氯萘
PeCBz	pentachlorobenzene，五氯苯
PIC	products of incomplete combustion，不完全燃烧产物
POPs	persistent organic pollutants，持久性有机污染物
PUF	polyurethane foam，聚氨酯泡沫
RDF	refuse derived fuel，垃圾衍生燃料
RPF	relative potency factor，相对毒性因子
SCCPs	short-chain chlorinated paraffins，短链氯化石蜡
SCR	selective catalytic reduction，选择性催化还原
SIM	selected ion monitor，选择离子监测
SNCR	selective non-catalytic reduction，选择性非催化还原
2,4,5-T	2,4,5-trichlorophenoxyacetic acid，2,4,5-三氯苯氧乙酸
2,3,7,8-TCDD	2,3,7,8-tetrachlorodibenzo-p-dioxin，2,3,7,8-四氯代二苯-并对二噁英
TDI	tolerable daily intake，日允许摄入量
TEF	toxic equivalency factor，毒性当量因子
TEQ	toxic equivalent quantity，毒性当量
TMF	trophic magnification factor，营养级放大因子
UP-POPs	unintentionally produced persistent organic pollutants，无意产生的持久性有机污染物

索　引

彩 图

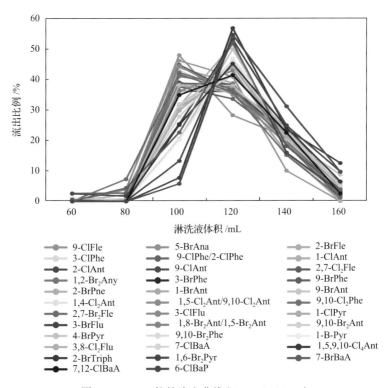

图 2-14 GPC 柱的流出曲线（Jin et al., 2017a）

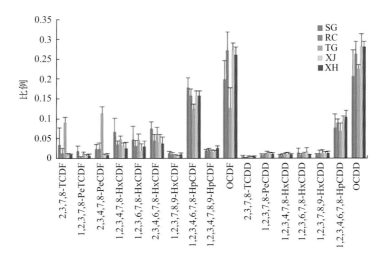

图 4-6 转炉炼钢过程烟道气中 PCDD/Fs 的同类物分布特征（Li et al., 2014a）

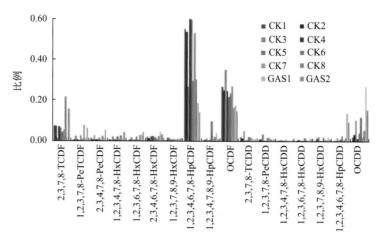

图 4-15　水泥窑使用电石渣为主要原料生产水泥熟料过程中样品中 2,3,7,8-PCDD/Fs 同类物的分布特征

(Zhao et al., 2017b)

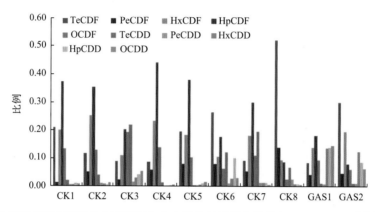

图 4-16　水泥窑使用电石渣为主要原料生产水泥熟料过程中样品中 PCDD/Fs 同系物的分布特征

(Zhao et al., 2017b)

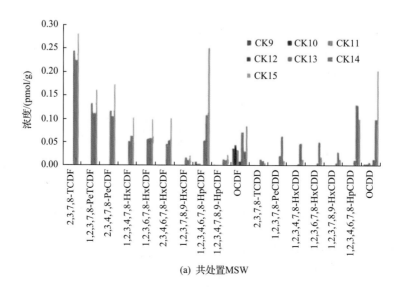

(a) 共处置MSW

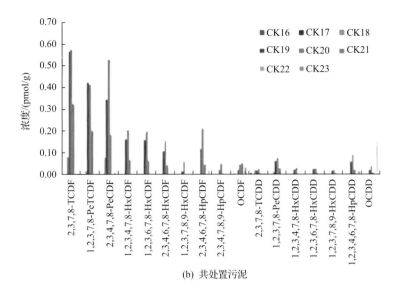

(b) 共处置污泥

图 4-17　水泥窑共处置固废的样品中的 2,3,7,8-PCDD/Fs 同类物浓度（Zhao et al., 2017a）

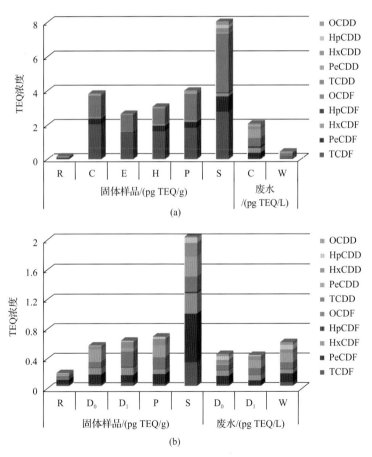

图 4-19　PCDD/Fs 的 TEQ 浓度和同系物特征

(a) 传统 Cl_2 漂白；(b) ClO_2 漂白

（CDD = chlorodibenzo-*p*-dioxin, CDF = chlorodibenzofuran, O = octa, Hp = hepta, Hx = hexa, Pe = penta, T = tetra）

（Yang et al., 2017a）

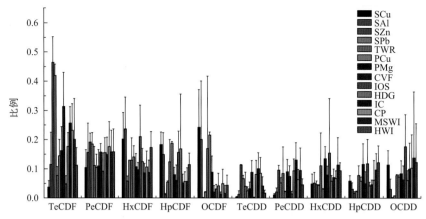

图 4-22　14 种不同工业源飞灰样品中 PCDD/Fs 的同系物分布特征(Liu et al., 2015b)

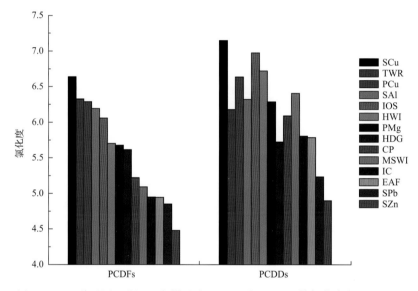

图 4-23　14 种不同工业源飞灰样品中 PCDFs 和 PCDDs 的氯化度(Liu et al., 2015b)

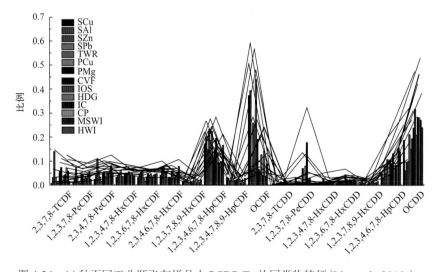

图 4-24　14 种不同工业源飞灰样品中 PCDD/Fs 的同类物特征(Liu et al., 2015e)

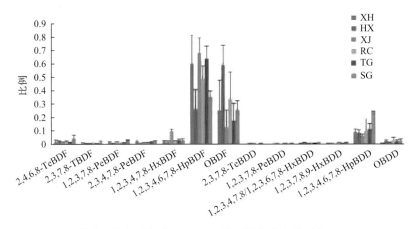

图 4-26　铁矿石烧结过程中 PBDD/Fs 的同类物分布特征（Li et al., 2017）

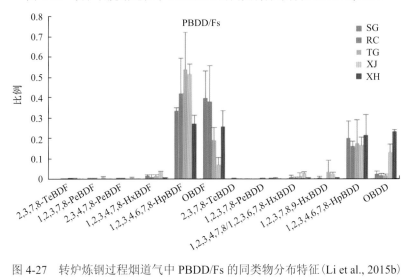

图 4-27　转炉炼钢过程烟道气中 PBDD/Fs 的同类物分布特征（Li et al., 2015b）

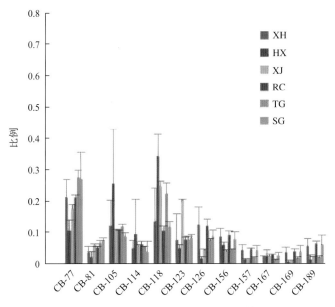

图 4-34　铁矿石烧结过程中 dl-PCBs 的同类物分布特征（Li et al., 2017）

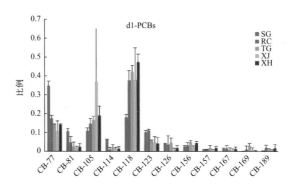

图 4-35　转炉炼钢过程中 dl-PCBs 的同类物分布特征(Li et al., 2014)

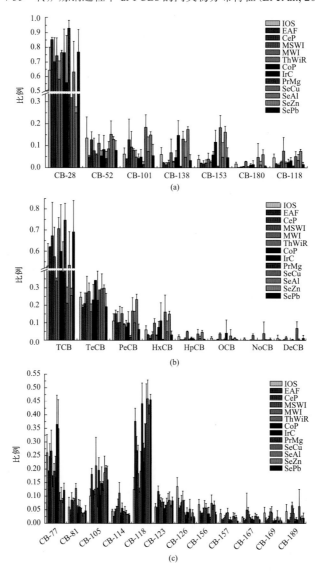

图 4-40　热相关工业过程中 PCBs 的排放特征(Liu et al., 2013b)

(a)指示性 PCBs；(b)PCBs 同系物；(c)dl-PCBs 的排放特征(IOS：铁矿石烧结；EAF：电弧炉炼钢；CeP：水泥窑；MSWI:家庭垃圾焚烧；MWI：医疗垃圾焚烧；ThWihR：导线焚烧回收；CoP：炼焦；IrC：铸铁；PrMg：原生镁冶炼；SeCu：再生铜冶炼；SeAl：再生铝冶炼；SeZn：再生锌冶炼；SePb：再生铅)

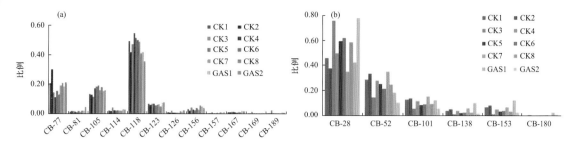

图 4-41　水泥窑使用电石渣为主要原料生产水泥熟料过程中样品中 dl-PCBs 和指示性 PCBs 同类物的排放特征

注：CK1～CK8 为颗粒物品；GAS1，GAS2 为烟气样品（Zhao et al., 2017b）

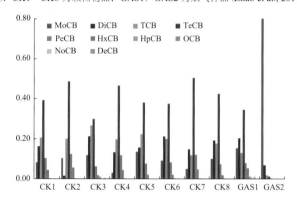

图 4-42　水泥窑以电石渣为主要原料生产水泥熟料样品中 PCBs 同系物的分布特征（Zhao et al., 2017b）

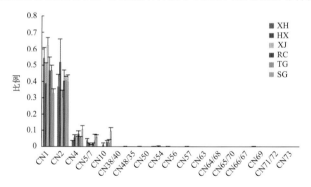

图 4-46　铁矿石烧结过程中 dl-PCNs 的同类物分布特征（Li et al., 2017）

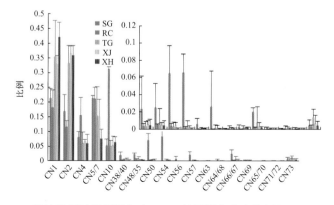

图 4-47　转炉炼钢过程烟道气中 PCNs 的同类物分布特征（Li et al., 2014）

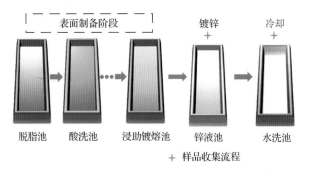

图 4-49　热浸镀锌钢的基本工艺示意图(Liu et al., 2015c)

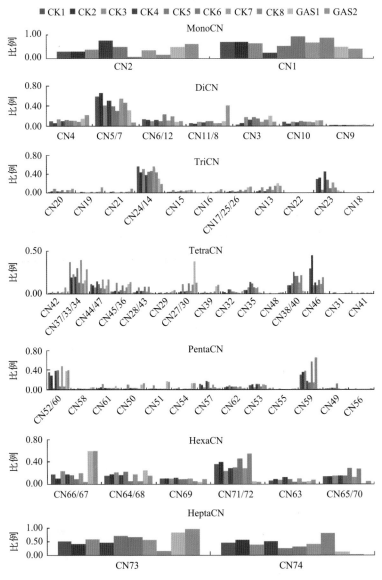

图 4-63　水泥窑以电石渣为主要原料生产水泥熟料过程中 PCNs 的同类物特征
（各同系物类别中的百分比）(Zhao et al., 2017b)